시간의 힘

오래된 건물을 따뜻하게 만나다
임석재의 건축 에세이

# 시간의 힘

# 서문

**나는 왜 이 책을 쓰게 되었는가**

나는 50대 중반의 아저씨이다. 내 입으로 이런 말 하기가 쑥스럽기는 하지만 나도 한때는 '동안' 소리를 들었다. 나이 들면서 건강관리를 위해 지방을 많이 뺐더니 노화가 많이 진행되었다. 나이 들어서 살 빼면 볼이 처진다더니 사실이었다. 이전의 통통하던 얼굴은 간데 없고 주름이 깊어지고 검버섯도 늘었다. 어느 때인가 거울을 보는 순간 '아, 나도 많이 늙었구나.'라는 생각이 들었다. 나이 드는 것을 싫어하는 요즘 시대인 만큼 잠시나마 서글픈 생각이 스쳤다.

하지만 마음을 바꿔 먹었다. '늙었다'는 말 대신 '나이를 먹었다'로 바꿔보았다. 일단 어감부터 좋았다. 무언가 먹는다는 것은 좋은 일이니까. 실제로도 여러 가지 좋은 점이 보이기 시작했다. 주변에서는 나이대접을 해준다. 이런저런 인생 상담도 해온다. 딸이 커서 대화 상대가 되었다. 이외에도 아주 많다. 모두 매일 내가 겪는 일인데 그 전에는 이렇게 좋은 것인지 모르고 살아왔다. 그저 나이 먹는다고 푸념이나 하고 서글퍼하면서 지냈던 것이다. 얼마나 어리석은가.

마음을 고쳐먹고 거울을 다시 보았다. 놀랍게도 이전에 보이지 않던 것들이 보이기 시작했다. 나이 먹어가면서 내 얼굴에서 어머니 얼굴이 나오기 시작하는 것이다. 나는 어려서나 젊어서는 아버지를 빼닮았었다. 이모는 나를 보며 "징그러울 정도로 형부랑 똑 닮았다."라며 웃곤 하셨다. 그런데 신기하게도 나이 먹으면서 어머니 얼굴이 나타나기 시작하는 것이었다. 요즘 나를 보는 사람은 친탁보다는 외탁을 더 많이 했다고들 말한다. 거울을 통해 내 얼굴에서 어머니 얼굴을 보는 일은 나에게는 아주 소중한 일이다. 나는 3년 반 전에 어머니를 잃었는데 그 슬픔을 거울에서 어머니 닮은 얼굴 보는 즐거움으로 이겨내고 있다. 나이 먹는 것에 감사할 따름이다.

나이를 먹은 내가 아직 쓸모 있는지 스스로에게 물어보았다. 쑥스럽긴 하지만 답은 '그렇다'였다. 몸은 여기저기 삐걱대기 시작한다. 그래도 지금의 내 상태, 내 인생은 오후의 햇살 정도에는 비유할 수 있지 않을까. 내 가족은 여전히 나의 뒷바라지를 필요로 한다. 가족에게만 쓸모 있는 것이 아니다. 나는 아직도 쓸모 있는 책을 쓰고 있다고 자부하고, 또 쓰고 싶은 것이 많이 남아 있다. 학교와 사회에서도 아직은 내 강의를 쓸모 있다고 생각하는 사람들이 조금 남아 있다.

나는 지금을 내 인생의 황금기라고 생각한다. 젊음의 끝자락이 조금이라도 남아 있으면서 나이 든 지혜를 조금 느끼기 시작하는 나이가 지금이다. 젊음과 지혜가 교차하는 얼마 안 되는 짧은 기간이 지금이다. 직업 능력에서도 마찬가지이다. 지금까지 쌓아온 관록 덕에 정말 좋은 책은 이제부터 나올 것이라고 기대해본다. 아니, 정말 좋은 책을 쓰기에는 오히려 아직 나이를 덜 먹은 것일 수도 있다. 예술가의 진짜 대작은 70은 넘어야 나온다는 것이 통설이다. 거기에 비하면 나는 아직 어린애이다. 50 중반의 교수에게는 보통 '중견'이라는 말을 붙인다. '소장'은 끝났고 아직 '원로'는 아니다. 둘이 교차하는 시기인데, '중견'이라는 말은 '중심'이라는 뜻이다. 그저 감사할 따름이다. 어쨌든 결론은 아직 나는 '쓸모 있다'이다. 사회가 아직은 나에게 좀 더 기회를 주는 것에 감사하고 또 감사하면서 조금이라도 사회에 도움이 되기 위해 오늘도 중년 아저씨의 몸을 가동해본다.

그러던 중 '나이'에 대한 지금의 이런 생각을 책으로 써보면 좋겠다는 생각이 들었다. 주변을 돌아보았다. 모두들 '나이'를 붙들고 안타까운 씨름을 하는 것이 보였다. 젊은 사람이나 나이 든 사람이나 모두 나이 먹는 것을 안타까워하기는 마찬가지였다. 스물을 갓 넘은 큰딸은 피부에 주름이 늘고 탄력이 줄었다며 슬퍼한다. 저학년과 고학년이 함께 듣는 수업에서 고학년 학생들에게 '언니들'이라고 농담을 걸면 겉으로는 웃지만 그 웃음 뒤에 묘한 서글픔과 가벼운 분노 같은 것이 느껴진다. 내 또래나 누나, 선배로 올라가면 난리들이다. 건강검진을 하고 나서 이 지표가 나쁘네 저 지표가 나쁘네 하며 걱정이 태산이다. 모두 약 몇 가지씩은 먹는다. 중년 아줌마들은 육체적 건강 관리에 더해서 피부 관리까지 받는다고 또 난리들이다. '나이'를 붙들고 힘겨운 싸움을 벌이고 있다는 생각이 들었다.

'나이 먹는 것'이 좋은 점도 참 많은데 왜 저럴까 안타까웠다. 사회로 확장해보았다. 방송에서, 길거리에서, 기업들의 판매 전략에서, 국민의 일상생활에서 '젊음'만이 유일한 가치로 추앙받고 있다. 개인들이 '나이 먹는 것'을 혐오하고 힘들어하는 것과 조금도 다를 바가 없었다. 그에 따른 부작용과 손실이 눈에 들어왔다. '나이 먹는 것의 좋은 점'도 참 많은데 왜 이렇게 젊음 한쪽으로 쏠려 있을까 안타까웠다. 내 전공인 건물로 생각을 옮겨봤다. 개인이 이렇고 사회가 이런데 건물이라고 무엇이 다를까. 지금 우리 사회는 오래된 건물을 나이 먹은 사람만큼이나 경원시한다. 아니, 더 경원시할지도 모른다. 사람에 대한 생각과 가치관은 건물에 고스란히 드러나게 되어 있는 법이다.

이처럼 '개인-사회-건물' 모두 '나이'에 대해 공통적인 현상을 나타내는 것이 눈에 들어왔다. 그래서 이 주제로 책을 써보기로 했다. '나이'를 둘러싸고 벌어지는 우리 사회의 바람직하지 않은 현상에 대해서 살펴보고 그에 대한 대안으로 '나이 먹는 것'의 의미와 좋은 점에 대해서 생각할 기회를 가져보았다. 그리고 동일한 시각을 건물에 적용해서 나이 먹은 건물을 골라 좋은 점을 살펴보았다. 우리 주변에서 흔히 볼 수 있는 평범한 오래된 건물을 대상으로 삼았다. 좋은 점을 모아 이 책의 하이라이트라고 할 수 있는 '나이 먹은 건물의 좋은 점' 세 가지로 정리했다.

**'건축 에세이'를 새롭게 개척하며**
이 책은 내가 처음 시도하는 '건축 에세이'이다. 말 그대로 '건축을 소재로 한 에세이'이다. 건축 에세이는 나 개인적으로도 그렇고 한국 사회, 나아가 전 세계 건축 집필 분야에서 찾아보기 힘든 장르이다. 이번 책을 기점으로 새롭게 시도해보고자 했다.

이 책에서 시도한 큰 방향은 건물에 대한 의인화이다. 건물을 사람 대하듯 바라보면서 사람과의 관계나 사람에게서 느끼는 감정 같은 것을 적용했다. 대상은 주변의 평범한 '나이 먹은 건물'이다. 나이 먹은 사람에게서 느낄 수 있는 여러 가지 감정 개념과 주제가 나왔다. 시간의 힘, 중후한 중년의 멋, 구성미, 자식에 대한 생각, 친구 같은 편안함, 다질적 공간, 누나 같은 친숙함 등이다. 이런 느낌으로 오래된 건물과 교감한 내용을 적었다. 건물을 의인화해서 느낄 수 있는 감정 개념과 주제에 대해서 보다 일반적인 얘깃거리를 설명한 뒤 각각에 해당되는 대표적인 건물들을 소개했다. 나이 먹은 사람에게서 느낄 수 있는 좋은 점들인데 이것이 건물에서도 똑같이 나타난다는 것이 나의 생각이다. 나이 먹은 건물에서 이렇게 좋은 점을 찾을 수 있다면 오래된 건물은 헐고 새로 지어야 할 대상이 아니라 계속 보존하면서 잘 사용할 대상이 된다.

건축 에세이는 이전까지 나왔던 나의 저서들과는 성격이 좀 다르다. 의아해할 독자도 있을 것으로 판단되어 이 책의 성격 및 이 책이 내건 '건축 에세이'의 성격, 그리고 앞으로의 계획 등을 묶어서 간단히 설명하고자 한다. 크게 세 가지로 정리할 수 있다.

첫째, '에세이'라는 단어가 들어갔듯이 일단은 저자의 개인적인 배경이 강하다. 이런 점에서 에세이의 전통적인 의미인 '신변잡기'의 성격을 어느 정도 가지고 있다. 실제로 책 내용 가운데에 나의 개인적인 얘기를 조금씩 해보았다. 사람들이 나 개인에 대해서는 궁금해하지 않는다는 것을 잘 안다. 하지만 이 책에서 말하는 나의 개인적 얘기는 어느 정도 객관화된 것이기 때문에 책의 내용에 도움이 될 것으로 판단한다. 더욱이 에세이인 이상 저자의 개인적인 경험을 글의 출발점으로 삼는 것이 필요하다고 생각했다.

나 개인적으로 나이를 먹어가면서 '나이'에 대해서 생각해보고 적은 분량이나마 무엇인가를 쓰고 싶었다. 2014년 7월에 경복궁 원고를 넘기고 다음 주제를 생각하고 있었다. 1년 넘는 시간 동안 원고지 3,300매 분량의 경복궁 원고와 씨름하면서 고전 문화재의 깊은 의미에 감복을 받았으며 그 위력 또한 실감할 수 있었다. 이는 결국 '나이의 힘'에서 나오는 것인데, 이런 내용을 일상과 인생의 주제와 연관 지어 얘기해보고 싶었다. 50줄에 들어서면서 요즘 사회에서 유행하는 동안 열풍이나 젊음 찬양 같은 것이 조금씩 걱정되기 시작했다. 나 역시 이런 흐름에서 자유롭지 못하다. 대학교에서 젊은이들을 교육하는 직장 환경도 한몫한다. 아내는 반농담으로 "당신한테 아줌마는 사람도 아니냐."라고 한다. 이 책은 어떤 면에서는 이런 나 스스로의 반성문 같은 것이다. 나를 돌아다보며 54세에 쓴 일기장 같은 것이다.

둘째, 건축 에세이라는 새로운 장르를 개척해서 그 첫 책에 해당되는 의미를 갖는다. 이번 책을 준비하고 써나가는 동안 앞으로도 건축 에세이라는 새로운 장르를 나의 주요 저작으로 정착시켜서 계속 쓸 계획을 갖게 되었다. 그 성격을 나는 '고급 전문 에세이'라고 정의하고 싶다. 건축이라는 전문 분야를 기초로 삼아 약간의 지적 담론을 곁들인 인생 얘기 같은 것이다. '건축-인문사회학-인생살이'의 셋을 아우르는 공통 주제를 찾아 세 영역을 오가며 지적 담론을 펼치되 에세이풍의 쉽고 일상적 언어로 풀어 쓰는 것이다.

이런 시도는 에세이와 건축 저서 모두에서 작지만 새로운 지평을 열 것으로 기대해본다. 쉽고 재미있는 얘깃거리식으로 풀어 썼지만 이 책에서 얘기하고 있는 내용은 상당히 폭이 넓다. 철학적 주제부터 우리가 일상 대화에서 매일 말하는 내용까지 다양하다. 대개는 이 둘을 분리해서 다루지만 이 책에서는 고급 학문과 일상 담화를 구별하지 않고 동일한 주제 아래 섞어서 쉬운 얘기로 풀어낸 점이 새롭다고 자평해본다.

건축을 인생과 학문을 이루는 여러 요소 가운데 하나로 넣고 함께 생각하고 바라보려는 시도이다. 건축을 인생과 생활의 구성 요소로 편입시키겠다는 뜻이다. 건축을 생활 주제와 결합해서 쉽게 풀어 쓰고 건축의 의미를 생활 속에서 찾되 인문사회학의 도움을 받아 쉬운 학문적 논거도 함께 제공하고자 한다. 이런 시각은 지금까지 나의 저술 작업에서 일관적으로 유지해온 것이기도 하다. 다만 지금까지는 전공서로 풀어냈지만 이제는 그 가운데 일부를 에세이로 바꿔서 새롭게 소개하고자 한다.

셋째, 우리 주변의 평범한 건물을 바라보고 해석하고 그 가치와 의미를 찾는 한 가지 새로운 방법론을 제시했다. 이 책에서 소개한 건물들은 외국의 대작도 아니고 유명 건축가가 설계한 예술 작품도 아니다. 모두 우리 주변에서 쉽게 찾을 수 있는 평범한 것들이다. 그런 평범한 건물들에도 중요한 의미가 있다는 것을 밝혔으며 그것에서 교훈을 얻고 그것을 즐기는 방법을 소개했다. 유명 대작에만 길이 있는 것이 아니다. 관건은 우리 자신이다. 우리가 어떤 가치관을 가지고 어떤 시각으로 주변을 돌아보는가부터 새롭게 정의하고 싶었다. 우리가 사는 주변, 서울에서 시골 읍내에 이르는 한국 땅 위의 당연한 건축 환경에 대해서 50대 아저씨의 친절한 눈으로 들여다보았다. 내가 태어나고 자란 서울과 한국 땅에 대해 나 나름대로 애정 어린 시선을 보냈다. 현재 한국은 힘든 상황에 처해 있다. 이런 상황에서 우리 주변의 건물을 통해 작은 위안이나마 찾아보려 여행을 떠났다. '나이 먹은 건물'을 찾아 떠나는 시간 여행이었다.

이런 점에서 이번 책은 몇 년 전에 나왔던 『건축, 우리의 자화상』에서 밝힌 비판적 내용에 대한 대안이기도 하다. 『건축, 우리의 자화상』에서는 우리의 잘못된 건축관과 건축 문화에 대해서 신랄하게 비판했다. 많은 독자가 수긍을 했지만 일각에서 '대안은 없고 비판만 있다.'라는 지적도 있었다. 하지만 나는 『서울, 골목길 풍경』이나 『지혜롭고 행복한 집 한옥』 등을 통해 대안을 제시한 적이 있었다. 모두 우리가 가지고 있는 평범하고 오래된 것에서 대안을 찾으려는 시도였다. 이번 책도 그런 연장선에 있다. 이런 점에서 나는 보존론자에 가깝다.

나는 이동이 상당히 많은 편이다. 여기저기 돌아다니면서 책을 쓴다. 그동안 책을 쓰면서 접했던 건물과 그 외의 내 동선에 들어왔던 여러 건물을 생각해보았다. 지긋하게 나이 먹은 건물이 귀하다는 걸 느꼈다. 더 기다릴 시간이 없다고 판단했다. '건물이 나이를 먹는다는 것'이란 주제는 사실 좀 진득하게 기다린 뒤에 써야 맞다. 예도 충분히 쌓여야 책 내용이 좋아진다. 하지만 우리 현실은 반대였다. 오히려 서둘러야 했다. 기다리면 기다릴수록 건물들이 자꾸 사라져가기 때문이다. 이러다간 멸종이 되어버릴 것만 같다. 2014년 가을을 기준으로 현재 우리 사회가 가지고 있는 이런저런 종류의 나이 먹은 건물, 나이 지긋한 건물, 오래된 건물에 대해서 쓴 책이다.

## 신변잡기 + 선생의 잔소리 + 건축 얘기

이상을 종합하면 이 책은 '나의 작은 신변잡기 + 선생의 잔소리 + 건축 얘기'의 셋을 합한 다소 특이한 내용으로 이루어진다. 나이를 먹어가면서 언제부터인가 나는 사회가 나에게 요구하는 것, 혹은 내가 사회에 기여할 수 있는 바가 무엇인가를 생각해오고 있었다. 어느 날, 나이 먹어가는 내 모습이 보였고, 한국 사회의 이런저런 어려운 상황이 보였으며, 이런 것들이 건축 얘기랑 오버랩 되어 머릿속에서 정리되기 시작했다. 전문가로서, 학자로서 건축 얘기를 계속하되 지금까지처럼 어려운 전공서가 아닌 친절한 50대 아저씨의 신변잡기로 풀어 쓰면서 사이사이에 선생의 잔소리를 넣고 싶었다. 일상 언어로 함께 나누되 조금이라도 교훈적 내용을 전달하고 싶었다.

그 첫 번째 주제로 '나이'를 선택했다. '나이 먹는 것'을 싫어하고 피하려고만 하는 한국 사회를 꾸짖으며 '나이 먹어 좋은 점'에 대해서 열심히 설명하려고 했다. 이는 결국 '우리는 무엇을 가지고 있는가'라는, 보다 포괄적인 질문의 한 부분일 수 있다. 우리는 자꾸 무엇을 가질 것인가에만 관심을 집중한다. 더 가지려고만 들며 더 가지기만 하면 나아질 것이라고 믿는다. 이것은 곧 지금 가지고 있는 것이 부족하다는 것과 같은 뜻이다. 그래서 '새 것을 더 가지려' 한다. 하지만 우리가 가지고 있는 것 가운데에는 소중한 것도 많다. 그런 것을 찾아 그 의미를 알고 그 의미에서 배워야 한다. '나이 먹은 건물'도 그런 소중한 대상이다. 물론 나이 먹은 건물 모두가 그렇지는 않다. 낡고 변화가 필요한 것은 당연히 바뀌어야 한다. 하지만 소중한 것은 잘 골라서 지켜야 한다.

나는 지금까지 건축 전공서나 건축을 소재로 한 대중서를 주로 써왔다. 물론 이런 작업은 앞으로도 나의 저술에서 계속 중요한 부분을 이룰 것이다. 여기에 더해 이번 책을 계기로 건축 에세이를 새로 개척하기로 했다. 앞으로 기회가 닿는 대로 여러 가지 다양하고 재미있는 주제를 가지고 지속적으로 건축 에세이를 써나갈 계획을 가지고 있다. 주제도 다양하게 시도하고 싶다. 이번의 '나이' 같은 사회적 주제부터 건물 답사, 건축 비평, 건축 인문학 등에 이르기까지 이미 수십 가지의 주제를 선정해놓았다. 독자의 요구와 시장의 반응에 맞춰 가장 시급하고 필요하고 재미있는 것부터 차례대로 써나갈 계획이다.

바뀐 출판 환경에 대응하기 위한 목적도 있다. 지금까지 전공서에서 해오던 얘기를 에세이로 쉽게 풀어서 수용하려는 변신의 노력이다. 그사이 한국 사회는 무섭게 변했고 건축도 마찬가지이다. 이제 '전공 분야로서의 건축'은 기술과 부동산 기획 쪽으로 완전히 쏠려버렸다. 모두 일반 대중과는 거리가 있다. 간단하게 좁혀서 보면 단순 육면체의 고층 건물만을 개발하고 싸게 빨리 짓는 쪽으로만 건축의 전문 지식이 완전히 쏠려버렸다. 건축 전공 분야에서 예술적·인문학적 내용은 점점 사라져가고 있다. 건축과 학생과 건축계 종사자 모두 예술적·인문학적 내용을 다룬 건축 책을 읽지 않는다. 하지만 건축의 본질은 여전히 예술적·인문학적 내용에 있다고 확신한다. 그리고 많은 국민이 여전히 건축에서 이런 얘기를 원한다. 따라서 이 부분을 어디에선가 여전히 수용해야 한다. 지금의 한국 상황에서 그것은 결국 대중밖에 없다는 결론이다. 그래서 전문적인 내용을 대중과 좀 더 나누기 위해 건축 에세이라는 새로운 장르를 개척하고자 한다.

이 책은 일차적으로는 이 땅에서 힘들게 살아가는 나를 포함한 중·노년에게 바친다. 어찌 중·노년뿐이랴. 중·노년을 곱지 않은 시선으로 바라보지만 자신들 역시 힘들게 살아가는 청년들에게도 중·노년에 대한 변명의 글로 이 책을 바친다. 졸고를 정성 들여 출간해주신 홍문각에 깊은 감사의 마음을 전한다. 사랑하는 나의 가족, 아내와 두 딸에게도 언제나처럼 말로 표현할 수 없는 큰 사랑과 감사를 전한다.

# 차례

**서문**
나는 왜 이 책을 쓰게 되었는가 5
'건축 에세이'를 새롭게 개척하며 8
신변잡기 + 선생의 잔소리 + 건축 얘기 12

**1. 프롤로그 | '나이 먹은 건물'에서 가치를 찾다**
'나이 먹는 것'은 피할 수 없는 섭리이다 21
개인이 나이를 먹는 것은 사회의 역사가 쌓이는 것이다 23
나이 먹은 건물의 '제격'은 중요한 가치이다 26

**2. 오래된 서울 | 축적된 시간의 힘**
오래된 도시 서울에서 시간의 축적을 읽다 29
경복궁-서울의 역사로 시간의 사열식을 펼치다 32
종각과 종로타워-충돌하듯 축적된 시간 39
트윈트리타워 앞 한옥-극적 대비이거나 묘한 어울림이거나 44
시간의 단절과 그로테스크한 어울림 49

**3. 삼일빌딩 | 중후한 중년의 멋, 녹의 멋**
중년의 멋, 중후함 57
삼일빌딩-녹의 미학 60
삼일빌딩에 쌓인 근대화의 역사 65
나이의 힘, 정좌한 무사의 모습 67

### 4. 기독교대한하나님의성회 총회회관 | 구성미와 따뜻한 추상
구성미-아기자기, 이러쿵저러쿵, 요모조모 73
날로 평평하고 단순해져 가는 현대 건물 80
서강대 본관-기하학적 구성미와 따뜻한 추상 86

### 5. 광화문 교보생명빌딩 | 자손을 남기다
건물도 나이를 먹으면 자손을 남길 수 있다 91
교보생명빌딩이 낳은 자손, D타워 96
자식을 낳다-부모와 닮는 즐거움 100
나이 먹은 고층 오피스 빌딩, 광화문 교보생명빌딩 103

### 6. 인터로그 | '나이 먹은 건물'의 좋은 점
'시간의 힘'에 대해서 생각해보자 111
사람 수명보다 훨씬 긴 건물의 수명-'오래된 건물'과 '나이의 힘' 115
'나이 먹은 건물'은 '나이'의 가치를 세우는 데 큰 역할을 한다 119
나이 먹은 건물 = 호랑이 가죽 + 사람의 이름 122

### 7. 어릴 적 동네 | 친구처럼 늙어가다
평생 가장 긴 시간을 함께 보내는 관계, 친구 127
늘 그 자리에 있다는 것, 오래된 친구 같은 어릴 적 동네 131
추억이 서린 친구 같은 동네는 '개인적 장소'로 발전할 수 있다 136

## 8. 정릉천 나들이 | 시간을 산책하다
개천을 낀 옛날 동네, 정릉천 변 141
벽화가 맞아주는 정릉천 동네 144
시장이 활기차고 휴게가 편안한 동네 151
오래된 동네에서 시간을 산책하다 157

## 9. '손 지도'로 맛보는 정릉천 | 오래된 동네의 다질 공간
'손 지도', 오래된 동네의 다질 공간을 즐기는 좋은 방법 163
정릉천 동네의 다섯 가지 다질 공간(1)-이름 & 사물, 영역 168
정릉천 동네의 다섯 가지 다질 공간(2)-동선과 결절 지점 172
정릉천 동네의 다섯 가지 다질 공간(3)-특이한 공간들 178
오래된 동네의 소중한 다질 공간 184

## 10. 연대 평화의 집 | 편안한 친구의 추억
건물을 사귀어라-친구는 떠나고 건물은 남는다 189
가장 보편적인 인간관계-친구에 대한 여러 의견 193

## 11. 한강대로 서민주택 | 친구와 어깨동무를 하다
곁을 내어주다, 어깨동무를 하다-전통 건축의 지붕 199
친구 같은 건물-한강대로 서민주택과 관계의 미학 203
'짝꿍'의 미학-지란지교의 사귐 211
'하나 됨'의 미학-"영혼 하나를 두 개의 몸에 나누어 가진" 214

### 12. 이대, 연대, 고대 | 오래된 캠퍼스의 해석 문제
나이 먹은 건물이 주인인 이대 캠퍼스 219
이대의 나이 먹은 건물들-수공예 장식의 아름다움을 읽다 221
이대 캠퍼스의 맥락주의-나이 먹은 건물을 닮다 228
이대, 연대, 고대-한국의 오래된 캠퍼스에 대한 비판적 시각 235

### 13. 염천교 구두거리 | 시간이 멈췄다
"우리나라 최초 수제화 염천교 구두거리입니다." 241
수제화, '까레', '덤빵'-시간이 멈춘 건물 244
멈춘 시간과 재개발 문제 251

### 14. 간이역 앞 시골 읍내 | 누나 같은 편안함
누나-'약식 어머니', 한국적 보살핌의 대명사 255
'누나 같은 건물', 간이역 앞 시골 읍내에서 찾는 친숙하고 잔잔한 즐거움 258
나이 먹은 누나가 그리울 때-꽃다방, 청파다방, 꿈다방 261
누나 같은 시골 농가-화장기 없는 중년 여인의 이미지 265
간이역과 시골 읍내에 남은 나이의 힘 272

### 15. 대림미술관, 성곡미술관 | 누나 같은 평범함
도심 속 '누나 같은 건물'-낡아서 위로를 받다 277
1960~1970년대 양옥-평범함 속에 담긴 생활의 내공 284
한국 문학 속의 누나, <엄마야 누나야> 287
한국 동요 속의 '시집간 누나', <과꽃> 289

**16. 장충동 태극당 본점 | 누나 같은 위로**

「국화 옆에서」-화장기 없는 수수한 중년 여성 293

장충동 태극당 본점-'누나의 이미지'를 닮은 건물 298

태극당 본점, 장충동의 역사적 의미에 작은 보탬이 되다 306

내 기억 속의 누나 309

**17. 에필로그 | '나이 먹은 건물'의 좋은 점은 누가 만드는가**

'나이 먹은 건물'의 가치를 쌓는 것은 우리 자신이다 315

건물은 생각보다 강력한 매체이다 318

'잘 늙은 건물'은 사람보다 건강하다 322

# 1.
# 프롤로그
# '나이 먹은 건물'에서 가치를 찾다

**'나이 먹는 것'은 피할 수 없는 섭리이다**

조심스럽게 '시간'이라는 주제에 대해 얘기해보고자 한다. 시간 가운데에서도 '나이'라는 주제이다. '나이'를 건물에 투영시켜서 '건물이 나이를 먹는 것'의 의미에 대해서, 나이 먹은 건물의 미덕을 말하고자 한다. 의외일 것이다. 새로 지은 첨단 유행의 건물을 소개해도 모자랄 판인데 나이 먹은 건물이라니 말이다. 그렇다고 고전 걸작이나 문화재도 아니다. 우리 주변에서 쉽게 볼 수 있는 '평범하게 나이 먹은 건물'이다. 이 속에 미덕이 숨어 있다는 믿음이다. 이 미덕은 일상에 지친 우리에게 작은 위안이 될 수 있을 것이다.

지금 우리가 시간에 대해서 바라는 것은 대체적으로 효율성이다. 나이에 대해서는 젊음을 찬양한다. 건물도 마찬가지이다. 첨단 유행의 세련된 건물을 선호한다. 이런 건물이 완공되면 금세 입소문을 타고 사람들이 모인다. 시간을 쪼개서 부지런히 일하고 되도록 젊어지며(최소한 젊게 보이며) 새로 문을 연 카페에서 차를 마시고 새 집에서 살고 싶어 한다. 나도 마찬가지이다. 딱 나의 모습이다.

우리를 둘러보자. 실제 우리의 생활과 환경은 반대일 때도 있다. 크게 하는 일 없이 시간을 흘려보낼 때가 한두 번이 아니다. 아무리 젊어지고 싶어도 자연의 섭리를 누가 거스르랴. 어리고 패기 넘치는 아이돌 그룹들을 보면서 '젊음이 좋기는 좋구나.' 하면서도 채널을 돌려서 중견 가수의 안정된 목소리가 나오면 마음이 편해진다. 도심을 지날 때 주변에 보이는 건물들도 대부분은 오래되고 평범한 것들이다. 새 아파트에 입주한들 바쁘게 계절 몇 번 보내고 나면 어느새 몇 년 묵은 것이 되어버린다.

'나이'는 피할 수 없는 현실인 것이며 그 이면에는 자연의 섭리인 '시간'이 있다. 젊은 사람에게는 곧 다가올 당연한 '근미래'이며 나이 든 사람에게는 '실존 현실'이다. 나이가 갖는 당연과 실존의 무게는 바로 시간이라는 자연의 섭리에 맞닿아 있다. 시간은 자연 생명체의 현실 속에서 나이로 작동하고 구현된다. 우리의 일상과 인생은 시간과 맞물려 돌아간다. 하루에도 수십 번, 수백 번 시계를 보고 시간을 생각한다. 우리는 시간 속에서 살아가며 시간에 대해 초조해하기도 하고 여유를 부리기도 한다. 이 과정은 고스란히 나이를 먹는 과정이다.

우리는 나이 먹는 것을 싫어한다. 젊어지고 싶어 하고 젊음을 찬양한다. 요즘이 특히 심하긴 하지만 이미 장유유서의 유교 사회가 끝나고 근대화가 시작된 뒤부터 젊음은 개인이나 사회의 이상 가치에서 앞자리를 차지해오고 있다. 나의 고등학교 시절인 1970년대 후반의 교과서에도 이양하의 「신록예찬」이라는 글이 실려 있었다. 그때 국어 선생님이 우리를 보시며 절규하듯 "아, 얘들아! 젊음은 정말 좋고 부러운 것이다. 너희 나이 때에는 하루만 자고 나도 피로가 거뜬히 풀린다." 하고 말씀하셨던 기억이 난다. 그리고 이제 그 선생님 나이가 된 지금, 나는 고등학교를 갓 졸업한 딸이나 학생들에게 똑같은 말을 하고 있다.

젊음의 가치를 나는 인정한다. 젊음을 유지하고 젊음에서 배우려는 노력을 높이 평가한다. 쌓이는 나이의 숫자만큼 늘어가는 나의 똥고집과 고정관념을 보면서 때 묻지 않은 젊은이들의 사고방식을 닮으려고 노력도 해본다. 직업 특성 때문에 20여 년을 늘 20대 초반의 파릇파릇한 젊은이들과 함께 생활해온 직업 인생을 내 인생에서 가장 큰 축복으로 생각하고 있다. 그러면서 나는 왜 이양하의 「신록예찬」 같은 글을 쓰지 못하고 매일 비판과 불평만 늘어놓을까 반성도 해본다.

사회로 눈을 돌려보았다. 조금 다른 상황이 벌어지고 있다. 모든 것이 젊음에 과도하게 쏠려 있는 것은 아닐까. 젊음의 좋은 점을 지키고 배우자는 긍정적 범위를 넘어선 듯이 보인다. 젊음을 무조건적으로 찬양하는 쪽에 가깝다. 젊음은 방송과 기업의 돈벌이 전략이 되어버렸다. 그렇다 보니 젊음의 가치도 많은 부분 육체적인 것이나 감각적인 것에 쏠려 있다. 그 한쪽에 나이 먹는 것을 싫어하는 또 다른 극단이 있다.

우리는 '시간'에 대해 균형을 상실하고 한쪽으로 쏠려 있다. 사회나 개인이나 모두 시간의 의미를 한쪽 면만 보려 한다. 시간은 누구도 거스를 수 없는 신성한 우주의 흐름이며 엄정한 규칙이 있다. 시간은 또한 복잡하고도 미묘한 것이며 시간에 대해서 경건한 마음을 한군데로 모아 극도의 균형을 유지하며 살아야 한다. 우리는 시간에 대해서 균형을 상실했다. 시간을 거꾸로 되돌리고 싶어 하며 시곗바늘에 매달려 시간의 흐름을 막으려 한다.

**개인이 나이를 먹는 것은 사회의 역사가 쌓이는 것이다**

시간이 흐르고 나이를 먹는다는 것은 엄혹한 섭리이다. 개인의 생활에서 인류의 역사에 이르기까지 마찬가지이다. 시간에서 나올 수 있는 파생 개념이 '나이-세월-역사'이다. 모두 시간이 일상생활과 현실에서 작동하는 개념들이다. '나이'는 개인에 관한 것이고 '역사'는 사회 문명에 관한 것이다. 그 중간쯤에 '세월'이 있다. 나이는 '먹는다'라는 표현을, 역사는 '쌓인다'라는 표현을 쓴다. 세월은 중간쯤 되어서 '흐른다'가 적절해 보인다. 셋 모두 좋은 말이다. '먹는다'라는 말은 그 자체로 좋다. '든다'라는 말도 좋다. '쌓인다' 역시 좋으며 '흐른다'도 그렇다. 먹고, 쌓이고, 흐르는 것은 얼마나 좋은가.

　우리 개개인은 이런 것들에 대해 어떤 생각을 가지고 있는가. 그리고 우리 사회는 또한 어떤 생각을 가지고 있는가. 개인에 대해 먼저 생각해보자. 우리는 나이 먹는다는 것을 '늙는 것'으로 받아들인다. 맞는 말이지만 부정적 의미가 강하다. 늙는 것은 생명력이 고갈되어간다는 뜻이니 일단은 부정적인 것으로 볼 수 있다. 더 좋은 말이 있다. '철이 들어 완숙해지고 어른이 되며 인생을 깨닫는다.'로 바꾸어보면 어떨까. '사회에 대해 나잇값을 하고 모범이 될 수 있으며 개인적으로는 여유와 안정이 생긴다.'도 좋다. '젊은이들이 장점을 잘 발휘할 수 있도록 협력해서 함께 사회를 이끌어간다.'면 최고일 것이다.

　사회는 어떨까. 역사는 그 자체로 긍정적이다. 쌓인다는 표현을 쓰는 것만 봐도 알 수 있다. 한 사회가 전통과 문화를 형성하고 힘을 갖추기 위해서는 일정한 시간이 필수적이다. 부러울 것이 없는 초강대국 미국의 영원한 열등의식은 바로 역사가 짧다는 것, '일천한 역사'이다.

　역사는 쌓이면 쌓일수록 좋다. 개인이 나이 먹는 것을 싫어하는 것과 반대이다. 하지만 이 둘이 서로 반대라는 생각 자체가 잘못된 것이다. 역사는 물론 거창한 것이지만 그렇지 않을 수도 있다. 개인이 나이 먹는 것을 모으면 역사가 된다. 지금 내가 하루하루 나이 먹어가는 것이 곧 역사이다. 자신은 나이를 거꾸로 먹기를 바라면서 사회의 역사가 잘 쌓이기를 바라는 것은 앞뒤가 맞지 않는다. 개인의 나이와 사회의 역사는 결국 같이 가는 것이다. 사회가 성숙하고 역사가 쌓이기를 바란다면 개인도 나이를 먹어야 한다. 그것도 잘 먹어야 한다. 개인이 나이를 먹는 것은 슬퍼하거나 피할 일만은 아니다. 역사를 쌓아가는 숭고한 작업이라는 인식을 갖는 것은 어떨까.

개인이 나이 먹는 것과 역사가 쌓이는 것의 공통점은 무엇일까. 바로 자연의 섭리이자 법칙이라는 것이다. 우주는 생성된 순간부터 나이를 먹기 시작했다. 생명체는 이 세상에 태어나는 순간부터 늙는다. 사회가 형성되고 문명이 시작되는 순간부터 역사는 쌓인다. 아무도 피해갈 수 없는 도도한 흐름이자 거대한 힘이다.

자연의 섭리는 가혹하지 않다. 우리가 욕심을 넣어 가혹하다고 느끼는 것일 뿐이다. 늙는 것도 마찬가지이다. 자연이 늙는 것을 섭리로 만들었다면 틀림없이 그에 대한 대비책도 함께 만들었을 것이다. 그것이 무엇일까. '제격'이라는 것이다. 자연은 나이 먹는 각 단계마다 그에 합당한 의미와 장점, 그에 걸맞은 멋과 능력을 마련해주었다. 이런 것들을 모으면 '살길'이 된다. 나이의 각 단계는 모두 그 나름대로 '살길'이 마련되어 있다. 각 나이는 각자대로 살 만하다. 젊은이가 노인을 보면 '저 나이가 되면 무슨 재미로 살까.' 하는 생각을 하지만, 노인은 거꾸로 젊은이를 보며 '저 나이 때에는 어떻게 살았을까.' 하고 생각한다. 각 나이에 적합한 이런 마련 또한 자연의 섭리의 한 부분이다. 우리는 이런 자연의 섭리에 감사하며 각 나이 대를 즐기며 살면 된다. 이것이 나이의 섭리를 따라가는 것이다.

### 나이 먹은 건물의 '제격'은 중요한 가치이다

건물도 마찬가지이다. 사회현상은 그대로 건물에 나타난다. 건물은 가장 많은 종류의 사회 가치가 압축되어 반영되는 매개이다. 나이에 대해 우리 사회가 가지고 있는 불균형은 건물에서도 똑같이 반복된다. 오래된 건물을 싫어하며 기회만 되면 헐고 새로 지으려 한다. 처음부터 잘 짓지 못해서 10년만 지나면 낡은 건물의 문제점이 속출한다. 지킬 만한 건물이 없다고도 한다. 사회 전체적으로 오래된 건물의 가치에 대해서 무관심하다. 나이 먹은 건물은 그저 낡은 건물일 뿐, 좋은 건물이 되지 못한다.

나이에 대해서 갖는 우리의 조급한 불균형은 건물의 나이에서도 똑같이 나타난다. 재미있는 일화 하나면 충분할 것 같다. 바르셀로나에 유명한 안토니오 가우디Antonio Gaudí의 성가족성당Sagrada Familia이 있다. 100여 년 전에 공사를 시작해서 앞으로도 비슷한 기간이 더 걸릴 계획이다. 한국 관광객 그룹이 이 건물을 보고 있었는데 그 속에 우리나라에서 손꼽히는 건설회사의 간부가 있었다. 가이드의 설명이 끝나기가 무섭게 이 간부가 "저거 우리가 하면 2년에 끝낼 수 있어요."라고 했다. 관광객들은 폭소를 터뜨렸다.

결국 우리가 건물 혹은 건축을 어떻게 정의하고 어떤 가치를 부여하는가의 문제이다. 유럽의 건물은 예술 작품으로 찬양하며 열광하지만 정작 우리가 살아가는 건축 환경에서는 이런 미학적·정신적 가치를 처음부터 배제해버린다. 우리가 건물에 부여한 가치는 가능한 한 빨리 헐고 새로 짓는 것이다. 이것은 마트에서 파는 상품의 논리이다. 예술 작품의 논리는 빠져 있다. 상품의 논리에서 오래된 건물은 유통기한이 지난 폐기 대상일 뿐이다. 오래된 건물에서 가치를 찾으려 하지 않는다. 오래된 건물에는 가치가 없다고 생각한다. 하지만 유럽의 오래된 건물에는 열광하지 않는가. 결론은 남의 나라의 오래된 건물은 가치가 있고 우리의 오래된 건물은 가치가 없다는 것으로 귀결된다.

생각을 바꾸어보자. 유럽의 오래된 건물에 가치가 있다는 사실을 우리에게도 적용하는 것이다. 당장 그럴 만한 수준의 건물이 없다는 답이 되돌아올 것이다. 나 역시 당장 '그렇지 않다.'라고 답하고 싶다. 유럽의 오래된 도시를 감상하고 느끼듯, 우리 주변에서도 그렇게 할 수 있다. 문제는 시각과 가치관이다. 우리 주변의 나이 먹은 건물에서도 충분히 가치를 찾을 수 있고 감상하고 느낄 수 있다. 너무 자주 보니까 친숙하고 평범해서 미처 모르는 것일 수도 있다. 사람이 나이 먹는 것에 대한 대비책이 '제격'이듯이 건물도 마찬가지이다. 나이 먹은 건물에는 '제격'이란 것이 있다. 이것은 곧 가치이며 우리에게 여러 가지 긍정적 작용을 해준다.

나이 먹은 건물이 간직하고 있는 이런 가치들은 우리에게 매우 소중한 것들이다. 사람들에게 정서적 안정감을 줄 수 있는 소소하지만 감성적인 가치들이다. 잔잔하면서도 정서적인 가치들이다. 현대사회 문화의 핵심으로 얘기하는 일상성의 가치이기도 하다. 고전 걸작의 웅변이 꼭 필요하지만 가끔이 좋다. 우리를 에워싸고 우리가 매일 접하는 환경에서 가치와 미덕을 찾아 소소하고 잔잔하게 즐기는 일은 매우 중요하다.

우리 사회의 역사를 쌓아가는 일이기도 하다. 역사는 수많은 요소의 집합체이다. 다수 대중이 매일을 살아가며 가꾸는 일상 환경도 중요한 부분을 차지한다. 권력층과 지도자의 역사만 역사가 아니다. 정쟁과 정책과 사건만 역사가 아니다. 건물이라는 물리적 구조물과 예술 작품도 매우 중요한 역사이다. 물리적 구조물과 예술 작품의 중간쯤 되는 것이 주변의 일상 환경을 이루는 '나이 먹은 건물'들이다. 나이 먹은 건물이 '고전 걸작'은 될 수 없지만 적어도 '좋은 건물'

은 될 수 있다. 이 일을 할 수 있는 것은 우리 자신들뿐이다. 애정 어린 눈으로 우리 주변의 나이 먹은 건물들을 돌아볼 때이다. 가치를 찾고 감사히 여기며 즐겨보자. 건물이 나이 먹는 것이 결코 나쁜 것이 아니다. 나이 먹은 건물에서 찾을 수 있는 좋은 점은 의외로 많다. 이제 이것들에 대해서 생각해볼 작은 기회를 마련해보고자 한다.

 나이 먹은 건물은 어쩌면 우리 소시민의 모습일 수도 있다. 나이 먹은 건물을 들여다보는 일은 우리의 평범한 모습을 들여다보는 것이다. 우리는 거창한 인물에 열광한다. 우리 자신도 크고 작은 방법으로 조금이라도 비범해지려고 노력한다. 스스로는 그렇게 되지 못했지만 내 자식만은 그렇게 되길 바란다. 하지만 평범한 우리 스스로를 돌아볼 필요가 있다. 우리는 스스로가 생각하는 것보다 좋은 미덕을 많이 가지고 있다. 지나친 일등주의에 가려 창피해서 감추고 있을 뿐이다. 그걸 찾고자 한다.

# 2.
# 오래된 서울
## 축적된 시간의 힘

**오래된 도시 서울에서 시간의 축적을 읽다**

이런 질문을 던져본다. 서울에서 멋진 장면, 서울을 대표하는 장면은 어떤 것일까. 남산에서 내려다보는 야경, 시내에서 올려다보는 남산타워, 고층 건물의 스카이라인, 테헤란로, 야간 조명을 밝히는 다리들 등등 많을 것이다. 이 질문에 답하기 위해서는 '멋진 장면'에 대한 기준을 세워야 한다. 성공적인 산업화를 이룬 모습, 발전하는 모습, 역동적인 모습, 화려한 변화가, 시민 다수가 좋아하는 곳 등등 많을 것이다. 나에게 묻는다면 '서울의 나이'를 기준으로 삼고 싶다. 이 기준에 따라 '시간의 대비를 보이며 나란히 서 있는 건물'을 답으로 제시하고 싶다.

그렇다면 서울의 나이는 몇 살일까. 우리가 지금 알고 있고 살고 있는 서울은 조선 건국과 함께 '한양'이라는 이름으로 창건되었다고 보면 크게 틀리지 않을 것이다. 물론 한양 지역은 고려 시대부터 남경이라는 도시로 존재했었으며 남경으로 천도하려는 시도만도 여러 번 있었긴 하다. 하지만 서울 중심부의 골격을 세운 것은 조선 건국 직후인 1394년이었다. 2016년을 기준으로 623세이다.

결코 어린 나이가 아니다. 물론 중국, 인도, 유럽, 중동 등에는 이보다 오래된 도시도 즐비하다. 그러나 전 세계를 놓고 보았을 때 제법 오래된 도시에 명함을 내밀 만하다. 자랑스럽게, 오래된 서울이라 부르고 싶다. 그리고 서울이 자랑할 밑천은 테헤란로도 강남역도 아닌 바로 이 '나이'가 아닐까 생각해본다.

서울의 도시경관과 건물 사정은 어떨까. 나이에 합당한 기록을 보여주지 못하는 것이 사실이다. 20세기 이전의 시간의 기록을 뭉텅이로 보여주는 건물이나 도시 구역은 고궁이 유일한 것 같다. 유럽과 비교하면 더 그렇다. 우리가 유럽의 도시들에 열광하는 이유는 분명 도시와 건물의 경관이 나이의 역사를 간직하고 있기 때문일 것이다. 서울은 형편이 좋지 못하다. 임진왜란과 한국전쟁 등 치명적인 전쟁이 있었고 엎친 데 덮친 격으로 일제강점기와 근대화를 거치면서 참 많이도 헐려나갔다.

그럼에도 나는 오래된 서울이라서 즐길 수 있는 매력적인 장면들을 잘 알고 있다. 바로 옛 건물과 새 건물이 함께 만들어내는 장면이다. 앞에서 말한 서울을 대표하는 장면이다. 대한민국 1번지 경복궁 주변부터 시작해보자. 큰딸이 유럽 여행을 갔다 왔다. 하루는 경복궁 앞을 지나가는데 경복궁과 주변을 둘러보면서 말했다. 그대로 옮겨보자. "유럽은 건물들이 옛날 건물이나 새 건물이나 거의 비슷한데 한국은 옛날 건물하고 새 건물이 다른데 함께 섞여 있는 것이 참 신기해." 옆에서 작은딸이 고개를 끄덕였다. 기뻤다. 내가 평소에 서울에 대해서 가지고 있는 생각을 똑같이 느끼고 있기 때문이었다.

경복궁 앞에 서보았다. 정문인 광화문과 인사동 쪽 유리 건물들이 일렬로 서 있다. 최근에 완공된 트윈트리타워나 더케이트윈타워 등이다. 광화문은 한양 창건과 함께 완공되었고 주변의 유리 건물들은 완공 연도가 2013~2014년경이니 두 건물의 나이 차이는 서울의 나이와 거의 같은 620년 정도이다. 물론 이것은 광화문의 나이를 실제 구조물이 아닌 역사적 기록을 기준으로 잡은 것이다. 시간이 충돌하고 있다. 축적이라고 보기에는 중간이 쏙 빠졌다. 시간의 켜가 어느 정도 형성되어야 하는데 그렇지 못하다.

생각을 바꾸어보자. 시간이 반드시 일직선 연대기일 필요는 없다. 일직선 연대기를 그대로 간직하고 있는 도시는 그다지 많지 않다. 한국처럼 전쟁과 식민지 치하를 거친 나라에서는 특히 그렇다. 그래도 연대기를 초월해서 '시간'이라는 것에서 많은 것을 찾고 배울 수 있다. 시간을 건너뛰어 함께 보는 것도 시간을 즐기는 좋은 방법이다. 이를테면 압축 버전이다. 물론 중간이 빠진다는 것은 슬픈 일이지만 좋은 점도 있다. 빠진 부분을 각자 상상력으로 채울 수 있다. 나이와 시간을 놓고 상상력을 발휘할 기회를 갖게 되는 의외의 좋은 점이 있는 것이다.

건축을 통해서 시간을 즐길 때에는 특히 그렇다. 광화문이 보여주는 이 장면이 좋은 예이다. 조형을 보자(도판 2-1, 2-2). 극적이라고 부를 만한 이 장면을 어떻게 해석하고 즐길 것인가. 관계가 묘하긴 하지만 은근히 잘 어울린다. 건축양식, 재료, 모양 등 외면만 보면 완전히 다른 두 세계이다. 그러나 딸의 말처럼 신기한 무엇인가가 있다. 그 신기함은 아마도 어울림일 것이다.

광화문의 포용성이 비밀이다. 처마의 가지런한 서까래는 구조의 미와 반복의 미를 보여주는데 이것은 유리 고층 건물을 낳은 현대 미학의 핵심이다. 위쪽 문루門樓를 받치고 있는 아래쪽 성문城門 기단基壇은 돌로 지어서 추상 면이 두드러진다. 보통 성벽은 드나듦이 심한 거친 표면으로 남겨두지만 이곳은 법궁法宮의 정문이라 표면을 가능한 한 평평하게 해서 2차원 면의 성격이 강하게 드러난다. 이는

2-1. 광화문과 바깥 유리 건물.

추상 면을 형성하는데 이것은 또한 유리 고층 건물의 기본 미학이다. 이처럼 광화문과 최신 유리 건물이 조형적 공통점을 갖는다. 그래서일까. 광화문의 처마 곡선이 예사롭지 않다. 마치 손을 뻗어 유리 건물에게 악수를 청하는 듯하다.

　이쯤 되면 충돌일까, 축적일까. 충돌이 아니고 축적이다. 축적의 힘이다. 무엇이 축적된 것일까. 시간이다. 축적된 시간의 힘이다. 620년의 나이 차이를 뛰어넘어 시간의 축적을 이루게 해주는 힘, 그것은 나이 먹은 건물, 아니 나이를 먹을 대로 먹은 건물, 아마도 서울 시내에서 가장 나이를 많이 먹은 건물, 광화문이다. '나이'와 '시간'이 함께 작동해서 긍정적 결과를 내주었다.

**경복궁 – 서울의 역사로 시간의 사열식을 펼치다**
광화문을 넘어 안으로 들어가 보면 더 멋진 장면들이 펼쳐진다. 정승처럼 앞만 보고 서 있는 수문병守門兵에게 눈웃음을 보내며 홍예문을 통과해서 홍례문 앞마당으로 진출해보자. 뒤를 돌아본다. 광화문 뒷면이다. 정말 멋진 장면이 펼쳐진다. 광화문 뒷면 너머로 왼쪽으로는 멀리 광화문 사거리의 교보빌딩을 필두로 KT 사옥, D-Tower, 이마빌딩 등 광화문의 강자들이 줄지어 서 있다(도판 2-2). 오른쪽으로는 정부종합청사가 보인다. 정말 상징적인 장면이다. 가히 한국 현대사를 압축해놓았다 할 만한 건물군을 광화문이 뒤쪽으로 거느리고 있는 장면이다. 마치 시민들에게 서울의 역사에 대한 사열식을 펼치는 것 같다. 서울의 역사로 시간의 사열식을 펼치는 장면이다. 시간의 힘이란 이런 것이다. 나는 이 장면을 서울에서 찾을 수 있는 가장 극적이고 상징적인 장면으로 제시하고자 한다.

눈을 좌우로 돌려보면 더 멋진 장면이 펼쳐진다. 오른쪽으로 돌려보자. 광화문 뒤로 정부종합청사가 겹쳐 보인다(도판 2-3). 곡선과 사선으로 이루어진 광화문과 책을 세워놓은 것 같은 직선의 정부종합청사가 충돌하듯 어울린다. 광화문은 소품처럼 보이고 정부종합청사는 책을 세워놓은 것 같다. 지붕 두 장의 추녀 끝이 정부종합청사의 옆구리를 쿡쿡 찌른다. 폭력으로 느껴지지 않는다. 장난스럽게 말을 거는 것 같다. 광화문의 오른쪽 옆을 따라 흘러내리는 담의 완

2-2. 홍례문 앞에서 본 광화문 안쪽 모습(왼쪽).
2-3. 광화문 안쪽 모습. 정부종합청사와 겹치면서 서울의 역사를 압축해놓았다(오른쪽).

2-4. 광화문 안쪽 모습. 최근에 재개발한 유리 건물군과 함께 서울의 역사를 압축해서 보여준다.

만한 곡선은 정부종합청사를 밑에서 받쳐주는 것 같다. 그렇게 낮아진 담은 수평선을 그으며 편하게 달려 나가고 그 위로 정부종합청사에 일렬로 줄을 선 낮은 육면체 건물들이 같이 어울린다.

　왼쪽으로 돌려보자. 광화문이 오른쪽으로 물러앉아 반을 차지하고 왼쪽 반은 앞에 나왔던 트윈트리타워나 더케이트윈타워가 군집을 이루고 서 있다(도판 2-4). 광화문은 땅에 단단히 뿌리 박은 안정된 풍채를 드러낸다. 다리를 벌리고 선 수문장이다. 믿음이 간다. 유리 건물들은 하늘과 구름과 옆 건물들을 반사해내며 떼를 지어 서 있다. 우리가 이룬 자랑스러운 근대화의 기적을 압축해놓은 장면이다. 하지만 이것만으로는 가슴이 허전하다. 여러 채가 스크럼을 짜고 '영차, 영차' 하는 것 같지만 왠지 불안해 보인다. 채워지지 않는 무엇인가 남아 있다. 이것만으로 문명이 되는 것은 아닐 것이다. 투명하게 반짝이는 저 유리만큼 '후' 불면 거품처럼 날아가 버릴 것 같다. 그 부족한 부분을 오른쪽의 묵직한 광화문이 채워주고 받쳐주어서 완성시킨다.

　이 장면에서는 특이한 연상이 한 가지 떠오른다. 산세가 흘러내리

2-5. 근정문 앞에서 본 흥례문과 서울 시내 모습.

는 북한산 기슭에서 태어나고 자라서 그럴까, 광화문과 유리 건물군이 각각 하나씩의 산봉우리로 읽힌다. 광화문의 2층 지붕이 하나의 인공 산이요, 군집을 이룬 유리 건물 또한 하나의 인공 산처럼 느껴진다. 산봉우리 두 개가 나란히 솟은 형국이니 '쌍봉'의 이미지이다. 산이 많은 우리나라에서 종종 접할 수 있는 이름이다. 쌍봉산, 쌍봉사, 쌍봉동 등이다. 쌍봉산이라는 같은 이름의 산이 전국 곳곳에 있으며 화순의 쌍봉사라는 절도 유명하다. 여수에는 쌍봉동이라는 동네도 있다. '쌍봉'은 한국의 보편적 자연지세를 대변한다. 광화문이 현대식 유리 건물을 거느리고 있는 형국이 바로 우리의 이런 보편적 자연지세이다.

경복궁이 시내의 현대 건물과 어울리는 장면은 흥례문과 근정문 안쪽까지 계속된다. 그 뒤로 더 들어가면 바깥 세계의 새 건물은 보이지 않게 되고 드디어 온전히 궁궐 속에 묻힌다. 흥례문 앞에 서보자. 앞에 얘기한 광화문까지는 시내의 현대식 건물이 근경이었다면 여기부터는 원경으로 확장된다. 흥례문을 지나 근정문 앞에 서보았다. 더 깊이 들어와서 그럴까, 전체적인 구도는 광화문 안쪽을 보던 것과 비슷하지만 뒤로 거느리는 건물 숫자가 더 늘었다(도판 2-5). 홍례문을 가운데 두고 좌우로 광화문 일대가 다 들어온다. 바깥 경치만 확장된 것이 아니다. 홍례문 안쪽의 궁궐 영역도 확장되었다. 바로 월랑까지 더해진 장면이다. 이로써 조선과 현대 한국을 이어주는 시간의 끈은 더 탄탄해졌고 서울의 역사는 좀 더 완성도가 높아진다. 시간의 축적이 알차졌다. 시간의 사열식은 더 볼만해졌다.

근정문을 지나 근정전 앞에 서보자. 근정문을 가운데 두고 양옆으로 현대 서울의 압축 장면이 도열한 것까지는 앞의 홍례문 장면과 비슷하다. 중요한 차이가 있다. 근정전의 기단이 더해진 것이다(도

2-6. 근정전 앞에서 기단과 근정문과 유리 건물을 함께 본 모습(위).
2-7. 근정전 기단 위에서 왼쪽을 바라본 전경(아래).

2-8. 자경전 만세문 앞에서 본 근정전과 서울 시내 모습.

판 2-6). 근정전 기단을 지키는 석수石獸(혹은 서수瑞獸)와 난간의 하엽동자荷葉童子(난간을 받치는 연잎 모양의 짧은 기둥)가 합류했다. 각도를 왼쪽으로 조금 틀어보자. 저 멀리 인사동과 낙원동 일대까지 시야에 들어온다(도판 2-7). 조선도 확장되었고 현대 한국도 확장되었다. 시간 축적의 탄탄함은 더 다져졌고 서울 역사의 완성도는 더 높아졌으며 시간의 사열식은 더 극적이 되었다. '광화문-흥례문-근정문'으로 들어올수록 궁궐 요소가 하나씩 더해지면서 시간을 매개로 한 역사의 축적은 더 튼실해진다.

　이 장면의 클라이맥스는 단연 자경전 앞에서 본 모습일 것이다. 근정전이 가운데에 우뚝 솟고 그 뒤로 '사정전-강녕전-교태전' 영역이 뭉쳐서 하나의 큰 영역을 이룬다(도판 2-8). 이 영역 너머 도심 광화문의 현대식 건물들이 겹쳐진다. 이번에는 겹쳐지는 정도가 아니라 서로 교합하면서 한 몸으로 붙은 형국이다. 이 한 장면에서 여러 가지 생각이 떠오른다. 어색하다면 어색할 수 있는 동거인데 결국 조선의 법궁 경복궁과 근대화된 서울 시내, 이 둘을 합한 것이 현대 한국의 본질이라는 생각이다. 담담하게 받아들여야 하는 지금 우리의 현실이요, 자화상이다. 한국의 역사, 현대 한국의 현실, 우리의 본질에 대해서 이 한 장면만큼 압축적이고 상징적인 것이 또 있을까. 시간을 매개로 했을 때에만 맞닥뜨릴 수 있는 질문이다.

그 현실은 상당히 극적이다. 문명과 양식사조와 시대를 기준으로 하면 두 건물은 서로 많이 다르고 대비되기까지 하지만 이 둘 모두 '우리' 혹은 '대한민국'이라는 틀 속에 넣으면 묘하게 어울려 하나가 된다. 그만큼 극적이다. 19세기 말부터 급박하게 이어져 온 우리의 현대사를 압축해서 보는 것 같다. 그래서 둘은 한 몸으로 붙어서 화학적 결합을 해냈다. 그래서 극적이다.

나는 궁궐을 비롯해서 서울 시내에 있는 문화재 사진을 찍을 때마다 옆에 현대식 건물이 함께 나오는 것을 싫어한 적이 있었다. 가능하면 현대식 건물이 안 나오게 카메라 앵글을 조절하곤 했다. 하지만 어느 순간부터인가 이것이 피할 문제만은 아니라는 생각이 들기 시작했다. 같이 찍어보았다. 이질적인 두 건물이 섞여 있는 장면에서 의외로 여러 가지 생각이 떠올랐다. 나이를 먹어가면서 점점 더 흥미로워지더니 어느 순간부터 서울 시내에서 이런 대비의 장면을 찾아다니게까지 되었다.

분명 극적이다. 급박하게 진행된 우리의 근대화 역사를 웅변하고 있다. 그 중심에 나이 먹은 건물의 최고봉 경복궁이 있다. 높이는 현대식 건물보다 낮지만 범할 수 없는 위엄과 안정적인 품격으로 나잇값을 톡톡히 하고 있다. 조선이 좋든 싫든 우리의 조상님이다. 그 뒤로 자손들이 도열하듯 서 있다.

보기 좋다. 극적이다. 이 장면의 의미와 가치는 결국 우리가 해석하기에 달려 있다. 오래된 서울만이 줄 수 있는 축적된 시간의 힘이다. 한국 현대사는 20세기를 거쳐오면서 단절이 많았다. 21세기 초반에 중간 성적표를 받아 들었다. 우리 한국인의 질긴 생명력처럼 우리의 현대사는 이렇게 조상을 모시고 한 단락을 지었다. 나이 먹은 건물이 있어서 얼마나 고마운가.

누구나 집에 한 장쯤은 가지고 있는 가족사진을 보는 것 같다. 할아버지와 할머니가 한복을 입고 가운데 앉으시고 그 뒤로 자식들과 손주들이 병풍처럼 에워싸고 찍은 사진이다. 가장 한국다운 장면이자 한국의 가족애와 저력을 상징하는 장면이다. 근정전을 할아버지 할머니 삼아 자손들이 병풍처럼 뒤에서 에워싸는 이 장면 역시 가장 한국답다. 나는 어머니를 잃고 아버지만 살아 계신다. 아버지는 나이도 많이 드시고 건강이 좋지 않아서 휠체어를 타신다. 1~2년에 한 번씩은 운 좋게 우리 삼 남매와 그 아들딸들이 할아버지 휠체어를 에워싸고 스마트폰으로 사진을 찍는다. 나는 이 사진이 얼마나 소중한지 모른다. 아버지가 살아 계셔서 얼마나 고마운가.

### 종각과 종로타워 – 충돌하듯 축적된 시간

경복궁에서 살펴본 시간의 축적 장면은 사실 조선의 5대 궁궐 전체에서 비슷하게 관찰할 수 있다. 이런 궁궐들을 가운데 두고 주변에 돌아가면서 현대식 건물들을 세웠으니 당연한 현상이다. 강북을 오가는 많은 서울 시민이 하루에 한 번쯤 접할 수 있는 장면이다. 관건은 이런 장면을 어떻게 해석할 것인가 하는 것이다. 그리고 나는 그것을 '시간의 축적'으로 제시하면서 이것으로부터 서울이 갖는 나이의 힘, 역사의 힘을 찾자고 얘기하고 있는 것이다.

조선의 5대 궁궐은 워낙 상징성이 크기 때문에 시간의 축적을 보

2-9. 종각과 종로타워가 나란히 서 있고 그 사이를 지나가는 시민들.

여주는 첫 번째 후보로 손색이 없다. 여기에 못지않은 대표적인 장면이 또 있다. 바로 종각과 종로타워를 겹친 장면이다(도판 2-9). 물론 지금의 종각 건물은 1980년에 지은 콘크리트 건물이라 정통 한국 건축, 즉 제대로 된 역사적 건물은 아니다. 하지만 그 터의 역사와 건물의 형상은 원래의 의미에 근접한다고 볼 수 있으므로 시간의 축적을 보여주는 후보의 자격을 가질 수 있다고 가정하고 얘기를 이어가고자 한다.

두 건물을 겹쳐 보는 장면은 앞에서 보았던 궁궐을 배경으로 나타나는 장면과는 또 다른 특징과 매력이 있다. 군집이 아닌 단독 건물끼리 마주하는 점, 궁궐처럼 영역 속에 들어가는 것이 아니라 차와 사람이 오가는 대로 한복판이라는 점, 종각이 궁궐처럼 왕실이 아닌 일반 백성을 위한 시설이었다는 점, 종로타워의 현대성과 이국성이 강하다는 점 등이 구체적인 내용이다. 그만큼 두 건물이 엮어내는 시간의 축적은 극적이다. 그렇다. 두 건물이 제시하는 시간 축적의 성격은 '극적 역동성'이다.

자연스럽게 이어지기 힘든 두 건물을 양옆에 나란히 두고 그 앞을 오가는 수많은 서울 시민의 무덤덤함이 해답이다. 그 무뚝뚝함 속에 담긴 한국 현대사의 극적 초월성을 두 건물의 극적 시간성에 오버랩시켜본다. 너무도 극적인 시간의 터널을 지나왔기 때문에 이런 극적인 시간의 충돌을 무덤덤하게 축적으로 받아넘겨 버리는 것이다.

생각해보자. 한국 현대사는 세계사에서도 유래를 찾아보기 힘든 극적인 것이다. '외침-식민화-내전-압축 근대화'를 거친, 인간의 문학적 상상력을 뛰어넘는 초월적 대하드라마이다. 사람들은 다치고 지쳤지만 그만큼 다져졌고 단련되었다. 두 건물 사이를 오가는 중·노년의 얼굴에 새겨진 무덤덤한 주름살의 의미를 나는 안다. 초월적 대하드라마 한복판을 관통하면서 살아온 삶들이다. 다치고 지쳤지만 단련된 주름살이다. 그래서 나는 내 얼굴에 하나씩 늘어가는 주름살이 자랑스럽다. 나의 조국 한국의 현대사가 자랑스러운 것처럼.

인생의 반환점을 돌고 이제 후반전이 시작된 지금, 맨몸으로 부딪치며 거칠게 살아온 젊은 시절이 그립고 자랑스럽다. 그리고 나의 그런 젊은 시절을 모으면 그것이 곧 한국 현대사의 극적 초월성이 되는 것은 아닐까. 내 인생이 특별했다는 것은 아니다. 내 또래 친구들, 나의 선배들, 부모 세대 모두가 똑같이 겪었던 일들이다. 중·노년 세대가 다 공통적으로, 보편적으로 겪었고 기억 속에 담았고 그래서 감성적으로 공유하고 있는 시간의 힘이라는 것이다. 그래서 나는 중·노년 세대를 보면 반갑다. 내 스스로가 자랑스러운 것처럼 이런 중·노년 세대가 자랑스럽다.

그래서 이 두 건물 주변은 나의 중요한 나들이 코스 가운데 하나이다. 영풍문고에 책을 사러 나올 때면 반드시 두 건물을 오버랩 시키며 그 극적 역동성의 장면을 확인한다. 격렬했고 거칠었지만 이제는 추억 속에 담아야 할 젊은 시절의 극적 감정을 두 건물이 충돌하는 장면에 이입해본다. 개인의 추억은 역사로 넘어간다. 공통적으로 나누어 가졌던 개인의 추억을 모으면 역사가 된다. 그래서 이 두 건물이 충돌하는 장면은 축적이 된다.

내가 이 두 건물을 묶어서 처음 접한 것은 2010년에 출간된『서울, 건축의 도시를 걷다』를 쓰면서이다. 물론 두 건물을 별개로 접한 것은 그 이전에도 여러 번 있었지만 두 건물이 하나로 겹친 모습에 관심을 둔 것은 이때가 처음이었다. 종로타워가 완공된 이후에도 이 앞을 수없이 지나다녔겠지만 크게 의식하지 못했던 장면이었다. 상당히 깊은 인상을 받았다. 한동안 이 장면을 어떻게 해석할 것인가 하는 즐거운 고민을 하며 보냈다. 결론은 '시간의 축적'이었다.『서울, 건축의 도시를 걷다』에서는 각 건물에 대해서만 쓰고 두 건물이 만들어내는 시간의 축적에 대한 내용을 쓰지 못했다. 언젠가 이 주제를 써보고 싶었는데 드디어 기회가 온 것이다.

좀 더 자세히 들여다보자. 우선 조형적으로 잘 어울린다.(도판 2-10, 2-11) 광화문과 마찬가지로 이번에도 한국의 지붕이 주역이다. 종각은 한국 지붕 특유의 변화무쌍한 역동성을 자랑한다. 시선의 각도와 방향, 지붕과의 거리 등을 조금만 바꾸어도 지붕 선은 확확 바뀐다. 살아 움직이는 생명체 같다. 그런데 뒤편의 종로타워 역시 변화무쌍과 역동성을 디자인 모티브로 삼는다. 라파엘 비놀리 Rafael Viñoly라는 외국 건축가 작품인데 형태주의, 신표현주의, 하이테크 등 기교가 심한 후기 모더니즘을 모아놓은 현대 비정형주의의 수작이다. 아마도 대한민국에서 가장 변화가 심하고 이국성 또한 강한 건물일 것이다.

그런데 놀랍게도 종각이 이런 최신 양식의 이국 건물과 잘 어울리

2-10, 11. 종각과 종로타워가 겹쳐 보이는 장면.

고 있다. 변화무쌍과 역동성이라는 동일한 미학을 공유하고 있기 때문이다. 서양 건축에서는 산업혁명 이후 주로 현대 기술에 의존하는 미학인데 우리는 이미 전통 시대에 이런 미학을 구현했다. 이처럼 같은 미학을 공유하니 두 건물은 긴 시간 차이를 뛰어넘어 잘 어울릴 수밖에 없다. 시간의 차이를 축적으로 만드는 비밀이다.

종각은 나이 먹은 건물이 선사하는 시간이라는 선물을 잘 보여준다. 건물을 이용해서 시간의 의미를 다양하게 표현하는 좋은 예이다. 두 건물이 같은 미학 주제를 공유한다. 같은 시대의 건물이라면 시간의 의미는 그다지 크지 않다. 다른 시대에 속하면 시간의 의미가 커진다. 시간 차이가 벌어지면 의미는 더욱 커진다. 종각이 그렇다.

두 건물이 대표하는 시대의 상징성이 유난히 크기 때문에 더욱 그렇다. 종각 역시 경복궁과 마찬가지로 한양 천도와 함께 탄생했다. 종로가 시장이었던 데에서 알 수 있듯이 종각은 당시 한양 백성의 시설이었다. 경복궁이 왕과 왕실의 시설이었던 것과 대비되는 대목이다. 백성에게 시간을 알려주는 기능이 특히 중요했다. 2층 누각에 종을 설치하고 주요 시각에 종을 쳐서 도성 내에 알렸다. 성문을 열고 닫는 통행금지도 그 가운데 하나였다.

종로타워는 현대성을 상징한다. 현대건축의 여러 대표 사조를 한곳에 모은 하이브리드 양식이다. 모습부터 그렇다. 이 건물이 처음 완공되었을 때 일반인 사이에서는 로봇처럼 생겼다는 말이 많았다. 사람 사는 건물을 로봇 모양으로 지었다는 것은 현대성을 집약하여 그 첨단에 서지 않고서는 불가능한 것이다. 팝아트 같은 발상의 전환, 이런 특이한 형태를 만들어내는 기술력, 금속과 유리가 난무하는 차가운 기계 이미지, 비싼 공사비와 좁은 임대 면적을 감수하는 경제력 등 여러 단계에서 현대성, 특히 후기 산업사회를 상징한다. 외국 건축가의 작품이라는 사실은 현대성의 또 다른 특징인 글로벌화를 상징한다.

두 건물은 전혀 다른 시대와 나라에 속한다. 숫자로 계산해도 600년 이상의 시차이다. 나이 먹은 건물인 종각은 이런 시차의 한쪽 축을 당당히 담당하고 있다. 이 시차에서 우리는 2000년대 한국의 다양한 시대 상황을 읽어낼 수 있다. 두 건물을 굳이 갈등하고 있는 것으로 보는 시각도 여전히 유효하다. 그렇다면 이는 시간의 차이에서 오는 현대 한국의 갈등 상황을 표현하는 것이다. 급격한 산업화와 서양화를 이루었지만 그 가운데에서 굳건한 현대다운 정체성을 형성하지 못하고 힘들어하는 한국 사회를 보는 것 같다. 가슴 아픈 일이긴 하지만 엄연한 우리의 현실이다. 정면으로 맞닥뜨리고 다 함께 얘기해야 할 우리의 현실이다.

**트윈트리타워 앞 한옥 – 극적 대비이거나 묘한 어울림이거나**

경복궁과 종각이 상징성이 큰 공공건물이라면 소담한 한옥을 유리 건물과 중첩해볼 수도 있다. 트윈트리타워를 배경으로 삼아 서 있는 한옥이다(도판 2-12). 이 근처에는 카페가 많아서 나는 종종 이곳에 책을 쓰러 오는데 이 장면을 볼 때마다 여러 가지 감정이 일어난다. 최신 유리 건물들로 이루어진 도심의 작은 블록 모서리를 담장처럼 두르고 있는 이 한옥은 진짜 특이하다. 부조화의 어울림이라고 할까, 이런 특이함은 기본적으로 시간의 힘에서 나온다.

언뜻 재개발한 유리 건물들 사이로 오래된 한옥이 살아남은 것으로 보일 수도 있다. 그만큼 시간 차이가 우선 눈에 들어온다. 깔끔한 현대식 도시를 좋아하는 사람이라면 한옥이 눈에 거슬릴 수도 있다. 단순히 강북의 오래된 구도심이라 재개발을 부분적으로 하다 보니 철거가 안 된 낡은 건물이 남아 있는 것이라 생각할 수 있다.

감성을 조금 발휘하면 얘기가 달라진다. 두 건물은 묘하게 어울린다. 이렇게 다른 두 건물이 어울린다는 것 자체가 상당한 미학적 사건이다. 사건 제목을 뽑아보자. '부조화의 어울림'이 맞겠다. 오래된 도시 한옥 위로 새로 지은 유리 고층 건물이 위용을 드러내며 서 있

2-12. 트윈트리타워 앞 한옥.

2-13. 현대식 유리 건물과 한옥이 묘하게 어울린다.

는 이 구도는 자칫 어색한 부조화가 되어버리기 쉽다. 하지만 두 건물은 묘하게 어울린다(도판 2-13). 그래서 부조화의 어울림이다. 이상할 정도로 잘 어울린다. 조형으로 읽어도 좋고 시간으로 읽어도 좋다. 시간이 우선이겠다. 시간의 축적이 만들어내는 미학적 힘이 있기 때문이다. 미학적 감상이 샘솟는다. 시간의 차이는 축적이 되어 건축미학을 지어낸다.

두 건물 사이의 미학은 일단 '대비'를 꼽을 수 있다. 재료, 시간, 상징성, 모습 등 모든 면에서 그렇다. 한옥의 재료는 나무, 흙, 돌 등의 자연 재료이고 트윈트리타워는 유리와 금속의 산업 재료이다. 한옥은 20세기 전반부 건물이고 트윈트리타워는 21세기 건물이다. 한옥은 근대화 초기에 서울의 도시 주거에 전통 형식을 이식한 것이고 트윈트리타워는 서울이 근대화를 이룬 뒤 그 업적을 경복궁 앞 가장 오래된 도심에 이식한 건물이다. 한국전쟁을 기점으로 각각 그 앞 시대와 뒤 시대를 대표한다. 한옥은 옆으로 길게 수평선으로 뻗었고 트윈트리타워는 심하지는 않지만 수직선을 이룬다.

어울릴 구석은 없어 보인다. 사회경제적으로 보면 더욱 그렇다.

서울을 비롯한 한국 대도시들의 현대사에서도 두 건물이 대표하는 유형은 사실 한쪽이 다른 한쪽을 죽여야 살아남는 대척 관계를 유지했다. 트윈트리타워 종류의 건물이 생겨나기 위해서는 한옥 종류의 건물이 헐려야 했다. 한옥이 살아남는다는 것은 트윈트리타워를 세우지 못하는 것을 의미했다. 이렇게 한국의 현대 대도시들은 시간을 기준으로 패를 이루어 서로를 겨누는 양자택일의 구도 위에 탄생했다. 헐기와 지키기가 충돌하는 거친 분노를 자양분 삼아 괴물처럼 성장해왔다.

지금 보는 이 지역도 예외는 아닐 것이다. 트윈트리타워는 구 한국일보 사옥을 헐고 지은 것이다. 나는 이 일대를 잘 안다. 1970년대 고등학교 시절부터 자주 드나들던 지역이다. 이른바 '광화문 뒷골목'의 북쪽 경계를 이루는 지역이다. 이런저런 낡은 건물이 많았고 서울 도심이 현대화되면서 헐릴 운명이 철석같이 예약되어 있었다. 그리고 시간표대로 진행되어 두 쌍의 쌍둥이 건물, 즉 트윈트리타워와 더케이트윈타워의 유리 건물 네 채가 이 일대의 도시 구조와 분위기를 완전히 바꾸어놓았다.

한옥 한 채가 살아남았다. 그리고 트윈트리타워를 병풍 삼아 두

2-14. 재개발된 유리 건물들 사이에서 한옥은 당당히 존재감을 드러낸다.

쌍둥이 유리 건물 사이에 엉덩이 비집고 정좌 자세로 거뜬히 버텨내고 있다(도판 2-14). 각자 받아들이기 나름이다. 옥에 티처럼 남아 이른바 '알박기'를 하는 것이라며 눈을 흘기지만 않아도 다행일 듯싶기도 하다. 하지만 단순한 연명은 아닐 것이다. 도시 풍경의 당당한 주역이 되어 이 일대에 시간의 힘이라는 중요한 도시 가치를 실천해 보이고 있다. 최신 유리 건물이 지배하는 차가운 산업주의와 비육신적 시각주의 사이에서 '시간'이라는 갑옷을 두르고 묵직한 실존을 드러내며 무게감을 과시한다.

최소한 이 일대가 서울에서 가장 오래된 도심이라는 사실을 외마디 비명으로 내지르는 슬픈 단가短歌 정도는 될 것이다. 그 단가를 품는 것만으로도 나의 고향 서울은 아주 작은 나잇값을 한 것이리라. 가혹했던 왜란과 호란, 그보다 몇 배는 더 처절했던 식민 시대와 한국전쟁을 겪은 서울이다. 서울의 '센 팔자'는 우리가 온전히 서울의 주인이 된 다음 더 나빠졌다. 우리는 우리 손으로 서울에 과격한 근대화의 톱질을 해댔다. 무엇이 남았을까. 무엇이 살아남았을까. 남은 것이 오히려 신기하다. 서울에게 시간은 사실 '한恨'이다. 그것도 창자를 끊는 '단장斷腸의 한'이다. 폐허가 짓밟고 간 틈 사이 모서리에서 작은 한옥 한 채가 서글픈 단장의 한을 단가로 압축해서 부르고 있다.

다시 두 건물을 보자. 우리를 지배하는 모든 가치관에서 두 건물은 대비를 이룬다. 두 건물을 대비로 보는 시각은 지금의 한국 사회를 이끌어가는 상식이다. 사회적으로 '갈등'이라고 부르는 수십 겹의 대비 구도를 이루는 진부한 작은 예에 불과할 수도 있다. 둘을 대비로 보는 것은 '시간'을 부담스러워하는 시각과 같은 말이다. 한국 사회의 상식에서 '시간'은 가치의 측면에서 우선순위가 낮다. 뒷자리를 조금 나눠 가질 뿐이다. 시간의 차이를 지우고 싶어 한다. 한국 사회에서 시간을 축적하는 일은 독립운동하는 것처럼 낯설고 힘든 각오가 있어야 겨우 가능하다.

### 시간의 단절과 그로테스크한 어울림

반대일 수도 있다. 의외도 있다. 두 건물이 어울리는 점이 있다. 미학이다. 재료, 시간, 상징성, 모습 등 모든 면에서 대비인데 딱 한 가지, 미학에서 어울린다. 순수하게 조형적으로만 보자. 잘 어울린다. 예술적 어울림이다. 보는 사람 마음이다. 대비로 봐도 좋고 어울림으로 봐도 좋다(도판 2-15). 나는 지금 둘 모두를 얘기하고 있다. 둘 모두 맞을 것이다. 대비가 갈등으로 끝나지 않고 미학이 되는 것은 어울림으로 발전하는 때이다. 대비와 어울림은 조형론이나 의장론 책을 펴면 첫 장에 서로 반대되는 미학으로 나온다. 하지만 이곳에서는 이 둘이 동의어가 되어버렸다. 시간이 쌓이면서 만들어내는 신기한 작용이다. 대비적인데 어울리기 때문에 역설이나 반어법이 작용해서일까, 그 울림이 무척 크다. 여기에 맞는 미학 개념이 있다. 그로테스크라는 미학 개념을 조심스럽게 붙여 본다.

2-15. 대비로 볼 수도 있고 어울림으로 볼 수도 있는 묘한 양면성이 있다.

어울림을 보자. 무엇이 그토록 어울린다는 것일까. 즉물적으로 보자. 한옥의 지붕은 용의 등처럼 급하게 변한다. 벽체에 드리우는 처마 선의 그림자까지 더하면 더욱 그렇다. 트윈트리타워도 비슷한 분위기이다. 유리 건물치고는 표면을 잘게 나누었고 곡면의 변화를 주었다. 요즘 유행하는 곡면 비정형을 구사한 것인지 뒤편 한옥에 맞춘 것인지는 모

2-16. 한옥의 기와와 트윈트리타워의 윈도 프레임은 조형적으로 어울린다(위 왼쪽).
2-17. 한옥 벽체의 추상성은 산업 재료인 유리의 추상성과 어울린다(위 오른쪽).
2-18. 공간 신사옥과 그 앞의 한옥. 둘 다 시릴 정도로 추상적이다(아래 왼쪽).
2-19. 일본식 주택까지 가세하면 한옥의 시간성은 늘어난다(아래 오른쪽).

르겠다. 윈도 프레임도 차가운 밝은색이 아닌 무거운 검은색으로 처리했다. 결과적으로 두 건물은 첫인상부터 일단 어울리게 되었다(도판 2-16).

　추상 미학이란 것도 있다. 한옥의 벽은 일정 면적을 장식이나 문양이 없는 평활 면으로 놔둔다. 보통 흰 회반죽만 칠한다. 여기에 중심을 둘 경우 한옥의 외관은 매우 추상적인 것으로 읽힌다. 지붕 그림자가 얹히면 그 효과는 확실해진다(도판 2-17). 무채색의 단순성인데 이것은 현대 산업 재료가 추구하는 추상 미학의 기본이기도 하다. 유리는 그 정점이다. 그래서 추상 계열의 건축가 중에는 한옥 외관과 유리가 잘 어울린다고 생각하는 사람들이 있다. 공간 신사옥이 대표적이다. 한국에서 전면 유리 건물의 경향을 이끈 개척적인 작품 가운데 하나이다. 투명한 산업미학이 일품인데, 그 앞의 한옥을 오버랩 시켜 추상 미학을 함께 본다면 최고일 것이다(도판 2-18).

한옥 한 채에 너무 과도한 시대적 의미를 갖다 붙이는 것일까. 옆을 보자. 골목길 한 토막이 남아 있다. 일본식 주택이 오른쪽 끝을 막아섰다(도판 2-19). 우리에게는 분명 치욕의 장면이다. 나도 조선을 식민지 삼았던 일본 군국주의는 정말 싫다. 일제는 점점 화석처럼 시간 속으로 흘러 들어간다. 중성화해서 시간의 화석으로 바라보자. 영화나 드라마 세트 같다. 시간이 토막 난 채 앞뒤로 많은 이야기를 농축해서 담고 있다. 아픈 역사까지 더했다. 서울이 갖는 시간의 힘이 좀 더 확실해졌다.

진짜 절정이 남아 있다. 변화무쌍함이다. 두 건물 모두 변화무쌍함의 고수들이다. 겨루지는 않는다. 견줘서 어울린다. 두 가지이다. 하나는 날씨에 따른 조형적 변화이다. 날씨 변화가 심한 주말 오후에 찾았다. 구름이 급하게 흘러가면서 해가 가렸다 나왔다 하며 광선 변화가 심하다. 그때마다 표면 질감과 외관이 수시로 바뀐다. 두 건물 모두 햇빛에 민감하다. 해가 숨을 때에는 푸르스름한 바다 표면 같다. 해가 나면 온기가 돈다. 트윈트리타워는 투명성을 드러내고 한옥 벽면에는 지붕 그림자가 진다(도판 2-20).

다른 하나는 시선 각도와 거리를 조금만

2-20. 한옥과 유리 건물 모두 햇빛에 민감하다.

바꿔도 장면이 확 바뀐다는 것이다. 트윈트리타워를 오른쪽으로 조금만 밀어보자. 멀리 북악산이 들어온다. 북악은 단순한 산이 아니다. 그 자체가 역사체이다. 한양의 진산鎭山이다. 생김새도 풍수지리에서 말하는 '주인 격의 산'이다. 서울을 있게 한 모태, 주인이다. 서울이 북악의 품에서 태어났다. 조선의 역사를 압축한 고농축 시간 상징체이다. 그 앞 경복궁과 동의어이다. 북악까지 더하면 시간 잔치는 절정에 이른다(도판 2-21). 나는 북악까지 더한 이 장면이 정말 좋다.

두 건물의 합작은 극적이다. 대비와 어울림을 함께 감상할 수 있다. 그래서 미학이다. 극적 미학이다. 유럽의 오래된 도시들에서도 만나기 어려운 극적 장면이다. 유럽은 신시가지를 구시가지와 분리해서 개발하기 때문에 나이 먹은 건물과 새 건물이 여기서처럼 함께하기가 쉽지 않다. 비슷한 시대의 건물끼리 몰려 있는 힘은 유럽이 크지만 극적 대비 장면은 접하기 어렵다. 서울에서 볼 수 있는 독특한 장면이다. 시간의 단절이 심했던 서울이 만들어내는 묘한 장면이다.

단절이 없었으면 더 좋았을 것이다. 나는 육조거리(지금의 세종로)와 운종가(지금의 종로)가, 북촌과 서촌이 한옥으로 넘실대며 조선 시대 모습 그대로 남아 있는 장면을 가끔 상상해본다. 나의 직업병만은 아닐 것이다. 기와지붕이 검은 파도처럼 넘실대는 모습에 누군들 가슴이 뛰지 않을까. 서울의 역사를 오롯이 증명하는 시간의 가치를 누군들 마다할까. 한옥 한 채와 유리 건물 한 채를 놓고 현미경 들여다보듯 펼치는 이런 미세 논쟁과는 비교도 안 되는 거대한 역사의 증거가 되었을 것이다.

그것이 안 되었다. 역사는 서울을 잔혹하게 할퀴었고 이제 서울의 나이를 증명하는 건물 증거는 파편으로 찾게 되었다. 미학이 개입할

2-21. 북악산을 더하면 시간 잔치는 절정에 이른다.

수밖에 없는 대목이다. 원래 파편은 극적일 수밖에 없다. 공룡 뼈 한 조각으로 그 큰 덩치를 맞추어내듯, 파편은 상상력을 자극한다. 의도적이어야 한다. 파편 한 조각이 거대한 역사의 증거와 동일한 시간의 힘을 가지려면 그 가치를 명확하게 강조해야 한다. 이런 의도에는 미학이 아주 좋다.

물론 차선이다. 최선은, 반복하지만 서울의 구도심만이라도 조선시대 모습으로 지켜내는 것이었다. 우리가 시공간적으로 멀리 떨어진 유럽 고도에 가서 열광하는 그 사유를 우리도 갖는 것이다. 서울에 가해진 시간의 단절은 이런 최선을 앗아 갔다. 차선은 시간의 단절만이 줄 수 있는 가치를 찾는 것이다. 대비와 어울림의 극적 이중주는 좋은 방법이다. 여기에는 미학이 좋다. 미학적으로 부풀리고 싶다. 시간을 실어 부풀리고 싶다.

다이내믹한 우리의 모습을 보여주는 것일 수도 있다. 많은 외국인이 한국이나 서울의 특징을 다이내믹으로 꼽는다. 우리는 분명 역동적으로 살고 있다. '다이내믹 한국'이다. 그렇다면 다이내믹의 비밀은 어디에 있을까. 열심히 일하고, 밤에도 깨서 움직이고, 운전을 급하게 하고, 시내 상가가 새로 바뀌는 것 등도 해당될 것이다. 좀 더 근본적으로 보면 바로 시간의 차이가 비밀이다. 우리 사회는 전통 한국과 현대화된 한국이라는 완전히 다른 두 개의 나라와 시대를 안고 살아가고 있다. 그 둘이 서울의 가장 깊은 속살에 뒤섞여 있다. 다이내믹하지 않을 수 없다. 종각과 종로타워, 트윈트리타워와 한옥의 그로테스크한 어울림에서 찾는 역설적 즐거움이다.

개인적으로 이 한옥에 대한 기억이 하나 있다. 1996년 이 한옥에는 중국음식점이 있었고 나는 그해에 학생들을 이끌고 지금은 고인이 된 '차운기車雲基'라는 건축가를 인터뷰한 적이 있다. 차운기는 친절하게 자장면값을 내주었는데, 정작 나의 기억은 이런 친절보다는 한옥과 매우 닮은 그의 고독한 모습에 맞춰져 있다. 나중에 그 고독이 나쁜 건강 때문이었다는 것을 알게 되었을 즈음, 그는 안타깝게도 40대 초반에 요절했다. 이 기억이 살아남듯 이 한옥도 무서운 서울의 재개발 속에서 용케도 살아남았다. 그 위에 차운기가 남긴 유기적 비정형주의 작품의 기억이 오롯이 얹혀 있다.

한 시간 남짓 사진을 찍고 있는데 옆으로 사람들이 왔다 간다. 나보다 10여 살쯤 어려 보이는 40대 초중반의 아저씨 두 명이 옆에 와서 보면서 대화를 나눈다. 그대로 옮겨보자. "왜, 사진 찍는 거 보니까 신기하냐?" "아니, 나도 이렇게 보면 예쁠 거 같아. 한옥이 신기하게 남아 있네." "얌마, 그걸 몰라서 묻냐. 여기가 땅값이 얼마냐, 저걸 왜 줘버리냐. 나라도 가지고 있겠다." 한 명은 미학을 말하고 한 명은 부동산 개발을 말한다. 도시와 건물을 구성하는 양대 축이다. 우리는 부동산에 완전히 경도되어 있다. 나는 미학을 말하고 싶다. 응원하는 사람을 만났다.

한 명 또 있었다. 초등학생 저학년 정도 되어 보이는 어린 녀석이 옆에 와서 나를 보더니 자기도 스마트폰을 꺼내서 10분가량 내가 찍는 것과 똑같이 사진을 찍어댔다. 건물 한 번 보고, 나 한 번 보고, 자기가 찍은 사진 한 번 보더니 씩 웃고 카페 안으로 뛰어 들어갔다. 사람들은 부동산에만 쏠려 있지 않을 수도 있을 것 같았다.

그래서 나는 이 장면이 좋다. 이 동네에 반드시 책만 쓰러 오는 것은 아니다. 이 한 컷의 장면을 보고 싶은 마음도 크다. 구시가지가 실종된 서울에서 이런 장면은 시간의 힘을 극적인 스타카토로 느낄 수 있는 청량음료 같은 것이다. 강북의 오래된 도심마저 점점 마음 붙일 만한 공간이 사라져가는 이때, 저 한옥은 나랑 무엇인가 큰 것을 나누어 가지고 있는 것 같다.

# 3.
# 삼일빌딩
## 중후한 중년의 멋, 녹의 멋

**중년의 멋, 중후함**

나이 먹어 좋은 점은 '멋'이 든다는 것이다. '젊다는 것만으로도 아름답다.'라는 말에 대응된다. 이양하가 「신록예찬」에서 노래했듯이 젊음의 아름다움이 때 묻지 않은 순수함과 생명의 힘이라면 나이 먹은 아름다움은 '멋'이다. 인생을 알아야 나오는 것이다. 그만큼 책임이 따르고 어렵다. 그래서 주변에서 보기가 힘들다. 젊기만 하면 그냥 무조건 아름다운 것과는 다르다. 그래서 소중하고 대단한 것이며, 한 번 보면 그 매력에 푹 빠진다. 슬픔과 즐거움을 고루 겪고 그것을 이겨내고 즐기는 지혜가 쌓이면 나타나는 자연스러운 여유 같은 것이다. 볼이 발그레하지 않아도, 이목구비가 반짝반짝 빛나지 않아도, 몸짓이 날래지 않아도 여전히 보기 좋은 모습이다. 우러남의 미학 같은 것이다.

　'멋'이라는 단어에는 '중년'이 잘 어울린다. '중년의 멋'이라고들 한다. 온화한 눈빛은 내면으로 말을 걸어온다. 여전히 욕망을 응시하는 것인지, 이내 과거를 더듬는 것인지 판단하기 어려운 애매함이 오히려 멋을 더해준다. 벚꽃이 만개한 봄날, 꽃이 전부인 줄 알고 흥분하기보다는 그 옆에 이제 막 나기 시작한 새끼 은행잎을 나란히 놓고 알 듯 모를 듯 짓는 미소 같은 것이다. 낙엽 지는 만추, 깃 올린 트렌치코트, 갈색 인테리어의 카페, 그 속에 퍼진 콜롬비아커피 향, 바흐의 '무반주 첼로 조곡'… 누구나의 일기장에 한 번쯤 등장하는 말들이다. 중년의 멋을 말할 때 빠질 수 없는 단골 메뉴들이다.

중년의 멋의 최고봉은 역시 중후함이다. '중년 남성의 중후한 멋'이라고들 한다. 세월의 더께가 앉으면서 나타나는 안정감이 비밀이다. 적당히 파인 주름과 인생의 긴 터널을 헤쳐오면서 쌓인 경험의 깊이 같은 것들이 합해져서 나타나는 관록이나 신뢰감이다. 한마디로 '잘 늙은' 멋이다. 잘 살았다는 증표 같은 것이어서 사람들은 중후한 중년을 보면 신뢰를 보낸다. 서양에는 중년의 중후한 멋으로 여심을 녹이는 영화배우나 가수가 많다. 중년의 무게감이 아니면 도저히 소화하지 못하는 역할이란 것이 있기 때문이다.

이런 것들보다 더 강력한 것이 중저음의 목소리이다. 중후한 중년의 멋 가운데 단연 최고이다. 키케로Marcus Tullius Cicero가 "노년에는 어째서 그런지는 몰라도 목소리가 광채를 내뿜는다네."라고 했듯이 중년이 청년보다 확실히 더 매력 있는 것 하나를 고르라면 단연 중저음의 목소리이다. 나이 든 사람이 말한다고 모두 중후한 중저음이 되지는 않는다. 격이 있다. 중년의 중후한 멋과 같다. 신뢰와 여유가 바탕에 있어야 한다. 삶을 긍정하는 저력이 탄탄해야 한다. 그래야만 '광채'가 날 수 있다. 이런 것 없이 떠들어대는 목소리는 흩날리는 모래알처럼 무가치하다.

머리에서만 맴돌다 뱉어내는 사치스러운 수사학은 안 된다. 가슴을 한 번 거친 뒤에 배까지 내려가서 우러나오는 진심의 목소리여야 한다. 잔 계산 끝에 나오는 매끄러운 찬사는 안 된다. 공양 법고 때

울려 퍼지는 북소리 같은 것이어야 한다. 투명한 유리잔 같은 형언도 안 된다. 내장을 뒤흔드는 무거운 종소리가 제격이다. 혈기에 밀려 빠르게 반복되는 수다도 안 된다. 심박수 80 이하에서 나오는 모데라토 안단테가 좋다. 귓가를 가볍게 스쳐 증발하는 불평과 비방도 안 된다. 담담하게 사물을 직시하며 정신을 깨우는 칭찬과 감사의 소리만이 옳다. 전자 기타의 흥겨운 리듬은 안 된다. 허스키한 알토 색소폰이 좋다.

이런 중년의 중후한 멋은 한국 남자에게서는 찾기가 쉽지 않은 것이 사실이다. 일단 인종적으로 그렇다. 덩치가 크고 주름이 잘 어울리는 서양 인종에서 더 많이 볼 수 있다. 하지만 우리의 경우 자기 관리를 하지 못한 탓이 더 크다. 요즘 한국의 중년 남자를 바라보는 시선은 곱지 않다. 안타깝게도 경쟁에서 밀려난 무기력한 존재이거나 잘못 늙어가면서 나이만 먹는 추한 존재가 되어버렸다. 굳이 중년 남자에게서 멋을 찾자면 '꽃중년'이나 '미중년' 정도일 뿐이다. 주로 미디어에서 확산시키고 있는 젊은이의 피상적인 멋을 중년에게까지 들이대는 것이다. 중년 남자의 중후한 멋에 대해서는 더 이상 기대를 안 하는 것 같다.

사람에게서 중년의 중후한 멋을 찾을 수 없다면 건물에서 찾을 수 있다. 건물도 사람만큼, 아니 사람보다 더 훌륭하게 중년의 중후한 멋을 풍길 수 있다. 원래 건물은 사람보다 수명이 더 길기 때문에 골동품처럼 시간이 흘러 나이 든 멋을 풍길 수 있다. 예를 들어보자. 산사나 한옥이나 서원을 보러 갔을 때 새로 짓거나 수리한 건물이면 크게 실망하게 된다. 건물에 대한 몰입도는 떨어진다. 반대로 오래되면 될수록 가슴은 뛰고 건물에 오롯이 몰입할 수 있다. 단청도 적당히 벗겨지고 세월의 무게를 훈장처럼 드러낸 모습이 그렇게 보기 좋을 수가 없다. 단순히 낡은 것과는 분명히 다른, 시간의 힘이라는 것이다.

## 삼일빌딩 – 녹의 미학

그런 건물들은 문화재니까 그럴 수 있다고 할 것이다. 하루가 멀다 하고 변화하는 도심 속 건물은 다르다고 생각할 것이다. 하지만 도심에도 나이 먹어 중후한 멋을 풍기는 건물이 있다. 서울 종로구 관철동에 있는 삼일빌딩이다. 종로 2가와 종로 3가 사이 삼일로에서 청계천을 면하고 서 있다(도판 3-1). 1969년에 완공된 31층짜리 고층 건물이다. 언뜻 보면 그저 오래된 평범한 고층 건물이다. 서울 시내에 흩어져 있는 그저 그런 오래된 건물 가운데 하나로 느껴진다.

하지만 조금 자세히 보면 그 모습이 심상치 않다. 뭐랄까, 엄청난 내공이 느껴진다. 최신 유행 건물이 난무하는 서울의 심장부에 조금도 부족하지 않은 모습으로 당당히 서 있다. 세월의 흐름을 잘 버티고 원래의 모습 그대로 간직한 중후한 중년의 모습이다. '정좌'의 이미지이다. '正坐'여도 좋고 '靜坐'여도 좋다. 고요해서 바른 모습이다. 발라서 고요한 모습이다. 정신을 모으는 무사의 모습 같기도 하다. 둘을 합하면 '정좌한 무사'이다.

아니면 1970~1980년대에 한참 유행했던 서부영화, 이를테면 '마카로니웨스턴'에 나오는 클린트 이스트우드의 알 듯 말 듯한 주름의 미학을 보는 것 같다. 카우보이모자를 깊게 눌러쓰고 망토 속에 총을 감춘 채 홀로 광야를 누비며 악당과 총싸움을 벌이던 역이었다. 고독해 보였고 말을 아주 아껴서 몇 마디밖에 안 했다. 그래서 더욱 믿음이 갔다. 약간은 쇳소리 같은 목소리였고 꾸미지 않은 직설적 화법이어서 그게 더 매력적인 중년의 총잡이였다. 여성보다 남성한테 더 인기가 많았는데 그 비밀은 '진정한 중년의 멋'에 있었다. 이쯤 이년 눈가의 주름은 감추거나 없앨 대상이 아니고 꼭 필요한 자랑스러운 훈장 같은 것이 된다. 나는 고등학교 때 이 서부의 총잡이가 멋있어 보여 좋아했던 적이 있다. 나 스스로 별명을 '클린트 이스트우

3-1. 삼일빌딩 전경. 고독하면서도 당당한, 그래서 중후한 중년을 보는 것 같다.

드'라 지은 적이 있었는데 지금도 동창생 한 명이 이걸 기억한다. 가끔 이 얘기를 꺼내면 둘이 큰 소리로 웃곤 한다. 어느 날 삼일빌딩을 보니 문득 이스트우드를 닮았다는 생각이 들었다.

삼일빌딩의 멋은 여러 가지이다. 우선 '나이 든 기품'이다. 몸가짐이 반듯하고 언행이 절제되어 바라만 봐도 그런 모습을 따라 하게 되는 중년 신사를 보는 것 같다. 요즘 한국의 중년이 술에 찌들고 세파에 시달린 흉한 모습도 보이지만 광화문 같은 곳을 걷다 보면 기품 있는 중년 신사와 마주치기도 한다. 삼일빌딩은 그런 모습을 보여준다. 2015년 올해 나이 47세이니 딱 그럴 나이 아닌가.

그 비밀은 '녹의 미학'에 있다. 외부 사면을 지탱하고 있는 알루미늄 커튼월curtain wall이 드러내는 '녹의 미학'이다. 알루미늄이지만 언뜻 보면 철이 녹슨 것 같은 모습이다(도판 3-2). 세월의 흐름을 금속에 슨 녹으로 표현하고 있는 것이다. 금속은 보통 첨단 이미지를 대표하는 재료이다. 그래서 우리말인 '금속'보다 영어인 '메탈'이라는

3-2. 삼일빌딩. 알루미늄 커튼월의 녹슨 모습. 녹의 미학은 중년의 중후함에 잘 맞는다.

말을 더 즐겨 쓴다. 서양 말을 붙여야 더 첨단인 것처럼 느껴지는 모양이다. 하지만 금속의 이미지에는 첨단의 상징만 있는 것은 아니다. 삼일빌딩처럼 '녹의 미학'을 통해 '시간'과 '나이'에 대해 말할 수도 있다. '세월'과 '역사'를 말하기에 부족하지 않은 재료이다. 유럽에는 백 수십 년 된 철교가 수두룩하다. 그런 다리들은 19세기를 대표하는 중요한 문화재가 되어 있다. 좀 더 유명한 건축물로 환산하면 '에펠탑의 미학' 같은 것이다.

삼일빌딩의 멋은 단연 '녹'에 있다. 녹이 적당히 슨 모습이다. 그래서 보기 좋다. 녹은 지저분한 것이고 벗겨내야 하는 것이라는 상식을 뒤집는다. 녹도 보기 좋을 수 있다는 역설을 보여준다. 녹만이 보여줄 수 있는 멋도 있다는 것을 일깨워준다. 그 멋은 이내 중년의 중후함에 의인화된다. 녹 자체는 마치 중년의 '희끗희끗한 흰머리'를 보는 것 같다. 멀리온mullion(고층 건물의 창틀 가운데 수직 부분)이 만들어내는 강한 수직선은 중년의 주름 같다. 둘을 합하면 '중년의 중후한 멋'이 된다. 건물의 전체적인 인상도 그렇다. 어느새 마흔일곱 살을 먹었으니 그럴 나이도 되지 않았는가.

산업시대에는 녹도 잘 슬면 세월의 가치를 보여주는 하나의 멋일 수 있다. 산업을 상징하는 금속이 만들어내는 멋이기 때문에 상징성이 그만큼 크다. 시간만이 만들어낼 수 있는 멋이다. 하지만 요즘 우리 기준으로는 그저 낡고 때가 타서 꼬질꼬질한 것일 뿐이다. 고층 건물이라 저층 아파트처럼 한 번에 쓸어버리지는 못하지만 그럴 수만 있다면 헐고 100층짜리 새 건물을 지어서 부동산 투기 한번 신나게 일으키고 싶을 것이다. 요즘 강북 도심에 활발하게 진행되는 고층 건물 재개발의 최신 경향은 확실히 빤질빤질한 유리 건물이다. 멀리 갈 것도 없다. 을지로 쪽으로 한 블록만 가면 을지로 입구에 전면 유리의 고층 건물이 여러 채 들어서 있다. 종로 쪽으로도 한 블록만 가면 청진동 일대가 온통 유리 천지가 되었다. 전면 유리의 고층 건물이 이제 막 들어서기 시작하고 있다. 건물 겉면을 보면 멀리온을 지운 완전 평활 면이 가장 많다. 일부 건물에 멀리온이 남아 있기는 한데 변형시켜서 가능한 한 주름이 없어 보이게 했다. 동네가 밝고 경쾌해진 것은 분명하다. 이런 분위기가 갖는 긍정적인 면도 있다.

그러나 삼일빌딩과 비교하면 다른 생각이 떠오른다. 우리 사회에 만연해 있는 주름 기피 현상을 보는 것 같다. 주름 없는 동안童顔에 열광하는 사회현상을 그대로 건물에 옮겨놓은 것 같다. 하지만 이런 유리 건물은 조금만 시간이 지나면 싫증이 난다. 유리는 때가 타면 멋을 내지 못한다. 대청소를 해야 된다. 녹도 슬지 않는다. 그저 먼지만 뒤집어쓰고 1년에 몇 번씩 대청소를 해주어야 한다. 47년 뒤에 지금의 삼일빌딩이 풍기는 중년의 멋을 기대하기 힘들다. 아마도 47년 뒤의 멋을 생각하지 않고 지었기 때문일 것이다.

녹이 싫었을 것이다. 주름도 싫었을 것이다. 이런 멋을 생각하는 건축가도 없으려니와 설사 있다고 해도 건축주에게 말도 꺼내지 못할 것이다. 내 건물이 얼마나 최신 유행을 좇았는지에 모든 신경이 집중되어 있을 터인데 거기에다 대고 어떻게 '세월의 더께'니 '녹의 멋'이니 47년 뒤의 '중후한 중년의 멋'이니 하는 말을 할 수 있을 것인가. 그래서 처음부터 녹이 안 생기는 전면 유리로 지었고 멀리온을 지우거나 변형해서 주름도 안 넣었다. 마치 지금 우리가 중년에게 기대하는 것도 흰머리와 주름의 '중후한 멋'이 아니라 '꽃중년'이나 '미중년'인 것과 같은 현상이다.

흰머리를 드러내는 중년은 거의 없다. 여든 먹은 노인들도 새까맣게 염색을 하는데 중년은 더 말할 필요도 없다. 모두 염색을 해서 감춘다. 흰머리와 주름, 나이 든 게 창피한 시대이다. 충분히 살았고 충분히 늙은 게 뻔히 눈에 보이는데도 머리만 새까맣다. 건강관리를 안 하고 평생 살아서 아픈 게 뻔히 보이는데 머리만 새까맣다. 흰머리와 주름을 증오하는 사회가 되어버렸다. 정작 사람들이 노인들에게서 기대하는 것은 정반대인데 말이다. 비록 머리는 하얗더라도 자기 관리를 잘해서 건강한 모습으로 활기차게 걷는 노인들을 원하는데 말이다. 아직도 살아 있는 눈빛으로 당당하게 정면을 응시하는 노인들을 원하는데 말이다. 서 있는 모습 하나만 봐도 그 사람이 살아온 인생이 뻔히 보이는데도 말이다. 일흔 먹은 할머니들마저 주름을 펴려고 시술을 받는 세태이다. 일흔 먹은 할머니에게서 주름을 빼면 무엇이 남을까. 다리미질해서 그 주름을 편다고 일흔 살이 서른 살이 되는 것도 아닌데 말이다. 그 주름이 얼마나 위대한 것이고 얼마나 많은 철학적 주제와 종교적 의미를 가지고 있는지 정녕 모른단 말인가.

**삼일빌딩에 쌓인 근대화의 역사**

삼일빌딩은 아마도 서울 시내에서 1960~1970년대의 기억을 간직하고 있는 몇 안 되는 고층 건물일 것이다. 그리고 그 기억을 보기 좋게 녹슨 중년의 멋으로 보여주고 있다. 이런 모습만큼이나 서울의 근대화 역사에서 간직하고 있는 의미가 자못 크다. 아마도 고층 건물 가운데 역사적 얘깃거리가 가장 많은 건물이 아닐까 싶다. 우선 처음 완공되었을 때에는 첨단 기술과 양식을 뽐내며 최신 유행을 상징하는 아이콘이었다. 이를테면 '왕년의 스타'나 '흘러간 스타' 같은 것이다. 하지만 요즘처럼 단순히 유행만을 위한 유행이 아니었다. 그 속에는 한국의 20세기 근대화에서 중요한 역사적 의미가 담겨 있다. 건축 분야에서 우리 손으로 근대화를 이룸으로써 일제의 잔재를 청산하겠다는 상징적 의미가 들어 있다.

실제로 이 건물은 최초로 우리 손으로 만든 커튼월을 장착한 건물이었다. 커튼월은 고층 건물의 외벽과 창을 처리하는 기술 가운데 하나로 전면 유리로 만든 얇은 판을 기둥에서 분리시켜 통째로 부착하는 기술이다. 기둥 사이에 창을 끼우는 것이 아니라 큰 책받침 같은 유리판을 기둥 바깥쪽에 통째로 붙이는 것이다. 요즘은 보편화된 기술이지만 당시로서는 매우 힘든 첨단 기술이었다. 물론 이전에 명동 가톨릭센터에서 먼저 커튼월을 선보였다. 하지만 가톨릭센터의 커튼월은 손으로 접어 만든 수제품이었다. 삼일빌딩부터 비로소 공장에서 만든 제대로 된 기계제품을 장착하게 되었다. 이 때문에 삼일빌딩을 계기로 한국의 철강 산업과 건설 산업은 본격적인 발전을 시작한다. 그래서일까, 당시 이 건물의 주인은 삼미철강이었다. 외국 기술을 수입해서 짓자는 의견이 있었지만 우리 손으로 해내겠다며 도전해서 완공시켰다. 건물 이름에 회사 이름을 넣지 않고 삼일빌딩이라고 했는데 이것 역시 역사적 상징성이 큰 이름이었다. 바로 3·1절에서 온 것이다. 건너편이 3·1운동의 발상지 가운데 하나인 탑골공원이기 때문이다. 그래서 그 앞의 도로도 삼일로이고 건물의 층수도 31층으로 정했다.

이 건물은 그만큼 한국의 1970년대를 상징하는 아이콘 같은 것이었다. 이와 관련한 재미있는 일화도 있다. 환갑을 앞둔 모 건축가는 자서전에서 "파고다공원을 놀이터 삼아 놀던 시절 최대 희망은 삼일빌딩의 층수를 끝까지 세는 것"이었다고 회고하고 있다. 실제 그 당시 신문기사를 보면 1960년대 말 종로구 관철동에 삼일빌딩이 위용을 드러냈을 때 맞은편 도로는 층수를 세는 사람들로 북적거렸다고 전한다. 엘리베이터가 귀했던 당시에 이 건물은 엘리베이터를 타고 단번에 31층을 오를 수 있었으니 이 또한 신기한 화젯거리였다.

이 건물은 완공 당시에는 한국에서 가장 높은 최신 건물이었다.

당연히 가장 비쌌고 가장 고급스러웠다. 여의도 63빌딩이 완공되던 1985년까지는 한국에서 가장 높은 건물이었다. 어느덧 시간이 흘러 세파를 간직한 중년이 되었다. 나는 이런 시간의 아이러니가 좋다. 63빌딩에게 일등 자리를 내준 것은 작은 가십거리일 뿐이다. 가장 높은 건물이라는 타이틀은 부질없는 것이다. 그 63빌딩도 얼마 안 가 일등 자리를 다시 내주었고 이제 우리나라에서 가장 높은 건물이 무엇인지는 관심거리가 아니다.

　삼일빌딩의 의미는 높이에만 있는 것은 아니다. 31층이라는 숫자는 삼일절을 상징한 것이었지 애초부터 높이에서 일등 자리를 노리고 올린 것은 아니었다. 63빌딩 이후에는 최신 유행을 뽐내는 고층 건물이 또 얼마나 많이 지어졌던가. 하지만 그런 건물들은 모두 화장을 너무 두껍게 한 탓일까, 세월의 멋을 담아내지 못한 채 유행 순위의 틀에 갇혀버렸다. 삼일빌딩은 반대이다. 원본으로 태어났고 원본의 가치를 지녔으며 그 모습을 47년 전 그대로 잘 지킨 덕에 이제 이런 덧없는 건물 사이에서 단연 그 존재감을 드러낸다.

**나이의 힘, 정좌한 무사의 모습**

나는 삼일빌딩에 '한때 우리나라에서 가장 높았던 건물'이라는 타이틀 대신 '지금도 우리나라에서 가장 멋진 건물'이라는 타이틀을 붙이고 싶다. '왕년의 스타'나 '흘러간 옛사람'이 아니라 '영원한 현역'이라서 좋다. 시간의 아이러니이고 나는 이런 아이러니가 정말 좋다. 삼성동 무역센터다, 도곡동 타워팰리스다, 여의도 IFC다 해서 얼마나 쟁쟁한 고층 건물들이 나왔던가. 멀리까지 갈 것도 없다. 삼일빌딩 주변만 해도 을지로 3가에서 을지로 입구, 종각에서 종로 1가에 걸쳐 셀 수도 없을 정도로 많은 새 건물이 들어섰다. 그리고 모두 자신만의 멋을 한껏 냈다. 최신 유리를 쓰고 몸을 뒤틀고 짙게 화장을

3-3. 삼일빌딩. 주변의 젊은 건물들 사이에서 당당히 중심을 지키고 있다.

해댔다. 하지만 그 어느 것 하나 삼일빌딩을 능가하지 못했다. 삼일빌딩의 멋은 시간의 멋, 세월의 멋이기 때문이다. 시간이 지날수록, 세월이 흐를수록 더 멋있어진다. 판을 '시간'으로 짰으니 그 이후에 등장하는 건물들이 내는 멋은 가벼운 것일 뿐이다. 시간을 손에 넣었으니 본연의 모습을 지키는 것만으로 가치를 더해간다.

 이것이 세월의 힘, 나이의 힘이라는 것이다. 단 그것이 원본의 가치를 지녔고 또한 그 가치를 잘 지켰을 때에만 나타날 수 있다. 꾸밀 필요도 없고 꾸미면 오히려 추해지는 멋이다. 오로지 세월만이, 나이만이 줄 수 있는 멋이다. 삶의 심지를 곧게 세우고 반듯한 구도적인 삶을 유지하면서 인생을 관조하고 즐기면서 늙어가는 사람에게서만 나올 수 있는 멋이다. 우리네 중·노년이 모범으로 삼아야 할 방향이 아닐까. 그 한 가지 모범을 '나이 먹은 건물'이 여전히 대장부

3-4. 삼일빌딩이 주변의 최근 건물들과 함께 있는 모습.

같은 웅변의 기세로 보여주고 있는 것이다. 장식과 화장은 하나도 하지 않았다. 색을 두르지도 않았고 몸을 뒤틀지도 않았다. 오로지 세월과 시간만이 켜켜이 쌓여 있다.

  이 땅의 사람은 다 어디로 갔는지 주변에서 이 건물만큼 당당하고 깨끗하게 늙어가는 사람을 보기가 정말 힘들어졌다. 중년이 사회의 중심을 잡아야 그 사회는 안정되고 건강을 유지할 수 있다. 우리는 반대이다. 가정에서, 직장에서, 사회에서 중년은 여지없이 밀려나고 있다. 사람 대신 이 건물에서 당당한 중년의 모습을 찾아본다. 주변의 젊은이 사이에서 거뜬히 중심을 잡으며 '나이 먹은 값'을 톡톡히 하고 있다(도판 3-3, 3-4). 저 멀리 한국에서 가장 기괴하게 생겼다는 종로타워와도 겹쳐 보인다. 하지만 그래서 삼일빌딩이 가지는 원본의 가치는 더욱 돋보인다(도판 3-5). 누구 하나 예외가 있을까, 중년인 나도 힘든 시기를 보내고 있다. 남에게 중년의 모범이 되기는 커녕, 어디 잠시 보기만 해도 모범이 될 만한 멋진 동년배 중년이 없나 주변을 두리번거린다. 이 건물에서 작은 위안을 삼아본다.

1969년생이면 나보다 여덟 살 어리다. 하지만 나 역시 어렸을 때 저 건물의 층수를 세던 인파 가운데 한 명이었다. 그 당시 31층이면 믿기 힘든 엄청난 층수였다. 검지를 뽑아 한 층 한 층 층수를 세며 31층을 다 확인하곤 매우 신기한 감정으로 이 건물을 바라보았던 기억이 난다. 나의 아버지가 이런 최신 유행의 뉴스거리를 직접 가서 확인하고 즐기는 성격이시라 내 손을 잡고 실내 구경까지 시켜주셨던 기억이 지금도 생생하다.

나와 저 건물이 모두 중년의 한복판을 가로질러가고 있는 지금, 이 건물이 헐리지 않았고 껍데기를 바꿔치기하지도 않은 것이 얼마나 고마운지 모른다. 1969년의 모습 그대로, 녹조차도 한 번도 벗기지 않은 것 같은 모습으로 온전히 남아 있는 것이 얼마나 고마운지 모른다. 사회의 가치가 변화와 젊음에 병적으로 경도되어 '1969년'이라는 연도가 역사 속 화석 같은 취급을 받는 요즘, '1969년의 미학'을 온전히 보존하고 있는 이 건물은 정말 보기 좋다.

나는 영풍문고에서 알라딘 중고매장을 거치는 종로 나들이를 종종 하는 편인데, 그때마다 이 건물을 한 번씩 보며 중년의 자부심을 다지곤 한다. 나 역시 이곳저곳에서 나이 먹었다며 조금씩 뒤안길로 밀리기 시작하고 있다. 아웅다웅 젊은 사람들과 경쟁해서 그들을 이기고 그들의 일거리를 뺏을 생각은 없다. 그래서 요즘은 강연 요청이나 원고 청탁이 와도 "저보다 더 훌륭하고 참신한 젊은 분이 많습니다." 하며 양보하기도 한다. 하지만 50대 중년이라는 이유만으로 부당하게 퇴물 취급 받는 것에는 아직은 저항하고 싶다.

이상의 내용을 대입해보면 이 건물은 산업화시대를 가로질러온

3-5. 삼일빌딩. 저 멀리 종로타워의 기괴한 조형미는 오히려 삼일빌딩이 가진 원본의 가치를 돋보이게 해준다.

현대 한국의 중년에 가장 상징적으로 대응될 수 있는 상징성을 갖는다. 물론 한국의 산업화가 잘되었는지 여부에 대한 논쟁이 있을 수 있다. 나 역시 지금 우리의 힘든 모습을 보면서 압축 근대화와 고도성장의 폐해에 대해서 기회 있을 때마다 목소리를 높여서 비판을 했다. 하지만 그것과는 별도로 조금 다른 각도에서 바라볼 수도 있다. 이제 산업화도 끝나고 그다음 단계의 문명을 기다리고 있는 전환기의 시대에 살고 있다. 근대화는 어느새 역사 속의 기록으로 점차 밀어져 가고 있다. 이제 공과功過 모두를 포함해서 그런 역사를 건물과 도시 공간의 기억으로 남겨야 할 때가 되었다. 이런 것이 시간과 역사의 아이러니이자 힘인 것이다. 마치 목숨을 걸고 치열하게 싸우던 정적이 황혼 길에 허허 웃으며 지난날을 두고 함께 웃을 수 있는 반전의 힘 같은 것이다.

  20세기의 한국 근대화 전체를 보면 위험성이 큰 무모한 모험이었던 것이 사실이다. 그러나 이런 거시적 판정과는 별도로 개별 결과물에서 역사적 의미를 찾을 수도 있다. 삼일빌딩도 그 가운데 하나가 아닐까 싶다. 이 건물을 지을 당시에는 사회 전체에 순수함이 남아 있었다. 아직 병들지 않고 건강하던 때이다. 일제 잔재를 청산하고 우리 손으로 근대화를 이루자던 열망의 순수함은 인정해야 하지 않을까 싶다. 아마도 당시 사회의 그런 순수한 에너지를 압축해서 집어넣었기 때문에 내공이 쌓여 지금도 당당하게 서 있을 수 있지 않나 생각해본다. 아니면 이런저런 사회적 판단 기준을 잠시 접어놓고 이 건물의 녹슨 멋 하나에 오롯이 몰입해보는 것도 시간과 세월의 아이러니를 즐기는 방법일 수 있다.

삼일빌딩에는 역사가 차곡차곡 쌓였기 때문에 중년의 중후한 멋을 풍길 수 있다. 사람과 똑같다. 살아온 인생에 이런저런 내공이 쌓여야 한다. 중년 이후에는 서 있는 모습과 걸음걸이와 몸의 실루엣과 얼굴 표정만 봐도 그 사람이 살아온 인생을 느낄 수 있다. 끊임없이 생각하고 공부하고 참고 양보하고 사랑하면서 '잘 늙어갈 때' 비로소 중년의 중후한 멋이 나타나는 것이다.

몇 달 전에 오랜만에 길에서 고등학교 선배를 만났다. 의례적인 말이겠지만 나를 보고 "나이 먹더니 더 멋있어졌어. 흰머리도 적당히 보기 좋고."라고 했다. 마침 그 선배를 만난 곳이 종로 근처여서 삼일빌딩이 보였다. 녹슨 멀리언이 마치 내 흰머리 같다는 생각이 들었다. 주변 사람들에게 "나도 이제 염색을 할 때가 되지 않았느냐?" 하고 물으면 답이 한결같다. "아직은 심하지 않으니 괜찮다."는 것이다. 흰머리가 멋있다고 한 사람은 그 선배가 유일했다. 그 선배는 사진작가였다.

# 4.
# 기독교대한하나님의성회 총회회관
# 구성미와 따뜻한 추상

**구성미 – 아기자기, 이러쿵저러쿵, 요모조모**

건물의 외관은 생각보다 중요하다. 건축가는 건축의 본질을 공간이라고 생각하지만 정작 대중에게는 외관, 즉 입면立面이 더 많은 영향을 끼친다. 매일 지나다니면서 수시로 접하게 되기 때문이다. 건물은 가로街路의 한 면을 차지하며 들어서는 순간 자신의 외관을 반강제적으로 사람들에게 보여준다. '미필적 고의'라 할 만하다. 그렇기 때문에 건물의 입면은 중요하다. 적절한 예술다움과 섬세한 조형미학을 표현하면 좋을 것이다. 자신의 모습을 통해서 사람들에게 예술과 미학을 감상할 기회를 제공하고 이를 통해 사람들의 심성을 보듬고 감정을 여과해주면 더 이상 바랄 것이 없을 것이다.

    건물의 입면에는 여러 종류가 있다. 이것을 설명하는 것은 이 책의 범위를 벗어나는 일이다. 한 가지 확실한 것은 시간이 흐를수록, 즉 최신 유행일수록 건물 입면이 평평해져 간다는 사실이다. 이것을 바꿔 말하면 나이 먹은 건물의 외관은 굴곡이 많다는 뜻이 된다. 서양의 고전 건물은 오더order, 즉 기둥이 전면을 장식했다. 중세 기독교 건축은 성서의 내용을 말해주는 각종 조각물과 돋을새김으로 가득 채웠다. 한국 건축도 마찬가지이다. 지붕이 깊고 크게 돌출하고 다포식多包式 공포栱包 구조가 밑에서 이것을 받친다. 공포 위에는 단청을 새긴다.

산업화된 건축의 역사는 이런 것들을 떨쳐버리는 과정으로 볼 수 있다. 처음에는 장식을 떨쳐버리더니 곧 건물은 평평해져 갔다. 급기야 반질반질한 유리 상자나 콘크리트 상자만으로 하나의 건물이 구성되는 단계에까지 이르렀다. 건축가들은 이런 단순한 건물을 첨단의 척도로 삼는다. 첨단은 곧 세련됨이다. 세련됨은 곧 예술성이다. 건물이 평평하고 단순할수록 예술성이 높다고 평가받는 시대가 되었다.

문명의 가치와 시대의 흐름이란 것이 있으니 이런 현상 자체를 탓하는 것은 무리일 수 있다. 건축계 내부의 전문가 사이의 담론에서는 더 말할 필요도 없다. 한국 건축계는 추상이 비정상적으로 독주하고 있기 때문에 더욱 그렇다. 매끈한 산업 재료와 간결한 기하학적 조합이 만들어내는 '삼빡함'이라는 조형 가치는 미덕을 넘어 종교와 신화의 반열에 올랐다. 건물은 점점 '미니멀'해져 간다. 울퉁불퉁 굴곡진 입면은 노인네 주름만큼이나 볼썽사납고 피하고 싶은 모습이 되었다.

하지만 이런 경향이 능사는 아니다. 나이 든 세대는 물론이려니와 내가 가르치는 학생 가운데에서도 적지 않은 수가 이런 평평한 건물을 좋아하지 않는다. 삭막하고 단조로우며 애깃거리가 없다는 것이 이유이다. 맞는 말이다. 건물에서 조형적 애깃거리를 원한다면 평평한 건물에 만족할 수 없을 것이다. 나이 먹은 건물이 좋은 해답을 줄 수 있다. 나이 먹은 건물 가운데 구성미를 갖춘 경우이다. 평평한 최신 건물에 없는 '구성미'를 통해 조형적 애깃거리를 선사한다. 그래

4-1. 기독교대한하나님의성회 총회회관 전경.

서일까, 최신 유행 건물 가운데 비록 다수는 아닐지라도 여전히 일정 수가 이런 구성미로 조형성에 승부를 건다. 나이 먹은 건물의 장점이 완전히 사라지지 않고 계속 이어지는 것이다.

기독교대한하나님의성회 총회회관이라는 낯설고 긴 이름의 건물

4-2. 기독교대한하나님의성회 총회회관. 구성미를 보여주는 입면(위).
4-3. 기독교대한하나님의성회 총회회관. 정면과 측면의 기하학적 구성미(아래).

을 보자. 정통 교단은 아닌 것으로 보이는데, 종교 문제를 떠나서 건물 자체만 보았으면 한다. 서대문 근처의 오래된 건물 사이에 언뜻 보면 평범한 모습으로 서 있는 것 같다. 하지만 자세히 보면 주변 건물과 다른 점이 있다. 바로 구성미를 한껏 뽐내고 있다는 점이다(도판 4-1, 4-2).

건물을 수직 방향으로 4분할 했다. 가장 왼쪽의 1/4은 세 줄의 수직 띠 창으로 한 번 더 나누었다. 두 번째 1/4은 전면 유리로 처리했고, 세 번째 1/4은 붉은 벽돌로 막아서 바탕 면을 확보한 뒤 십자가를 걸었다. 마지막 오른쪽 1/4은 다시 전면 유리로 처리했다. 전면 유리로 처리한 두 면은 창을 리드미컬하게 나누어서 흥겨움을 주었으며 각 층을 큰 사각형 선형 윤곽으로 쌌다. 오른쪽 1/4의 윤곽은 사선 방향으로 기울여 끄트머리가 더 돌출하게 했다. 오른쪽 측면도 그냥 놔두지 않았다. 자그마한 발코니를 돌출시켰다(도판 4-3). 밑판이 아담한 정사각형이어서 더 정겹다. 작은 크기의 정사각형은 친근감을 준다. 난간은 얇은 철제 막대로 여러 겹 둘렀다.

　구성미가 두드러진다. 선과 면의 조화가 적절하다. 바탕 면을 깔아주면 선이 가른다. 판재를 잘 사용해서 한 부재部材에서 시선 각도에 따라 면과 선이 동시에 보인다. 막힌 부분과 뚫린 부분도 잘 어울린다. 왼쪽 1/4 부분은 한 면 내에서 막힘과 뚫림이 반복되면서 수직 띠 창을 만들어낸다. 나머지 세 곳의 1/4 부분은 큰 면 단위로 '뚫림-막힘-뚫림'으로 처리했다. 뚫림으로 처리한 전면 창은 다시 큰 창과 작은 창으로 나누어서 지루함을 피했다. 막힘으로 처리한 전면 벽돌 부분 역시 십자가를 걸어서 지루함을 피했다.

　1960~1970년대 중·저층 건물에 종종 사용하던 양식이다. 사물을 아기자기하게 꾸미는 한국의 전통 정서가 남아 있는 현상이다. 서양에서도 족보가 있는 양식이다. 산업화된 박스형 건축이 본격적으로 득세하기 이전의 근대 초기 이탈리아나 네덜란드 등에서 유행하던 양식이다. 시간이 흐르면서 이런 건물들이 점차 사라져간다. 이제 몇 안 남았다. 한 가지 다행스러운 것은 최근 건물에서 이런 흐름이 완전히 사라지지 않고 맥을 이어간다는 점이다.

　최신 건물을 보자. 2015년 초에 완공한 종로의 호수빌딩이다(도판 4-4). 2개 층을 묶은 사각형 단위 네 개를 추상화가의 구성 작품처럼 배열했다. 건물 입면의 여기저기를 듬성듬성 파내듯 사각형 영역으로 구획했다. 세 개의 넓적한 사각형과 한 개의 길쭉한 사각형

4-4. 호수빌딩. 1960~1970년대 구성미 경향을 현재로 이어받았다(왼쪽).
4-5. 호수빌딩의 구성미를 보여주는 창의 어울림(오른쪽).

이 그 나름 균형과 조화를 이루며 구성미를 만들어낸다(도판 4-5). 나머지 부분도 그냥 놔두지 않았다. 벽체 곳곳을 따내고 파냈다. 동일한 반복을 피했지만 질서가 정연한 범위는 넘지 않았다.

강남에서도 이런 경향이 빠질 수 없다. 최신 유행이 경쟁하며 충돌하는 곳이 강남이다. 건물 외관에 멋을 내야 된다는 절박함은 강남이 더 심하다. 평평한 유리 건물로 부족하다고 생각하는 건축주들이 있다. 그래서 구성미를 택했다. 단연 의화빌딩이 최고봉이다. 절박함이 너무 커서일까. 오버액션을 한 느낌이다. 구성미로 출발했지만 구성미의 범위를 넘어선 것 같다. 열두 개의 사각형 단위가 건물 전면을 어지럽게 나누고 있다(도판 4-6, 4-7). 마치 중국 대륙을 여러 나라가 분할, 점령한 춘추전국시대를 보는 것 같다. 호수빌딩이 강남으로 와서 조형적 압박을 받으면 이렇게 되는 것 같다. 호수빌

4-6, 7. 의화빌딩 전경(오른쪽)과 건물의 구성미를 보여주는 근경(왼쪽).

딩의 '강남 버전'이라 할 만하다.

　이렇게 두 건물 모두 구성미를 기반으로 삼는다. 구성미에서 나오는 여러 가지 조형미를 느낄 수 있다. 자연 형세를 보는 것 같다. 계곡을 파고 울타리를 친다. 강이 흐르고 논밭에 구획을 했다. 크고 작은 사각형 단위들이 아기자기, 나왔다 들어갔다 하며 음영을 짓는다. 음영은 표정이 된다. 표정은 말을 건다. 부담이 없다. 마음 편하게 응대하면 될 것 같다. 아기자기 얘깃거리가 흘러나올 것 같다.

　오래된 동네를 보는 것 같다. 윗마을·아랫마을, 이렇게 나누고 저렇게 나눈다. 서민들이 골목길을 이루며 마주 보고 등을 맞대고 어깨동무를 하며 아기자기하게 몰려 사는 모습이다. 그러니 이러쿵저러쿵 얘깃거리가 쏟아진다. 요모조모 뜯어볼 구석이 많다. 합하면 '아기자기-이러쿵저러쿵-요모조모'이다. 구성미이다. 나이 먹은 건

4. 기독교대한하나님의성회 총회회관　79

물이 주는 선물이다. 그 선물을 잘 받아서 살렸다. 아줌마의 수다나 할머니의 옛날얘기를 듣는 것 같은 정서적 안정감을 느낄 수 있다. 나는 이런 건물이 좋다. 평평한 유리 건물에서는 찾아볼 수 없는 조형미이다. 나이 먹은 건물의 친절함이다.

자연 형세와 오래된 동네의 공통점은 자연스러움. 자연의 형식이나 사람 사는 형식이나 모두 조금은 반듯하고 조금은 비뚤비뚤한 것이 상식적인 이치이다. 달리다 꺾이고 넓다가 나뉜다. 전체적 어울림이란 것도 중요하다. 조금씩 차이가 있어야 어울릴 때 효과가 나는 법이다. 기정상생奇正相生이라 하지 않았던가. 같은 것이 반복되면 얘깃거리를 만들 수 없다. 기이한 것과 바른 것이 함께해야 서로 도와 얘깃거리를 만들어낸다. 평평한 유리 표면을 동일한 창으로 똑같이 나눈 건물은 자꾸 나의 감성을 튕겨내는 것 같다. 건물과 교통交通하고 싶어서 감성의 고리를 던졌는데 이것을 걸 굴곡이 없다. 자꾸 미끄러지며 튕겨 나온다. 그래서 나는 굴곡진 구성미를 갖는 나이 먹은 건물이 좋다.

**날로 평평하고 단순해져 가는 현대 건물**

도시 현실은 안타깝게도 반대로 간다. 날이 갈수록 건물이 평평하고 단순해지고 있다. 건물이 모인 것이 가로이니 결국 가로 풍경도 평평하고 단순해져 간다. 얘깃거리를 들려주는 나이 먹은 건물은 거의 사라졌다. 평활 면은 확실히 첨단 이미지 가운데 중요한 부분을 차지한다. 디자인 분야에서 특히 두드러진다. 인색하게 생략된 단순함과 군더더기 없는 날렵함은 첨단과 세련의 대명사이다. '장식은 죄악'이고 '적은 것이 더 많은 것'이다.

그 뒤에 '경박輕薄'의 미학이 있다. 가볍고 얇아야 한다. 무겁고 두꺼운 '중후重厚'는 옛날 이미지이다. 1960~1970년대 굴뚝에서 연기

4-8. 공간 신사옥. 봉제선 없는 평평한 유리 면.

나던 시절의 이미지이다. 디자인 제품을 보자. 처음 나오면 크고 무겁다. 시간이 지나면서 조금씩 가볍고 얇아진다. 각 물건에 필요한 기능을 지키는 범위에서 최대한 가볍고 얇아지려 한다. 이것이 최첨단의 이미지이고 세련된 것이다.

스마트폰이 좋은 예이다. 삼성 스마트폰이 마음씨 좋게 펑퍼짐해진 중년의 몸매라면 애플 스마트폰은 날렵한 20대 몸매이다. 재미있는 에피소드도 있다. 나는 여름마다 혼자서 당일치기로 해운대 바닷물에 몸을 담그고 온다. 작년에도 갔는데, 귀중품 보관소에 있는 여직원이 나를 보더니 대뜸 "갤럭시 맡기세요." 하는 것이다. 내 나이면 애플 아이폰을 쓸 리가 없고 당연히 삼성 갤럭시를 쓸 것으로 단정한 것이다. 보란 듯이 애플 아이폰을 꺼내고 싶었지만 나 역시 갤럭시를 쓴다.

경박의 미학은 재료와 연관이 깊다. 금속과 유리의 미덕이다. 건축에서는 유리 건물일수록 경박의 미학이 특히 심해진다. 유리와 유리를 이어주는 창틀의 이음새를 가능한 한 평평하고 얇게 만드는 것이 많은 건축가의 꿈이다. 이음새가 하나도 없는 유리 어항이 현대 건축가들의 마지막 꿈이자 이상이다(도판 4-8). 어디 현대 산업미학에서만 그럴까. 천의무봉天衣無縫이라 했다. 동양에서도 "하늘의 직녀가 짜 입은 옷은 솔기가 없다."고 했다.

인간이 지은 예술 작품의 최고 수준은 봉제선이 없는 모습이라는 뜻이다. 하지만 이것은 주로 시문에서 쓰는 개념이다. 단어 구사와 문맥의 흐름이 매끄럽지 못하고 흠결이 있어서는 안 된다는 뜻이다. 건물은 다르다. 술 한 잔에 시구 한 수 읊는 것과 비교하기에는 너무 큰 현실이다. 이른바 '패치patch의 미학'이란 것이 있다. 적당한 조형 단위들이 서로를 넘나들고 그 사이를 봉제선이 오가며 바느질로 묶어준다. 그래야 감성을 걸 수 있다. 감성을 걸어야 고리가 이어지고

4-9. 더케이트원타워 전경(위).
4-10. 삼성서초타운 전경(아래).

건물과 교통한다.

평평하면 감성을 걸 수가 없다. 평평함은 단순함을 부른다. 둘은 함께 움직인다. 평평함을 살리기 위해선 건물 외관이 단순해야 한다. 건물 입면을 나누는 것을 최대한 줄여야 한다. 큰 육면체 한 장이면 최고이다. 이것이 불가능하니 입면을 나누긴 하지만 가능한 한 덜 나누어야 세련된 것이다. 동일한 창틀이 가지런히 반복된다. 정돈되어서 좋기는 하지만 단순하고 단조롭다. 창틀이 튀어나오는 것조차도 견딜 수 없어서 창틀을 최대한 숨기고 큰 유리 면 하나만 남긴다. 봉제선을 감추고 지우고 싶어 한다. 금속 창틀마저 거추장스러워하는 건축가들은 아예 콘크리트 덩어리 하나로 건물을 만들어 보려 한다.

줄이고 줄이고 줄여야 한다(도판 4-9, 4-10). 건축가들은 왜 이렇게 못 줄여서 안달일까. 이런 특징은 대체로 추상미학이다. 추상미술에 해당되는 건축 경향이다. 그런 점에서 추상 건축이라 부를 수 있다. 추상미술의 미학이 대부분 해당된다. 좋은 점도 있고 그 나름대로 미학 세계를 일구었지만 위험할 수도 있다. 가장 대표적인 것이 조형 정보를 가능한 한 지우려는 배타성이다.

사람 성격을 예로 들어보자. 사물과 정보를 대하는 태도에 따라 두 가지 성격이 있다. 가능한 한 많이 모으고 받아들이려는 수집가 기질은 '포괄적inclusive' 성격이다. 이런 성격은 일단 많이 모은 다음 이것들을 자기만의 분류 방식에 따라 나누어 배치하고 사용한다. 반면 꼭 필요한 것만 가려서 모으고 받아들이려는 성격은 '제외적exclusive'이라 한다. 이런 성격은 처음부터 필요 없는 것을 가려서 쳐내 버린다.

추상미학은 '제외적' 특징을 대표한다. 군더더기와 잡동사니를 배타적으로 제외한다. 줄일수록 좋다. 급기야 하나만 남기면 최고이다. 이런 추상은 '차가운 추상'이다. 모든 추상이 이런 것은 아니다. 앞에서 봤던 구성미를 갖춘 경우 '포괄적 추상', 나아가 '따뜻한 추상'이 될 수 있다. 기술과 자본과 효율이 미덕인 현대 산업사회에서 추상은 물론 피해갈 수 없는 엄연한 현실이다. 그런데 추상에도 종

 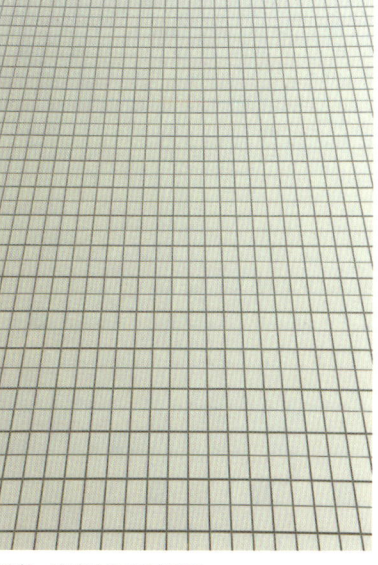

4-11. 주변의 오래된 고층 건물 사이에서 유리를 뽐내는 삼성서초타운(왼쪽).
4-12. 대한생명 63빌딩 유리 면(오른쪽).

류가 있다. 원래 추상이 무언가 자꾸 지우려는 미학이긴 하지만 그렇더라도 여전히 무언가를 담을 수 있다. 구성미가 그 해답이다. 건물 입면에 구성미를 실어내면 아기자기, 이러쿵저러쿵, 요모조모 얘깃거리를 담아낼 수 있다.

한 가지 다행인 것은 최근에 시내에 짓는 빌딩 가운데 구성미를 잡고 놓지 않은 예가 계속 나온다는 점이다. 하지만 대세는 역시 평평하고 단순한 건물이다. 서울 시내에 짓는 고층 건물이 선도한다. 이것을 모방하는 중·저층 건물과 수도권 일대의 경기도 상가 건물들이 그 뒤를 잇는다. 이런 건물들은 한국 사회에 만연한 젊음의 가치를 반영하는 현상이다. 젊은 여성을 노리는 화장품 광고 문구를 보자. '주름 없는 팽팽한 피부', '잡티 하나 없는 물광 피부' 등이다. 이런 문구를 평평한 유리 건물에 적용하면 놀랄 정도로 들어맞는다.

좀 더 과격한 비판론자는 자본 미학을 배후 주범으로 본다. 건물을 복잡하게 지으면 공사비가 비싸지기 때문에 이것을 피하려고 건물이 자꾸 단순해진다는 것이다(도판 4-11, 4-12). 추상미술이 처음 나왔을 때 하이데거나 니체 같은 독일의 반성철학자들이 한 번 지적했던 내용이다. 자본 미학 옆에는 기술 미학이 함께한다. 현대 건설 기술은 분명 단순한 박스 건물을 후닥닥 짓는 데 사활을 걸고 있다. 높이 올라갈 가능성을 높여준다. 입면을 요모조모 나누면 기술을 발휘할 구석은 적어진다. 높이 올라가기도 힘들다. 디자인하기도 어렵다.

앞에 본 구성미의 예들은 결코 쉽게 나오기 힘든 장면이다. 건물을 '아기자기-이러쿵저러쿵-요모조모' 나누고 합하는 것은 예술 감각을 필요로 한다. 조형 감각이 뛰어난 건축가만이 할 수 있다. 하지만 이런 감각은 이제 더 이상 미덕이 아니다. 건축가들의 미덕은 최신 기술을 이용해서 싼값에 빨리 후닥닥 지어주는 것이다. 구성미는 나이 먹은 건물의 '구닥다리 잔재'로 취급받는다. 구성미를 밀어낸 자리를 표준화된 동일 창이 차지한다. 건축가의 예술 감각은 필요하지 않다. 공사기간을 단축하고 공사비를 줄이는 속셈만이 미덕이다.

### 서강대 본관 – 기하학적 구성미와 따뜻한 추상

그래서 나는 나이 먹은 건물의 구성미가 훨씬 더 좋다. 앞에 예를 든 건물들이 서 있는 곳을 지날 때면 반드시 시선을 고정하고 구성미를 즐기며 감상한다. 평평한 건물의 미학을 보았으니 구성미를 한 번 더 보자. 주요 건축가들의 작품에서도 구성미를 찾을 수 있다. 한국 현대건축을 개척한 세 명의 대표 건축가 김중업, 이희태, 김수근 모두 구성미를 자신들의 중요한 건축미학으로 삼았다.

김중업 작품이 '구성미'라는 본뜻에 좀 더 가깝다. 서강대 본관이 최고의 작품이다. 기하학적 구성미가 뛰어나다. 추상이지만 차갑거

4-13, 14. 서강대 본관의 기하학적 구성미. 따뜻한 추상을 보여준다.

나 야멸차지 않다. 따뜻하다. '선-면-입체'의 초기 모더니즘 미학 강령에 충실했다(도판 4-13, 4-14). 2차원 면과 3차원 입체가 적절히 조화를 이루고 있고 선형 어휘가 둘을 묶어주는 공통의 끈 역할을 한다. 평평한 부분은 확실하게 평평하고 돌출이 심한 부분은 또 확실하게 그렇다. 날렵한 판재와 도톰한 덩어리가 파란 하늘을 배경으로 각자의 자태를 뽐낸다. 수직선과 수평선이 대비와 조화의 이중주를 펼친다.

따뜻한 추상은 여러 가지 느낌을 준다. 한국 현대건축을 대표하는 건축가다운 조형적 안정감과 기하학적 세련됨이 단연 뛰어나다. 훌륭한 건축가가 되고 싶은 꿈을 가지고 입학한 건축과 학생이 정성 들여 만든 조형 과제물을 보는 것 같은 참신함과 꼼꼼함도 있다. 어느 경우건 조형적 구성력이 뛰어나다. 건축 어휘만 가지고 잘 빚은 조각 작품을 보는 것 같다. 사람들을 담는 조각이다. 사람의 마음을 끌어당기는 따뜻한 조각이다. 전체적인 조형미학은 앞에 나왔던 기독교대한하나님의성회 총회회관과 많이 비슷하다.

1960년에 완공한 작품이다. 2016년이면 환갑이 멀지 않은 56세이다. 나보다 한 살 형이다. 그러나 묘한 동갑 느낌을 느낀다. 나보다 여덟 살 어린 삼일빌딩에서 동년배 느낌을 가졌던 것과 비슷하다.

묘하게도 두 건물 모두 김중업 작품이다. 이 건물을 보면 마음이 편해지는데, 아마도 1960~1970년대 감성을 공유하기 때문이리라. 구성미는 이 시기의 대표적인 조형미학이다. 조금이라도 아기자기하게 분할하고 이러쿵저러쿵 얘깃거리를 실어내고 요모조모 꾸미려던 시대이다. 나는 이 시기 건물들의 구성미에서 무언가 나누고 싶어 하는 원심적 마음 씀씀이를 느낀다(도판 4-15). 건물로 조형으로 주변에 말을 걸고 싶어 하는 미학적 수다 같은 것이다(도판 4-16). 그래서 나는 이 건물이 좋다.

나이 먹은 건물에서 느낄 수 있는 따뜻함이 있다. 서강대를 대표하는 본관의 역할을 잘하고 있다. 요즘은 대학에도 유리 건물이 난무하고 있다. 상아탑이니 지성의 전당이니 하는 수식어가 무색하게 캠퍼스 바깥 상업지역의 부동산 건물을 똑같이 흉내 내고 있다. 대

4-15. 서강대 본관. 주변과 소통하고 싶어 하는 구성미의 매력을 보여준다.

4-16. 서강대 본관의 기하학적 구성미.
따뜻한 추상을 보여준다.

부분 평평한 유리 건물이다. 이런 건물들은 대학의 정체성을 상징하기 어렵다. 대학의 기능이 현실의 어려운 점을 분석하고 그에 대한 대안을 제시하는 것이라면 건물도 그래야 한다. 대학 건물은 철학을 담아야 한다. 서강대 본관은 '따뜻한 추상'이라는 철학을 담았다.

그래서 대학에 몸담고 있는 나는 이 건물이 좋다. 서강대학교 하면 이 건물이 당장 떠오른다. 이미지도 좋다. 나는 서강대에서 책을 쓰는 경우가 많은데 나의 발걸음을 서강대로 이끄는 매력 요소 가운데 하나가 따뜻한 추상으로 내 마음을 따뜻하게 해주는 이 본관이다. 여기가 대학 캠퍼스인지 시정市井인지 구별이 안 가게 하는 평평한 유리 건물에서는 기대하기 힘든 느낌이다. 나이 먹은 건물의 구성미에서 우러나오는 대학다운 건축미학이다.

그래서 대학 본관의 상징적 정체성을 잘 수행하고 있다(도판 4-17). 1960년이면 바로 서강대가 개교한 해이다. 본관은 서강대의 나이와 함께하고 있다. 이런 점에서 이대, 연대, 고대의 본관과 비교할 만하다. 세 학교 모두 본관이 오래된 돌 건물들이다. 학교 개교보다 나중에 지어진 것이긴 하지만 학교를 대표하는 상징적 이미지를 잘 간직하고 있다. 서강대는 그 뒤를 이어 1960년대 근대 초기의 따뜻한 추상미학을 대표하는 건물을 본관으로 가졌다. 역사는 세 학교보다 짧지만 본관 건물이 학교 전체의 나이와 함께하며 역사를 온전히 함께했다는 것은 흔치 않은 일이다. 그리고 그 건물은 나이 먹은 값을 아주 충분히 하며 무르익은 미학을 뽐내고 있다.

서강대 캠퍼스의 동남쪽으로 최근에 세 채의 유리 고층 건물이 들

4-17. 서강대 본관 전경.

어섰지만 환갑을 바라보는 본관에 턱도 없다. 이 본관만은 헐지 말고 계속 지켜나가길 바라는 마음이 간절하다. 김중업의 제주대학교 본관은 몇 해 전에 헐렸다. 김중업의 부산대학교 인문관은 많이 고쳤다. 서강대 본관만큼은 그런 전철을 밟지 않기를 간절히 바란다. 나이 먹은 건물의 여유롭고 따뜻한 추상을 보고 싶을 때 마음 편하게 찾을 수 있기를 바란다.

# 5.
# 광화문 교보생명빌딩
# 자손을 남기다

**건물도 나이를 먹으면 자손을 남길 수 있다**

생명체는 성인이 되면 자손을 남긴다. 성년과 미성년을 가르는 기준 가운데 하나가 자손을 남길 수 있느냐의 여부이다. 자손을 남기는 순간부터 사람은 철이 든다. 반대로 자손을 남길 수 있게 되었다는 사실 자체가 성숙함을 전제로 한다. 나를 닮은 2세를 생산해서 사회에 내보낸다는 것은 실로 대단한 일이다. 나를 닮은 2세를 낳아도 좋을 정도로 나 스스로에 대해 자신이 있어야 한다. 주변에서 축복을 해줄 수 있을 만큼 여건도 마련되어야 한다. 한 사람의 인생에서 아마도 가장 축복받을 일일 것이다. 그 축복에는 엄중하고 신성한 책임감이 뒷받침되어야 한다.

   자손을 남기는 일은 생명체에게는 당연하고 자연스러운 일이다. 인간을 포함해서 모든 생명체의 존재 이유를 하나로 압축하라면 '자손을 남기는 일'이 아닐까. 7년을 땅속에서 애벌레로 있다가 지상에 나와서 7일 동안 짝짓기할 대상을 찾아 열심히 울다가 생을 마감하는 매미의 일화부터 자손을 남기는 순간 성체의 생명이 끊어지는 수

많은 동물의 예 등 자손을 남기는 일은 신비한 일이다. 생명체의 존재 이유 가운데 자손을 남기는 일은 매우 앞쪽에 있다.

건물은 어떨까. 물론 건물은 생명체가 아니니 짝짓기를 하지 않는다. 하지만 건물은 사회체이기 때문에 사회적 의미에서 자손을 남길 수 있다. 넓은 차원에서 맥락주의 혹은 리바이벌이 좋은 예이다. 맥락주의는 새로 짓는 건물이 주변 일정 지역의 특징적인 조형 미학을 디자인 모티브로 삼는 경향을 말한다. 리바이벌은 이것을 앞 시대의 역사 단위로 확장한 개념이다. 앞 시대 특정 사조를 디자인 모티브로 삼아 부활하는 경우이다.

두 사조 모두 서양 건축에서 크게 활성화되어 있다. 서양 건축이 일정한 패턴을 중심으로 전개되는 형식주의 전통이 강한 데서 나타나는 현상이다. 두 사조 모두 맥락의 통일성을 유지하거나 역사적 연속성을 이으려는 목적을 갖는다. 서양에서는 이런 목적이 크게 환영받기 때문에 맥락주의나 리바이벌에서 나온 주요 작품이 많다. 이는 곧 과격한 이질성이나 급진성을 경계한다는 뜻이다.

이런 경계는 곧 나이 먹는 것을 존중한다는 뜻과 같다. 사회가 안정되어 있고 나이 먹은 사람과 나이 먹은 건물이 제값을 할 때에 가능한 얘기이다. 그 이면에는 건축에 대한 탄탄한 철학이 깔려 있다. 서양, 특히 유럽인에게 건축은 단순한 산업 기술이나 부동산 상품이나 재산 증식 수단만은 아닐 것이다. 그 반대로 예술적·사회적 성격이 강한 공공재라는 철학이 확고하다. 한 나라와 사회와 도시의 역사를 담고 표현하고 기록할 수 있어야 된다는 사회적 동의가 퍼져 있다.

건물이 자손을 낳는 현상은 이런 철학이 뿌리내린 사회에서 가능하다. 건축은 첨단 유행과 역사 맥락의 두 바퀴로 굴러가야 건강하다. 인간 사회와 다르지 않다. 이 가운데 역사 맥락을 담당하는 것이

나이 먹은 건물이다. 나이 먹은 건물에는 늘 사회적 역할이 있다. 처음부터 나이 먹었을 때의 상태와 가치를 예상해서 지어야 한다. 이것을 하는 것은 건물이 아니다. 우리다. 건물을 짓고 건물의 철학을 결정하는 것은 건물이 아니고 우리이기 때문이다.

우리는 어떨까. 최신 유행이 미덕이다. 한때 건축가들이 주변과 어울리게 건물을 짓는 경향이 유행한 적이 있었다. 1990년대 말에서 2000년대 초 정도 될 것이다. 이때 건축가들의 작가 노트를 보면 '맥락'이라는 말이 전가의 보도처럼 빠지지 않고 등장한 적이 있었다. 하지만 얼마 가지 못했다. 맥락주의라는 하나의 양식 사조로까지 발전하지 못한 것이다. 지금 우리 사회에서 건축가가 자신의 건물이 50년 후에 어떤 모습으로 멋지게 늙어가며 주변에 어떤 영향을 끼치게 될지 상상하는 일이 가능하기나 한 것일까. 당장 10년 앞도 장담할 수 없는데 말이다.

건축가들도 이런데 하물며 일반 건물은 더 말할 필요도 없다. 사회에서 건물에 요구하는 것이 최신 유행, 즉 튀는 새로움과 '반짝하는' 참신함이기 때문이다. '새로움'과 '나잇값'이라는 두 가치관이 충돌한 것인데 새로움이 압도적으로 승리한 형국이다. 건축가들도 노력을 하기는 했지만 역부족인 면도 없지 않았다. 뚝심 있게 버티지 못하고 세간의 유행에 굴복한 것이 아닐까 생각해본다.

맥락주의에서 훌륭한 대작이 못 나온 탓도 있다. 맥락주의 건물은 새로 지어도 주변과의 연속성이 강하기 때문에 눈에 잘 띄지 않는다. 새 건물의 티가 나지 않으니 건물주가 좋아하지 않는다. 맥락주의라는 것 자체에 가치를 두지 않는다면 맥락주의 건물은 환영받기 힘들다. 큰돈 들여 새 건물을 지었는데 주변과 다르게 튀어 보이며 과격하게 참신해야 하는데 그렇지 못할 경우 본전 생각이 나는 것이다. 요즘 한국 사회에서 건물에 요구되는 미덕은 확실히 새로움과

5-1. 교보생명빌딩과 D타워가 나란히 서 있는 모습.

독특함이다. 여기에 이국풍, 정확히 말해서 서양 최신 양식이 더해지면 금상첨화이다. 그래서 유리 건물이 유행한다. 유리 건물은 처음 완공했을 때에는 확실히 새 건물 티를 내면서 이국적으로 보이기 때문이다.

광화문 교보생명빌딩은 특이한 경우에 속한다. 자손을 남겼기 때문이다. 그것도 특별히 작품성이 뛰어난 유명 걸작도 아닌데 말이다. 건물 자체만 보면 미학적 조형성이나 정교한 예술성은 특별할 것이 없는 평범한 오피스 빌딩이다. 별도로 건축 비평이나 미학 분석을 할 대상이 아니다. 하지만 사회적 의미는 들여다볼 필요가 있는 건물이다. 예술적 작품성보다는 사회적 의미가 더 강한 건물이다. 작품성에 대해서 할 얘기가 없음에도 사람들 입에 오르내리는 특이한 건물이다. 그 끝에 자손까지 낳았다. 자손을 낳았다는 사실은 이런 사회성에서 중요한 부분을 차지한다.

**교보생명빌딩이 낳은 자손, D타워**

이런 교보생명빌딩이 자손을 낳았다. 광화문 교보생명빌딩 바로 옆에 2015년에 준공한 D타워라는 건물이다. 광화문 교보생명빌딩 뒷길에는 오래된 메밀국숫집과 족발집 등 허름한 음식점이 늘어서 있었는데 이것을 재개발하면서 매우 큰 덩치의 D타워가 들어선 것이다. 규모만 보면 교보생명빌딩보다 큰데, 그럼에도 교보생명빌딩의 아우라를 피해갈 수 없었는지 디자인 모티브를 교보생명빌딩에서 가져왔다(도판 5-1, 5-2). 누가 봐도 교보생명빌딩 주니어, 2세이다.

D타워를 잠시 보자. 4층 높이의 기단부가 본체를 밑에서 받친다(도판 5-3). 본체는 좌우 둘로 나뉘었다. 한쪽은 다시 수직으로 세 덩어리로, 다른 한쪽은 두 덩어리로 한 번 더 나뉘었다. 교보생명빌

5-2. 교보생명빌딩이 낳은 자손, D타워(왼쪽).
5-3. 교보생명빌딩 모습을 디자인 요소로 삼은 D타워(오른쪽).

딩 모습은 색깔 코드에 넣었다. 교보생명빌딩의 트레이드마크는 색깔인데 이것을 살려서 디자인의 출발점으로 삼은 것이다. 몸통은 밝은 갈색이고 출입구와 기둥과 측면은 어두운 갈색이다. D타워는 두 종류의 갈색을 여럿으로 나눈 각 덩어리에 배정해서 색채 조합을 했다.

사실 교보생명빌딩은 이미 오래전부터 전국의 지점 건물에 자기 복제를 하면서 사람들의 입을 탄 유명한 건물이다. 전국 주요 도시에 광화문 교보생명빌딩의 원본을 복제해서 퍼뜨린 것이다. 지방의 교보 지점 건물을 모두 같은 디자인으로 지었다. 건물 크기는 각기 다르지만 생긴 모습은 똑같다. 전국 어디를 가도 교보생명빌딩은 늘 같은 모습이다. 그 도시의 경제력에 비례해서 크기만 달리할 뿐이다. 같은 건물의 동일 복제이기 때문에 건축적으로 큰 의미는 갖지 못한다. 그러나 경영 측면에서는 교보라는 회사의 이미지 구축에 중요한 역할을 한 것 또한 사실이다. 한때 지방을 갔다 온 사람들이 신기한 듯 광화문에 있는 교보생명빌딩하고 똑같은 건물이 또 있더라는 말을 하던 때가 있었다. 여러 사람이 갔다 온 도시들을 모으면 전국의 웬만한 큰 도시는 다 해당이 되었다.

　이런 교보생명빌딩이 드디어 자기복제를 넘어서 진정한 의미에서 자손을 낳게 된 것이다. D타워와 함께 보면 2대의 부자가 나란히 서 있는 형국이다. 광화문 도심에 참 보기 좋은 장면이 만들어졌다. 청진동 재개발을 하면서 주변에 여러 채의 고층 건물이 동시에 새로 들어섰다. 교보생명빌딩에서 종로타워까지 여섯 채가 늘어섰으며 북쪽으로도 트윈트리타워와 더케이트원타워까지 다섯 채가 들어섰다(도판 5-4, 5-5). 이 가운데 D타워와 같은 시기에 완공된 건물들은 모두 유리 건물이다. D타워만 광화문 터줏대감 교보생명빌딩을 따랐다. 고층 건물임에도 유리 면적을 최소화하고 벽체 면적을 늘리는 방식으로 교보생명빌딩의 모습을 따랐다.

　유리 면적을 줄인 이런 모습 자체가 주변의 흔하디흔한 유리 건물과 차별성을 갖는다. 요즘의 최신 경향은 전면 유리에 비정형과 장식 처리를 가미하는 것이다. 이런 기준에서 보면 D타워는 복고풍이라고까지 할 만하다. 하지만 사회적 의미는 크다. 이미 100채의 유리 건물이 서 있는데 똑같은 유리 건물을 하나 더하는 것과는 차원이 다른 의미를 갖는다. 광화문의 터줏대감 교보생명빌딩을 따랐다는 사실은 이런 차별성에 무게를 더해준다. 교보생명빌딩이 갖는 위상 때문이리라. 적어도 광화문 사거리에서만은 그렇다. 나이 먹은 건물의 아우라와 카리스마가 새 건물에도 힘을 주었다.

　D타워의 모습은 교보생명빌딩보다는 많이 세련되었다. 창은 작은 정사각형을 급하게 반복하는 방식으로 처리했다. 모자이크와 스

5-4. 교보생명빌딩 뒤로 여러 종류의 고층 건물이 섰는데 바로 뒤의 D타워는 교보생명빌딩을 닮았다(위).
5-5. 교보생명빌딩에서 북쪽으로 새로 지은 유리 건물이 늘어선 가운데 D타워만 교보생명빌딩을 닮았다(아래).

타카토 느낌이 나면서 시각적 자극이 제법 강하다. 시간이 흐른 데 따른 유행의 차이일 수도 있다. 교보생명빌딩이 창을 수평 방향의 큰 덩어리로 나누었다면 D타워는 이것을 좀 더 세련되게 다듬은 모

5. 광화문 교보생명빌딩 99

습이다. 교보생명빌딩의 이런 외관은 1980년대 유행이고 D타워의 작은 정사각형 창은 최신 유행인 것은 분명하다. D타워는 교보생명빌딩의 대표적 이미지를 디자인 모티브로 삼아 조형적으로 많이 고심하며 다듬어냈다. 아버지의 유전자를 물려받되 시간이 흘러 진화한 모습이다. 완숙한 장년의 아버지와 발랄한 청소년 자녀를 보는 느낌이다.

부자지간에 비유할 만하다. 닮은꼴 부자지간이다. 즐거운 대물림이다. 부모를 닮는 즐거움, 자식이 나를 닮는 즐거움은 나이 먹어 좋은 점 가운데 하나이다. 길거리나 지하철 같은 곳에서 유난히 닮은 부모와 자식이 나란히 있는 것을 보면 나도 모르게 입가에 미소가 번진다. 부모를 닮은 저 자식은 나이를 먹어가면서 큰 즐거움을 마음속에 간직하며 살아가게 될 것을 알기 때문이다. 나 또한 그렇다. 우리 집에도 즐거운 닮은꼴 3대 얘기가 있다. 광화문 일대는 내가 자주 찾는 나들이 코스인데, 자손을 낳은 교보생명빌딩을 보노라면 우리 집의 이런 즐거운 개인사가 생각나서 좋다.

**자식을 낳다 – 부모와 닮는 즐거움**

나는 아버지를 많이 닮았다. 어렸을 때 작은 이모가 나를 보고 "어머, 쟤 좀 봐. 어쩜 저렇게 형부를 닮았을까. 입하고 코하고 웃는 것 좀 봐. 징그럽게 똑같다."고 할 정도였다. 객관적으로 냉정하게 보았을 때 우리 아버지는 미남은 아니나 못생긴 것도 아닌 평균 정도의 대한민국 남자 얼굴이다. 나는 이런 아버지를 닮은 나 자신을 자랑스럽게 생각하고 사랑한다. 더 고마운 것은 나이를 먹고 50줄에 들어서면서 숨어 있던 어머니 얼굴이 나타난다는 점이다. 어려서 나는 아버지와 판박이로 닮았다는 소리를 들었는데 50을 넘긴 언제부터인지 어머니를 닮았다는 얘기를 더 많이 듣는다. 몇 해 전에 어머니가 돌아가시고 불효자의 사모곡을 가슴속에 담고 살아가는 나에게 거울을 보면서 확인하는 어머니의 유전자는 더없이 큰 위로이다.

시간이 흘렀다. 이번에는 큰딸이 나를 빼닮았다. 아직은 어려서인지, 아니면 내가 인물이 없어서인지 딸은 아버지 닮았다는 말을 싫어하는 눈치이다. 하지만 나는 나를 닮은 딸을 보고 있노라면 정말 기분이 좋고 행복하다. 큰딸은 태어났을 때부터 나랑 너무 똑같았다. 아내 말로는 딸을 보자마자 내가 "통쾌하다!"라고 했다고 한다. 나도 그런 말을 했던 것 같다. 아내는 한술 더 떠서 나랑 닮은 첫딸을 보는 순간 자기는 "배만 빌려준 것 같았다."라고 했다.

아내라고 자기 자식이 사랑하는 남편을 닮은 것을 좋아하지 않을 리 없다. '아버지-나-딸'을 보면서 '대-중-소'라며 웃곤 한다. 그래도 못내 아쉬웠는지 큰딸도 자기 자식인데 자기를 닮은 구석이 하나도 없지는 않을 거라며 열심히 찾았다. 급기야 손바닥과 발바닥 피부가 닮았다는 귀여운 억지를 부린다. 구체적인 내용은 전혀 다르지만 김동인의 근대소설 「발가락이 닮았다」가 떠오르기도 한다. 원숭이도 아니고 사람의 손바닥 발바닥 피부가 닮은꼴의 대상이 될 수 있는지는 모르겠지만 큰딸의 손바닥 감촉은 확실히 나보다 아내를 더 닮긴 했다.

둘째 딸은 나와 아내를 반반씩 닮았다. 그래서 얘깃거리가 더 풍부해진다. 필요할 때마다 바꿔가면서 어머니와 비교할 수도 있고 아버지와 비교할 수도 있기 때문이다. 얼굴 윤곽은 나를 닮았고 체형과 비율은 아내를 닮았다. 체형과 비율이 아내를 닮아서일까, 내가 보기에 둘째 딸은 아내와 많이 비슷하다. 모녀가 닮다 보니 아버지 쪽에서 신기한 경험을 하기도 한다. 소파에 앉아서 우두커니 TV를 보고 있는 작은딸에게서 젊었을 때 아내 모습이 언뜻 비치는 것이다. 대를 이어 자손을 낳고 그 부자지간에 닮는다는 것은 이렇게 좋은 것이다. 대를 이은 닮은꼴은 우리 가족의 대화에서 자주 등장하는 즐거운 주제이다.

어느 집이나 대를 물려 닮아가는 것에 관한 즐거운 얘깃거리가 하나씩은 있을 것이다. 조상의 유전자를 이어가는 소중한 대물림이다. 이것을 즐겁게 받아들이고 소중하게 여기고 좋은 점을 찾아 가꾸고 발전시키는 것이 올바른 인생 방향이 아닐까 싶다. 그 한가운데에 '나이'가 있다. 나이를 매개로 피가 흐르고 닮은 모습이 이어진다. 자식들은 어렸을 때에는 부모 닮은 모습을 싫어할 수도 있을 것이다. 자신만의 개성을 바랄 수도 있고 좀 더 첨단 유행에 맞게 세련되어 보이길 바랄 수도 있을 것이다.

하지만 '나이' 들어가면 부모 닮은 모습이 그렇게 고맙고 소중할 수가 없다. 특히 쇠약해지고 병들어가는 부모를 뵐수록 내 속에 담긴 부모 모습은 정말 고마울 뿐이다. 나라도 건강 챙기면서 하루하루 더 성실히 살아야겠다는 다짐을 해본다. 그러다 자식을 돌아보게 된다. 다시 나를 닮은 자식을 보면서 또 한 번 고마울 뿐이다. 나를 닮은 자식이 있기에 감사한 마음으로 늙어간다. 유전자의 힘은 이렇게 위대한 것이다. 아버지에서 자식으로 대를 이어나가면서 마음속에 고마움을 느끼게 해준다.

건물도 이럴 수 있다. 아니, 이래야 한다. 그러면 사회가 안정되는 데 도움을 줄 수 있다. 순서가 반대일 수도 있다. 사회가 안정기에 들어가야 대를 이어 닮은 건물을 짓고 도시 환경에서 맥락의 통일성을 즐길 수 있게 된다. 조형 환경에서 닮은꼴 유전자의 안정된 힘에 고마움을 느낄 수 있게 된다. 모든 건물이 이래서는 안 되겠지만 일정 수는 이래야 된다. 건축은 첨단 유행과 역사 맥락의 두 바퀴로 굴러가야 건강하기 때문이다. 건축이 이럴 때 그 사회는 건강할 수 있다. 인간 사회와 조금도 다르지 않기 때문이다.

이것을 모으면 시대의 의미, 시간의 기록이 된다. 교보생명빌딩 2세의 탄생은 우리의 근대화도 성숙해서 자손을 남기는 단계에 접어들었음을 말해준다. 우리의 근대화가 부동산 투자만 난무하면서 최신 유행만 좇는 것이 아니라 시간과 역사를 생각할 수 있는 단계로 성숙했음을 보여주는 자랑스러운 훈장이다. 건물의 나이가 시간이 되고 역사가 된 것이다. 건물이 시간과 역사를 기록할 수 있는 단계로 성숙해진 것이다. 20~30년 뒤에 D타워 옆에 손자까지 태어나서 3대가 나란히 서 있는 모습을 볼 수 있으면 정말 좋겠다. 위로는 아버지를, 아래로는 딸을 바라보면서 닮은꼴 유전자에 고마워했던 그 마음이 우리의 도시에도 퍼져 나갔으면 좋겠다.

**나이 먹은 고층 오피스 빌딩, 광화문 교보생명빌딩**
물론 자손을 낳은 건물이 교보생명빌딩만 있는 것은 아니다. 앞에서도 말했듯이 한국 현대건축에도 한때 맥락주의 시도가 있었다. 그런 예들은 지금도 단편적이나마 이어지고 있다. 모두 소중한 우리의 문화적 역량이다. 교보생명빌딩도 그 가운데 하나인데 추가적인 애깃거리가 있다. 이 책에서 자손을 낳은 건물의 예로 교보생명빌딩을 고른 이유이기도 하다. 바로 교보생명빌딩 자체가 나이 먹은 건물의 좋은 예에 해당되기 때문이다. 광화문 사거리라는 장소의 무게도 한몫한다. 서울의 심장, 대한민국의 중심이라 할 수 있는 곳이다. 여기에 교보생명빌딩 자체의 '나잇값'이 합해지면서 그 자손이 태어난 일이 좀 더 풍부한 애깃거리를 갖게 된 것이다.

광화문 교보생명빌딩 자체를 보자. 우선 나이를 보자. 1980년생이다. 내가 대학교에 입학한 해이다. 그렇게 오래된 것은 아니다. 2016년을 기준으로 서른여섯 살이니 청장년에 해당된다. 아직 중년의 문턱을 못 넘었다. 그럼에도 근대화의 역사가 길지 않은 한국에서는 고층 오피스 빌딩 가운데에 나이 먹은 건물에 속한다. 그리고 만만치 않은 나잇값을 한다. 이 건물에는 분명 묘한 무엇인가 있다. 36년을 흔들리지 않고 꿋꿋이 광화문 사거리의 한쪽을 차지하고 서 있다 보니 이제 이 자체가 하나의 아이콘이 되었다. '교보'라는 회사의 아이콘이자 광화문 사거리의 아이콘이다. 비슷한 나이의 고층 건물들이 대부분 새로 짓는 건물들에 밀려 존재감을 잃었음에도 유독 이 건물만 꿋꿋이 존재감을 알리며 급기야 자손까지 낳았다(도판 5-6, 5-7).

어떤 점에서 그럴까. 아마도 색깔 때문이 아닐까 싶다. 언뜻 보면 무겁고 칙칙한 색이다. 전면 유리 건물의 경쾌한 분위기가 유행하는 요즘 보면 고풍스럽게 느껴지며 좀 심하게 말하면 촌스럽기도 하다. 하지만 이 색이 바로 오늘의 교보생명빌딩을 있게 했다. 좋게 얘기하면 유행을 타지 않는 근원적 힘 같은 것이 있다는 뜻이다. 이런 근원적 힘이 시간을 쌓아가며 좁게는 회사의 이미지를 만들었고 넓게는 광화문의 랜드마크가 되었다. 사람들은 '교보' 하면 당장 광화문 사거리 모퉁이에 오랜 시간 버티고 서 있는 이 칙칙한 육면체 덩어리를 떠올린다.

5-6. 교보생명빌딩은 이제 회사와 광화문 사거리를 대표하는 이미지가 되었다.

5-7. 여러 건물이 섞여 있는 광화문 사거리의 터줏대감으로 서 있는 교보생명빌딩.

흔하고 단조로운 색 같지만 그렇게 만만한 것만은 아니다. 탄생부터 일화가 있는 색이다. '몽골 초원에서 말 위에 앉아 석양을 바라보고 있는 칭기즈칸 후예의 피부 색깔'이 설계 당시 건축주의 요구였다는 후문이다. 두 가지 톤의 갈색은 여기에 맞춰 찾아낸 색이다(도판 5-8). 건물 전면은 피부에 맞춘 황토색으로 처리했다. 출입구와 측면의 좀 더 어두운 갈색은 흙의 생명력을 느끼게 한다. 단순히 재미있는 일화로만 넘기기에는 여러 가지 의미를 담고 있다. 동북아 유목민의 강인함, 대제국의 이미지, 석양의 감성, 한민족의 뿌리 등등이다. 이런 것들을 다 합하면 두 가지 이미지로 귀결된다. 하나는 짧은 주기와 가벼운 유행에 무관심한 근원적 강인함이고 다른 하나는 서정적인 민족적 감성이다.

교보생명빌딩에서는 분명 이 두 가지가 동시에 느껴진다. 나는 이

5-8. 교보생명빌딩의 이미지는 색에서 온 것이 크다.

둘이 다 좋다. 버스를 타고 광화문으로 진입하면서 보이는 짙은 갈색의 든든한 측면 기둥을 보면 듬직한 안정감을 느낀다. 하루 일과를 마치고 올 때쯤은 대부분 해가 넘어가는 시간인데, 마침 서향이어서 석양빛을 받으면 정면의 색깔은 묘한 감성을 띤다. 물감을 풀어서 이 색을 맞추는 것은 쉽겠지만 건축 재료를 사용해야 하기 때문에 쉽지 않은 조건이다. 더욱이 오랜 시간 비바람을 맞아가며 계절의 흐름과 시간의 축적을 견뎌서 몇십 년 후에도 칭기즈칸 후예다운 모습을 간직해야 한다.

단단한 육면체도 색의 이미지와 잘 맞는다. 고도제한에 걸려서 더 높이 올라가지 못하고 옆으로 넓적한 육면체에 머물렀는데 이것이 오히려 시간의 흐름과 잘 맞는 윤곽을 만들어냈다. 무뚝뚝하지만 믿음이 간다. 교언巧言은 없는 대신 다부지다. 언뜻 보면 둔탁하고 개성 없으며 촌스러워 보인다. 일단 유리 면적이 아주 작고 색깔도 다소 짙으며 입면 구성이 단조롭다. 하지만 이런 둔탁함과 단조로움에 시간이 더해지면 오히려 조형적 매력이 된다. 나이 먹은 건물이 줄 수 있는 조형적 장점 가운데 하나이다. 둔탁하고 촌스럽지만 진정성이 느껴진다. 잔 기교 없이 튼튼하게 짓고 열심히 나누었다. 뚫고 막은 경계는 분명하고 솔직하다. 검소하고 경제적이다. 짙은 색감의 벽돌 분위기와 수평으로 가지런히 나눈 창은 땅의 이미지를 만들어낸다(도판 5-9).

교보생명빌딩의 색과 외관은 시간에 대해서 특별한 의미를 갖는다. 나이 먹은 건물이 줄 수 있는 좋은 점이다. 교언은 당장은 달콤하

5-9. 교보생명빌딩의 둔탁한 이미지가 오히려 시간을 뛰어넘어 강한 이미지로 굳어졌다.

지만 시간에 초조해진다. 교보생명빌딩에는 이런 초조함이 없다. 색이 그랬고 건물의 형상도 그랬다. 시간에 초조해하지 않는다는 것은 시간이 흐를수록 단단해진다는 뜻이다. 층과 층 사이를 법랑이나 돌 같은 불투명 재료로 이렇게 막는 처리는 1970년대 후반에서 1980년대 후반 사이에 유행하던 양식이다. 벽돌 이미지가 강하다. 실제로 벽돌로 외장을 마감한 강남 교보타워가 이런 이미지를 강화했다. 요즘은 유리가 대세이고 법랑이나 벽돌은 잘 쓰지 않는다.

요즘에는 무겁고 답답해 보인다. 유행의 관점에서 보면 그럴 수 있다. 하지만 시간을 대입하면 얘기는 달라진다. 이 모습은 1970~1980년대를 기록한 의미를 갖는다. 삼일빌딩이 1960년대 초기 근대의 이미지라면 교보생명빌딩은 1980년대 중기 근대의 이미지이다. 시간은 이렇게 쌓여간다. 이것을 기록할 수 있어야 한다. 건물이 중요한 역할을 한다. 도시 공간 속에서 건물을 통해 쌓이고 기록되는 시간은 한 나라의 문화적 힘과 정신적 성숙도에서 핵심을 차지한다.

나이 먹은 건물이 그 역할을 한다. 그러면 새로 짓는 건물이 이어받는다. 교보생명빌딩과 D타워가 좋은 짝이다. 교보생명빌딩에 쌓인 1970~1980년대의 시간 기록을 2015년으로 이었다. 이렇게 되면 1970~1980년대의 시간 기록은 사라지지 않고 쌓인다. 이것이 나이 먹은 건물의 힘이다. 건물이 아무리 첨단 유행을 따르고 크고 비싸다고 해도 자손을 낳는 것은 별개의 문제이다. 아무 건물이나 자손을 낳는 것이 아니다. 수십 년의 시간이 흘렀을 때에도 사회적 의미와 조형적 품위를 지키고 있어야 한다. 잘 늙어야 한다는 뜻이다. 지금 우리 사회에서 건물에 요구되는 가장 어려운 조건이다. 우리 사회에는 잘 늙은 건물이 참 드물다. 그 대신 잘 늙으면 건물도 사람처럼 이렇게 자손을 낳는다.

첨단 유행을 좇는 가벼움을 경계하고 있다. 처음부터 시간을 길게 잡았다. 앞에 말한 색의 조건이 그 증거이다. 시간을 초월한 조건이다. 뚝심 있게 버텨서 나중에 시간이 흘렀을 때의 파급력을 고려한 조건이다. 너무 유행을 좇다 보면 처음 지었을 때에는 잠시 눈길을 끌지 모르겠으나 몇 년 지나서 유행이 바뀌면 곧 철 지난 건물이 되어버린다. 유행이 한 바퀴만 더 돌면 그다음에는 아주 낡은 옛날 건물이 되어 시간에 묻혀 사라진다. 시간을 축적하지 못한 건물은 빠르면 몇 년 만에 뒷전으로 밀려버린다. 어린 걸 그룹이 나와서 처음에 반짝하다가 더 어린 그룹이 나오면 3년 만에 할머니가 되어버리는 것과 같은 이치이다. 시간을 쌓을 저장 공간을 갖추지 못한 건물은 한 해 두 해 시간 가는 것이 두렵다. 시간이 흐르는 것은 낡는 것과 고스란히 동의어가 된다.

교보생명빌딩은 반대이다. 시간을 쌓을 저장 공간을 충분히 확보했다. 한 해 두 해 시간 가는 것이 의미 있는 과정이다. 시간이 흐르는 것은 나이 먹은 저력이 쌓이는 과정이다. 시간이 흐를수록 나이의 가치는 쌓이고 높아져 사람들은 이 건물에 대해서 더 많이 얘기하게 되고 회사의 이미지도 함께 다져진다. 나는 이 건물이 50년 후에 얼마나 더 원숙한 모습으로 서 있을지 궁금해서 견딜 수가 없다. 100년 후에 얼마나 더 무르익은 모습이 되어 있을지 기대가 돼서 견딜 수가 없다. 이 건물이 적어도 내가 죽기 전까지는 헐리지 않고 당당하게 살아남았으면 좋겠다. 나와 함께 나이 먹어가며 사회에 조금이라도 나이 먹은 값을 했으면 정말 좋겠다.

이런 광화문 교보생명빌딩이 안타깝게도 최근에 리노베이션을 했다. 아들이 회사를 물려받으면서 둔탁한 껍질을 벗기려 한 것인데, 오히려 직원들이 반대해서 조금만 고치고 더 이상 손을 못 댔다. 옆면에만 유리를 더해서 정면은 건졌지만 측면은 원래보다 못하게 되어버렸다. 원래 모습 그대로 놔두었으면 좋았을 터인데 말이다. 직원들이 리노베이션을 반대했다는 사실 속에 정답이 있지 않을까. 보통은 직원들이 최신 유행의 사옥을 원하는 법일 텐데, 이 경우는 특이하게도 나이 먹은 건물이 회사와 직원들의 정체성을 지켜준다는 것을 직원들이 알고 있었던 것이다. 이 연장선에서 D타워의 탄생은 교보 직원들에게는 반갑고 자랑스러운 일일 것이다. D타워 앞을 지나가는데 옆 커플의 대화가 들렸다. "언뜻 봤더니 교보 건물인 줄 알았어."

# 6.
# 인터로그
# '나이 먹은 건물'의 좋은 점

**'시간의 힘'에 대해서 생각해보자**

이쯤에서 나이 먹은 건물의 좋은 점에 대해서 중간 정리를 해보자. 앞의 몇 개의 예에서 나이 먹은 건물의 좋은 점에 대해서 구체적으로 살펴보았다. 여기에서는 원론적인 얘기를 우리의 사회 상황과 연계해서 해보고자 한다.

이를 위해서는 먼저 한국 사회가 '나이'를 싫어하고 있다는 점을 간단히 짚어볼 필요가 있다. 사람도 나이 먹는 것을 싫어하고 그 여파인지는 몰라도 나이 먹은 건물 역시 싫어한다. 사람이 나이 먹는 것을 반기기는 어렵겠지만 싫어하는 정도가 우리 사회는 유독 심한 것 같다. 건물도 마찬가지이다. 사람이 나이 먹는 것보다 건물이 나이 먹는 것은 싫어할 이유가 훨씬 적을 것 같은데 그렇지 않다. 오래된 건물에는 눈길과 발걸음을 거두는 사람이 많다.

이유는 여러 가지이다. '사회-경제-건축'이 함께 얽혀 있다. 무엇보다도 사회적으로 젊음 한쪽으로 쏠려 있다. 그렇다 보니 경제도 젊음 위주로 돌아가고 여기에서 살아남기 위해서는 건물도 늘 최신 유행으로 새로 지어야 한다. 여기에 건축계 쪽의 자발적 자행도 한 몫 거든다. 부동산 건축을 이끌어가는 건설사는 물론이려니와 작품 한다는 건축가조차도 새로 짓는 건물에 '시간'의 개념을 넣으려 하지 않는다. 시간의 가치에 대해서 얘기하지 않는다. 건축계와 세상의 유행이 누가 먼저랄 것 없이 최신 유행을 중요한 미덕으로 삼아 앞서거니 뒤서거니 건축 문화를 이끌어간다.

물론 새 건물의 좋은 점은 많다. 나부터도 새 건물을 좋아한다. 그렇다고 나이 먹은 건물이 무조건 나쁜 것만은 아닐 것이다. 물리적·기능적으로는 새 건물에 미치지 못하지만 건물이 갖는 가치에는 이런 것만 있는 것이 아니다. 사회적·조형적·공간적·예술적 가치라는 것도 있다. 이것을 합하면 건물의 정신적 가치가 된다. 나이 먹은 건물은 정신적 가치에서 중요한 역할을 할 수 있다. 사람 사이의 일과 다를 것이 없다. 한 사회가 건강하기 위해서는 '노老-청靑'이 조화를 이루어야 하는 것은 지극히 당연한 상식이다. 각 계층의 역할이 다르기 때문이다.

'나이 먹은 세대'가 해야 하는 '어른 노릇'이란 것이 있다. 건물도 똑같다. '나이 먹은 건물'이 해야만 하는 '공간적 어른'의 역할이란 것이 있다. 이는 인간을 둘러싼 조형 환경에서 빠질 수 없는 핵심 요소이다. 도시 공간과 사회 속에서 '심리적 중심지'의 역할을 한다. 사람 사이에서 어른이 실종되고 조형 환경과 건물에서 심리적 중심지를 찾을 수 없으니 사회가 정신적으로 갈등하고 방황한다. 한국 사회가 힘든 이유 중 하나이다.

방황하는 한국 사회가 안정을 찾기 위해서는 사회의 중심이 바로 서야 한다. 이것을 할 수 있는 것은 두 가지이다. '정신'과 '시간의 힘'이다. '정신'은 종교와 철학이 담당한다. 하지만 종교가 세속화되고 철학이 변방으로 밀려나 있다. 그러니 사람들이 정신적으로 방황하고 갈등하는 것이다. '시간의 힘'은 어른과 오래된 건물이 발휘해야 한다. 50년을 기다려야만 나오는 것은 반드시 50년을 기다려야 한다. 다른 수가 없다. 이것을 못 견디고 10년, 20년 만에 뚜껑을 열면 10년, 20년짜리밖에 갖지 못하게 되어 있다. 그러면 그 사회는 또 한 번 흔들리고 힘들어질 수밖에 없다.

사람들은 힘들다고 난리인데 진지하게 그 원인을 따져볼 생각조차 못 하고 있다. 갈등 사회를 보여주는 각종 지표만 돌아다닌다. 우리가 이만큼 힘든 증거라며 병적 감상과 자기비하의 무기력에 젖어 있다. 피상적으로 혹은 습관적으로 경제 불황, 분배 문제, 사교육 부담, 비싼 집값 정도가 원인으로 매번 똑같이 얘기된다. 맞는 말이지만 모두 경제적인 '근인近因'이다. 처방도 거의 경제문제에 국한된다. 경제가 좋아지고 돈을 더 갖게 되면 좋아질 것처럼 얘기한다.

틀린 얘기는 아니다. 물질은 행복의 조건에서 매우 중요한 위치를 차지한다. 하지만 지금 한국 사회에는 더 근본적인 문제가 있다. 왜곡된 근대화 과정을 거치면서 수십 년 쌓여서 생긴 문제이다. 그렇기 때문에 '근인'과 함께 반드시 찾아야 할 것이 '원인遠因'이자 '원인原因'이다. 개인이건 사회건 문제를 해결하는 데 걸리는 시간은 문제가 쌓인 기간보다 더 걸리는 법이다. 그런데 우리는 해결마저도 '빨리빨리'이다. 근시안적인 단기 처방에만 의존한다. 그러니 해결이 될 리 없고 상황은 더 나빠진다.

좀 더 원시안적인 장기 처방과 진단이 필요하다. 나는 그 원인으로 '시간의 힘'을 갖지 못하는 사회구조와 분위기를 들고 싶다. 하지만 누구도 이런 문제가 있다는 것을 알려고 하지 않는다. 이제 사람이건 건물이건 '나이 먹는 것'의 의미와 좋은 점에 대해서 생각할 때가 되었다. '시간의 힘'이란 곧 '나이' 혹은 '나이 먹어 좋은 점'이다. '시간의 힘'을 인정하고 그것을 조금씩 쌓기 시작하는 일은 지금 한국 사회의 힘든 상황을 해결하는 데 도움이 되는 원시안적인 방법일 것이다. 이를 위해서는 일단 나이 든 사람들이 잘 늙어야 한다. 사회도 그 가치를 소중히 여겨 서로 보호해주고 거기에서 지혜를 배우고 어른의 모범을 축적해가야 한다.

건물도 마찬가지이다. 오래된 건물의 소중함을 느끼고 감상할 수 있는 마음의 여유와 정신적 지혜를 갖추어야 한다. 새 건물 사이에서도 창피해하지 않고 좋은 점을 발휘해서 사회에 구체적으로 도움을 줄 수 있는 오래된 건물과 오래된 공간이 일정 수 있어야 한다. 더 달라는 것이 아니다. 나이 먹은 사람과 건물이 자신들의 지분에 합당한 가치를 인정받고 발휘해야만 '시간의 힘'이 확보된다. 그래야만 사회가 안정되고 비로소 돌파구가 보이기 시작한다.

우리 사회는 안타깝게도 반대로 가고 있다. '시간'은 '힘'을 축적하는 대상이 아니라 '소모'의 대상이다. 그래야 눈앞의 돈벌이가 된다고 생각한다. 이러다 보니 '나이'는 무조건 싫다. 노인이 비하를 당하고 나이 먹은 건물은 헐리기 바쁘다. 그 결과는 참담하다. 사람들이 사물의 이치를 모르게 되고 사회는 일의 순서가 뒤죽박죽되어 우왕좌왕한다. 노련한 선장을 배 밖으로 밀어내고 젖비린내 나는 어린것들만 모여서 다투고 있으니 배가 앞으로 가지 못하고 흔들리다 파산한다. 설익은 땡감만이 판을 치고 눈속임을 하기 위해 속성제를 먹이지만 이것은 상황을 더 악화시키는 두 번의 거짓말일 뿐이다. 한 번 속으면 당하고만 있지는 않는 법, 나도 남을 속이게 되어 있다. 평생 설익은 땡감만 서로에게 먹이며 배앓이를 한다. 사회에는 서로를 원망하는 부정의 기운이 자욱할 뿐이다.

지금의 한국 사회는 무엇인가를 '축적'하는 것을 버거워하고 있는 것 같다. 압축 근대화, 부동산 투기, 주식 투자 등을 통해 일확천금을 손에 쥔 벼락부자가 많이 나와서 그런 것일 수 있다. 나라 전체적으로도 늦은 근대화를 만회하려는 지각생의 초조함이 심하다.

이제 길을 찾아야 하지 않을까. 이제 '시간의 힘'에 눈을 돌려야 한다. 그 가치를 깨닫는 데 10년, 실제로 시간을 쌓는 데 50년, 합해서 최소한 60년 이상이 걸리는 지난한 일이다. 그래도 갈등에 병들어 방황하는 우리 사회가 올바른 길을 찾기 위해서는 꼭 거쳐야 할 필요한 과정이다. 물질 축적은 30년 만에 해냈다. 물론 이것도 기적이요, 자랑할 만한 일이다. 하지만 그 결과 지금 우리 사회는 정신적 갈등과 방황으로 고생하고 있다. 정신은 물질과 다르기 때문이다. 훨씬 섬세하고 어렵고 복잡한 것이다. 정신적으로 병들면 그것을 치유하고 정상으로 돌아오는 기간이 물질 축적 따위와는 비교도 되지 않을 정도로 길고 힘들다. 참고 인내하고 절제한다는 가정이 있어야만 겨우 가능하다. 이제라도 그것을 해야 한다. 우리 사회에서는 어른이 부활되어야 한다. 건물에서는 '나이 먹은 건물'의 가치를 찾아내야 한다.

### 사람 수명보다 훨씬 긴 건물의 수명 – '오래된 건물'과 '나이의 힘'

'나이 먹어 좋은 것'에 건물도 있다. 아니, 건물이야말로 '나이 먹는 것'이 얼마나 좋은지를 가장 종합적으로 보여주는 대상이다. 이 또한 지금 한국 사회의 상식에서 보면 '노인을 공경하라'는 말만큼이나 욕먹을 말로 들릴 것이다. 벽 한구석에 칠이 벗겨지기 시작하는 건물은 한시도 지체하지 않고 빨리빨리 헐고 새 집을 지어야 돈이 나오는데 그런 건물이 좋다니 이 무슨 해괴망측한 말이냐 할 것이다. 그러나 지금까지 진행되어온 우리의 재개발 열풍은 세계 역사 전체를 통틀어보아도 매우 비정상적인 것이었다. 한국전쟁과 압축 근대화 등 특수한 상황에서 발생한 이례적인 현상이었다.

콘크리트의 물리적 수명이 100~200년인데 사회적 수명이 20년

서울 북아현동 골목길 풍경(그림 임지혜).

밖에 안 되는 나라를 정상이라고 하기는 어려울 것이다. 일본처럼 정신적 바탕이 빈약한 나라조차도 '200년 가는 집짓기 운동'을 벌이는데 불교와 유교의 찬란한 정신문화의 전통을 자랑하는 우리나라에서 어떻게 이런 족보 없는 일이 만연한단 말인가. 일본 사람들은 돈 벌기가 싫어서 '200년 가는 집짓기 운동'을 벌이겠는가. 이제 생각을 바꾸어야 한다. 이미 경제적으로도 지금 같은 조급한 건물 수명은 경제성이 없다는 사실이 밝혀졌다. 우리도 '건물이 나이를 먹는 것'의 의미와 가치에 대해서 생각해봐야 할 때가 되었다.

그렇다면 '나이 먹은 건물'은 어떤 점이 좋을까. 너무 많아서 일일이 열거하기 힘들다. 앞에서 벌써 몇 가지가 나왔다. 서울의 나이를 직접 눈으로 확인하면서 동시에 역사의 축적을 즐길 수 있다. 유행을 초월한 중후한 중년의 멋을 느낄 수 있다. 건물이 대를 이어 디자

삼선1동 전경.

인 모티브를 사용함으로써 나 닮은 딸을 보는 것 같은 즐거움을 느낄 수 있다. 이외에도 많다. 마음 기댈 누나 같고 친구 같다. 반드시 돈을 쓰러 가지 않더라도 마음 편히 찾을 수 있는 휴식의 장소나 놀이터 같다.

축적된 시간의 힘이라는 것도 있다. 나와 함께 나이 먹어가며 기억을 쌓는 일기장 같다. 이것이 사회적으로 쌓여 도시의 기억이 되면 '장소the place'라는 것이 탄생하게 된다. 서울에 참 귀한 것이 '장소'이다. 서울 정도의 나이면 여러 개 있어야 하는 것이 또한 '장소'이다. 이것을 갖게 되는 것이다. 개별 건물은 자랑할 만한 명품 문화재가 된다. 오래된 명품 건물은 맥락주의를 형성해서 자식을 낳듯 대를 이어간다. 이처럼 건물에 시간을 쌓으면 우리가 얻게 되는 것은 많다. 모두 꼭 필요한 것이고 소중한 것이다. 이런 것들이 쌓여야 비로소 명품 도시가 된다. 우리가 유럽의 오래된 도시들에 열광하는 바로 그 이유이다.

원래 건물은 인간의 수명보다 훨씬 긴, 인간의 수명을 초월하는 매개이다. 세계에는 1천~2천 년씩 된 명품 건물이 수도 없이 많다. 하지만 우리는 반대이다. 인간 수명의 몇 분의 1밖에 안 되는 짧은 주기로 건물을 짓고 헐기를 반복한다. 좀 심하게 말하면 가건물이나 견본주택의 주기이다. 집이나 건물은 돈벌이의 대상일 뿐이다. 집이나 건물에 나이가 쌓이는 것을 기다리지 못한다.

우리는 아직 '나이'의 의미와 가치에 대해서 무지하다. 우리가 가지고 있는 '나이'의 개념부터 자기모순이 많다. 노인에 대해서는 계층 전체에 대해 집단적으로 혐오하면서도 개인 스스로는 오래 살고 싶어서 안달이다. 그러나 정작 자기 관리는 안 하고 의학이나 기계의 도움만으로 오래 살려 한다. 나이 든 사람은 자신 있게 앞에 나서지 못하고 자신의 나이를 창피해하며 뒤로 숨는다. 나이를 오래 사는 것으로만 생각할 뿐 그 속에 담아야 할 경험과 지혜와 품격이 결여되어 있기 때문에 자신이 없는 것이다.

장수의 질에도 자기모순이 팽배해 있다. 그토록 원하는 장수를 손에 넣었지만 정작 오래 사는 것의 긍정적 의미는 누리지 못하고 병원으로 출퇴근하면서 무기력하게 연명만 하는 노년이 대다수이다. 지금 한국 사회에서 '나이'에 대해 가지고 있는 인식은 매우 혼란스러우며 더욱 걱정되는 것은 대단히 건강하지 못하다는 것이다.

이것을 해결하는 방법은 '나이'의 가치를 올바로 확립하는 것이다. 이를 위해서는 '잘 늙어야' 한다. 그러면 일단 나이 먹는 사람 당사자에게 장수는 축복이 된다. 이것이 쌓이면 사회적으로도 자산이 된다. 노인은 지혜를 묻는 대상으로 바뀐다. 노인도 나이 먹는 것이 떳떳해지고 젊은 사람 앞에 당당하게 나서서 젊은 사람의 앞날을 함께 걱정해줄 수 있게 된다. 이 정도로 관계가 회복되면 세대 갈등이 해결될 수 있고 그것을 기점으로 사회의 다른 갈등도 함께 해결된다. '갈등 사회' 한국을 짓누르는 여러 가지 갈등 요소를 한꺼번에 해결할 수는 없다. 이것은 엉킨 실타래 같아서 어느 한쪽에서 먼저 실마리가 풀리면 다른 쪽으로 연쇄 작용을 일으켜서 조금씩 풀리게 된다.

지금 한국의 갈등 요인들을 볼 때 그나마 해결 가능성이 높은 것이 세대 갈등이다. 부모가 자식을 해치고 자식이 부모를 해치는 가슴 아픈 뉴스가 거의 매일 나오긴 하지만 이것은 소수이다. 적어도 내가 아는 한 한국 사회에는 아직도 부모와 자식 사이에 끈끈한 사랑과 유대가 살아 있다. 조부모와 손자 세대 사이도 마찬가지이다. 대가족 시대만은 못하지만 많은 젊은 세대가 어렸을 때 할아버지 할머니와 즐겁게 지냈던 기억을 간직하고 있다. 이것을 사회적으로 모으면 일단 좋은 출발점이 될 수 있다.

### '나이 먹은 건물'은 '나이'의 가치를 세우는 데 큰 역할을 한다

'나이 먹은 건물'이 큰 도움이 될 수 있다. 시간이나 나이와 관련해서 지금 우리 사회가 처한 상황을 보면 더욱 필요하다. '100세 시대'를 예로 들어보자. 아직 인간 사회가 한 번도 경험하지 못한 새로운 상황이다. 세상은 당황하고 있고 뾰쪽한 대처법도 없어 보인다. 각자 알아서 살아남는 수밖에 없다. 모범을 세울 필요가 있다. 나이를 잘 먹는 것에 대한 모범이다.

사람에게서 모범을 찾기가 힘들다면 건물이 대신할 수 있다. 건물은 사람보다도 오래 사는 매개이기 때문이다. 건물은 사람이 짓는 것이긴 하지만 사람보다 좋은 점이 많다. 사람은 실수를 해서 늘그막에 한순간에 나락으로 떨어지기도 하지만 건물은 그렇지 않다. 사람은 존경할 만한 인물인 줄 알았는데 늘그막에 치부가 드러나서 세상을 실망시키지만 건물은 그렇지 않다. 사람은 조금만 힘들면 이기적이 되어 자기 안위와 이익부터 챙기지만 건물은 그렇지 않다. 한결같은 굳건함으로 비바람에도 묵묵히 버티고 서서 '시간의 힘'과 '세월의 가치'를 혁혁히 풍겨준다.

물론 순서가 조금 바뀐 것일 수는 있다. 사람에 대해 먼저 '나이'의 가치가 바로 서야 그다음에 비로소 나이 먹은 건물의 가치도 인정하고 즐기며 그것에서 교훈도 얻을 수 있게 되는 것이 올바른 순서일 것이다. 하지만 지금 우리 사회는 사람에게서 나이의 가치를 찾기는 어려워 보인다. 시간이 좀 걸릴 것 같다. 건물이 그 역할을 할 수 있다. 우리에게는 문화재라는 것도 있고 근대화를 거쳐 20세기를 지켜보며 산증인이 된 건물도 많이 있다. 중·노년이 왜곡된 근대화를 거치는 동안 망가져서 어른 역할을 못한다면 건물에서 그것을 찾아볼 수 있다.

그러기 위해서는 우리 스스로가 주변의 오래된 건물에서 '나이'의 의미와 '나이 먹어 좋은 점'을 쌓아야 한다. 그리고 그것을 찾아 즐겨야 하며 그것에서 나이의 지혜를 배우고 소중히 지켜야 한다. 미국의 예를 하나만 들자. 맨해튼에 있는 라디에이터빌딩 Radiator Building 이다. 그다지 유명하지 않은 건축가의 설계로 1927년에 완공한 고층 건물이다. 양식사에서는 큰 의미를 가지지 못해서 건축사 책에도 거의 등장하지 않는다. 하지만 당시 미국 사람들은 이 건물을 무척 자랑스러워하며 아꼈다. 그래서 그런지 건축사 책에도 등장하지 않는 건물이 신기하게 미술사 책에 자주 등장한다. 바로 조지아 오키프 Georgia O'Keefee 라는 미국 정밀주의 화가가 그린 그림 덕분이다. 오키프는 미국다운 정체성을 찾는 데에 평생을 바친 화가였다. 그녀는 미국의 아름다운 자연과 맨해튼의 마천루 두 가지를 미국을 대표할 정체성으로 제시했다. 그리고 여성 특유의 아름답고 섬세한 화풍으로 두 곳의 여러 장면을 평생에 걸쳐 수백 점의 작품으로 남겼다.

라디에이터빌딩은 처음에는 부동산 건물에 가까웠다. 특별히 세밀한 예술적 가치가 없었다는 뜻이다. 맨해튼을 가득 채우고 있는 수많은 고층 건물 가운데 하나였다. 그러나 오키프 덕분인지 완공된 지 어느덧 90여 년이 지난 요즘은 오랜 세월을 견뎌온 시간의 힘으로 마천루의 역사에서 중요한 건물로 남게 되었다. 건물 자신이 역사적으로 중요한 의미를 획득하였을 뿐 아니라 거꾸로 맨해튼의 문화적 가치를 높이는 데에도 의미 있는 부분을 차지하게 되었다. 모두 '나이'가 만들어낸 결과이다. 이것이 가능할 수 있었던 것은 건물에 '나이'의 의미를 부여해서 소중하게 지키고 키운 미국 시민과 뉴욕 시민이 있었기 때문이다. '나이의 힘'이란 것인데, 남이 줄 수 있는 것이 아니다. 그 건물을 짓고 사용하는 그 나라 국민, 우리만이 만들어낼 수 있는 것이다.

'나이의 힘'은 문화적 가치에서 매우 중요한 부분을 차지한다. 마라톤 대회가 열리면 출발 총성과 함께 수천 명이 스타트라인을 뛰쳐나온다. 하지만 완주한 사람은 얼마 되지 않는다. 이들은 기록과 상관없이 완주했다는 사실만으로 큰 자긍심을 갖는다. '나이의 힘'이란 이것과 비슷하다. 세계 기록을 갖고 있는 전문 선수이건 암에 걸린 딸을 위해 완주를 약속하고 나온 중년 아저씨건 상관없다. 일정한 시간을 견뎌낸 사람만이 갖는 자긍심과 뿌듯함이란 것이 있다.

건물도 마찬가지이고 문화적 가치도 마찬가지이다. 문화적 가치는 처음부터 예술성 높은 작품에서 찾을 수도 있지만 그것과 별도로 나이와 시간이 만들어내는 부분도 크다. 시간 부분은 결국 그 사회의 성숙도와 건강도, 가치관 등과 직결되어 있다. 우리가 유럽을 높이 평가하는 이유에서 시간과 역사가 차지하는 부분은 매우 크다.

우리는 유럽만큼 오랜 역사를 가졌다. 시간의 힘은 우리 스스로 쌓고 만들어가는 것이다. 외부에서 주는 것이 아니다. 우리만이 할 수 있고 우리도 할 수 있다.

'노인을 공경하라'는 말은 이제 정말로 염치없는 말이 되어버렸다. 하지만 '나이 먹은 건물'은 공경할 만한 대상임에 틀림없다. 현재의 경복궁이 불과 대원군 때 중창한 것이어서 좀 더 오래되지 못한 것을 아쉬워하는 마음 같은 것, 우리는 이런 마음을 다 가지고 있지 않은가. 스위스의 저명한 종교심리학자 폴 투르니에Paul Tournier는 말한다. "사람들에게 환영을 받고 받아들여지기 위해, 한 장소는 과거를 갖고 있어야 한다. 진정한 장소는 지리적인 위치만은 아니다. 그 장소는 역사 속에 자리 잡고 있어야만 한다." 그리고 나는 말한다. "사람에게서 중년의 중후한 멋을 찾지 못할 때에는 '나이 먹은 건물'을 찾으라."고.

**나이 먹은 건물 = 호랑이 가죽 + 사람의 이름**

'나이 먹은 건물'의 가치를 한마디로 정의하면 '호랑이 가죽 + 사람 이름'이다. 호랑이는 죽어서 가죽을 남기고 사람은 죽어서 이름을 남긴다. 바꿔 얘기하면 사람은 가죽을 남기지 못하고 호랑이는 이름을 남기지 못한다. 사람의 기록과 기억은 실체보다는 그 사람의 훌륭했던 점, 즉 명성으로 남는다. 명성이란 그 사람의 행적, 존재 가치, 기억, 가문 등 여러 정신적·정서적 가치를 모두 합친 거대한 상징체이다. 그 대신 물리적 실체는 남기지 못한다. 그래서 사람들은 이런 실체를 궁금해한다. 나는 세종대왕과 이순신 장군이 실제로 어떻게 생겼고 어떤 몸짓과 행동을 했으며 어떤 목소리로 어떻게 말했는지 궁금해 견딜 수가 없다. 미라mirra를 만든들 큰 의미는 없다. 잘해야 사진이나 그 사람이 쓰던 유품 정도를 남긴다. 하지만 이것으로는 많이 부족하다. 호랑이는 반대이다. 가죽이라는 물리적 실체를 남긴다. 호랑이가 이름을 남길 리는 없다. 남긴 업적이 없기 때문이다.

호랑이와 사람은 이처럼 사후에 남기는 것에서 상호 보완적이다. 어느 한쪽도 완벽하지 못하다. 건물은 둘을 합한 것이다. 그만큼 완벽할 수 있다는 뜻이다. 일단 건물은 그 자체가 가장 확실한 물리적 구조체이니 호랑이 가죽과 같은 물리적 실체이다. 실제로는 호랑이 가죽에 비할 바가 아니다. 동시에 유명 걸작은 곧 고전 작품으로서의 이름을 갖는다. 문화재니 세계문화유산이니 세계적 고전이니 하는 작위도 따라붙는다. 사람에게 붙는 것과 똑같다. 이를테면 모차르트나 괴테라는 이름과 노트르담대성당이나 피렌체대성당(산타마리아델피오레성당)은 그 명성과 이름의 무게에서 동급이다. 경복궁과 종묘와 해인사와 화엄사와 도산서원이라는 이름 하나만으로도 우리는 많은 것을 떠올리고 자긍심을 느낀다. 명불허전이라고 했던가. 이런 명성은 괜히 나온 것이 아니다. 우리의 문화재는 실제 가 보면 정말로 좋은 점이 많으며 적지 않은 감동과 마음의 안정을 준다.

앞의 마라톤의 예에서 보았듯이 반드시 문화재급이나 고전 걸작일 필요는 없다. 우리 주변에서 마음씨 좋은 동네 아저씨나 아줌마나 할머니처럼 포근한 공간을 제공하며 말없이 오랜 세월 서 있는 건물도 마찬가지이다. 전국적으로 유명하지는 않지만 동네 단위에서 사람들 머릿속 인지지도에서 좋은 공간으로 자리매김되는 건물이 있기 마련이다. 이런 건물은 실제로 동네 사람들에게 포근한 공간을 만들어준다. 이것이 쌓이면 충분히 나이 먹은 건물의 좋은 점이 될 수 있다. 유명 문화재에 뒤지지 않는, 유명 문화재와 또 다른 의미에서 대단히 중요한 의미를 갖는다. 우리 생활 주변에서 만들어지는 점에서 범할 수 없는 리얼리티의 무게를 갖는다. 따라서 매우 소중하게 쌓아가야 할 대상이다. 우리는 이걸 모른다.

건물은 거대한 상징체이고 정신체이며 정서체이다. 예술 분야 가운데에서도 미술이나 조각과는 비교가 안 될 정도로 강력하다. 문화재 가운데에서도 문서나 책이나 미술품과는 비교가 안 될 정도로 강력하다. 거대한 물리적 실체인 동시에 사람의 몸을 수용해서 생활하는 공간을 갖기 때문이다. 건물은 정신적 가치를 담고 생산하며 이를 통해 사람들에게 거대한 상징으로 작용해서 정서적으로 안정과 확신의 도움을 준다. 따라서 나이를 먹어서 좋은 것이 건물이다.

건물은 한 100년쯤 지나봐야 그 가치를 진정으로 알 수 있다. 구조적 안전이나 기능적 효율은 완공되어서 사용하기 시작하면 금세 판명 난다. 하지만 건물이 주는 정신적·상징적·정서적 작용과 가치라는 것이 있다. 이것은 우리가 오래된 것을 찾는 것과 같은 의미와 무게를 갖는다. 우리는 박물관에 가서 옛날 예술품을 감상하고 클래식을 듣는다. 고찰과 하회마을을 찾는다. 옛날 앨범을 꺼내 과거를 추억하며 미소 짓는다. 하다못해 연예인이 한동안 안 보이면 뭐 하고 있나 추적하기까지 한다. 하물며 건물이야.

나이를 먹어서 좋은 것이 따로 있으며 이런 것이 없으면 우리의 생활과 사회는 지탱하지 못한다. 건물은 그 최고봉이다. 가장 확실한 실체요, 물건이며, 가장 확실한 예술품이다. 박물관 유리 속에 갇혀 전시된 박제가 아니라 산하 한복판, 도시 한복판에 물리적 구조체로 서 있다. 대부분은 사람이 들어가서 살 수 있으며 손으로 만지고 몸을 대볼 수 있다. 고전 걸작과 문화재는 위용과 아우라를 뽐내며 우리에게 역사적·문화적 자긍심을 준다. 동네 주변의 친절한 건물은 일상생활에서 포근한 공간을 만들어주며 우리의 정서를 보듬어준다. 건물이 갖는 이런 위대한 가치가 낯설고 처음 듣는 것이라면 그동안 건물에 대해서 우리가 매우 왜곡된 시각과 인식을 가지고 있었다는 뜻이 된다.

　유럽을 보자. 우리는 유럽을 부러워하고 유럽의 문화에 박수를 보내며 높이 평가한다. 왜 그럴까. 유럽 사람의 일상생활 속에 건물이 갖는 시간의 힘과 역사의 힘이 녹아 흐르기 때문이다. 쉽게 얘기해서 '나이 먹은 건물' 속에 살기 때문이다. 이 말은 시간과 역사와 함께 산다는 것과 같은 뜻이다. 아니, 함께 사는 정도가 아니라 시간과 역사의 두터운 갑옷 속에서 보호와 도움을 받으며 산다. 그렇기 때문에 유럽이 경제적으로 힘들더라도 사회 갈등은 우리보다 훨씬 적으며 안정된 생활을 유지하고 있다. 그 저변에 시간과 역사의 힘이 도도히 흐르고 있다. 지금 힘든 것은 역사 순환의 일부분이라는 인식이 확고하기 때문에 이를 받아들이고 차분히 냉정함을 유지할 수 있다. 우리처럼 조금만 힘들면 호들갑을 떨면서 미워할 대상을 찾아 같이 망하자는 식으로, 마치 부부싸움 끝에 화를 못 참아 자기 집에 불을 지르는 사람처럼 극도로 흥분하지 않는다. 시간과 역사의 힘이 밑에서 받쳐주기 때문이다. 건물과 도시 공간이 그 중심 역할을 하고 있다. 이제 우리도 그것을 찾아 쌓아가야 할 때이다. 이미 우리는 많은 자산을 가지고 있다. 그 가치와 좋은 점을 모를 뿐이다. 그것을 찾아서 쌓는 것을 할 수 있는 것은 우리 자신뿐이다.

# 7.
# 어릴 적 동네
## 친구처럼 늙어가다

**평생 가장 긴 시간을 함께 보내는 관계, 친구**

세상이 변하는 속도만큼 무섭게 변하는 것이 하나 더 있다. 인간관계이다. 그 바탕에는 이익이 걸려 있다. 이익 따라 관계가 맺어졌다가 다시 이익 따라 갈린다. '인因'이 있어야 '연緣'이 '기起'하는 법이니 세속에서 이익을 매개로 관계가 맺어지는 것을 탓할 일만은 아니다. 언뜻 보기에 이익만큼 강력한 '인'이 또 있을까. 이익이란 곧 물질이니, 인간의 생존 조건 가운데 물질보다 더 강력한 것은 거의 없을 것이다. 서로에게 도움이 된다면 그것이 물질 조건이 따라붙는 이익이라는 이유 하나만으로 어찌 '인'이 아니라고만 할 것인가. 하지만 종교적으로 따져 들어가면 이익이 과연 '인'에 합당한가 하는 의문이 남는다. 이런 관계는 거래이지 인연은 아닌 듯싶다.

    이익 따라 거래로 맺어진 관계는 두 가지 특징이 있다. 하나는 오래 머물지 않는다는 것이다. 다른 하나는 깊이 있는 관계를 맺기 어렵다는 것이다. 둘은 결국 같은 말이다. 오래 머물지 않으니 깊이 들어갈 수 없고 깊이 들어가지 않으니 볼일이 끝나면 휙 떠난다. 명함을 수백 장 주고 또 그만큼 받아 모아본들 그저 아는 사람, 말 그대로 지인일 뿐 친구가 되지 못한다. 앨범만큼 두꺼운 명함집을 자랑하는 사람들의 웃음 뒤에 숨은 쓸쓸함을 나는 많이 보았다. 십몇 년 직장을 같이 다닌 사람이라도 동료라고 하지 친구라고 부르지 않는다.

  나는 친구가 아주 없지는 않으나 매우 적은 편이다. 일종의 완벽주의 때문일 수도 있다. 조건 없이 온전히 친해지는 관계가 아니면 거부감이 든다. 이런저런 관계를 맺자고 오는 사람은 많지만 가만히 얘기를 들어보면 모두 자신의 이익을 추구하는 것으로 들린다. 그래서 꼭 필요한 거래만 응할 뿐 대부분은 피한다. 거꾸로 나 자신도 아쉬울 때만 도움을 청하는 사람으로 보이고 싶지 않다. 나 역시 남에게 이익 말고 진정한 마음으로 다가갈 자신이 없기도 하다. 그래서 내 옆에는 사람이 없다. 내가 먼저 인간적 관계를 만들기에는 나의 심성이 그다지 풍요롭지는 않은 것 같다. 인덕이 없으니 인복이 없는 것은 당연하다.

  거래 관계를 반드시 계산에 따른 나쁜 인간관계로만 볼 일도 아니다. 성격이 좋으면 거래 관계로 만난 사람과도 얼마든지 인간적으로 친해질 수 있는 법이다. 나의 아버지가 그러셨다. 아버지의 가장 친한 친구는 사회에 나와서 만난 분이셨다. 동갑도 아니었다. 사회에 나와서 만나는 사람은 위아래로 열 살 차이까지 맞먹는다는 말이 있긴 하다. 그분은 아버지보다 몇 살 어리셨는데 형 동생 하기보다는 동갑 친구처럼 친하셨다. 안타깝게도 나에게는 이런 능력이 없다. 사회에 나와서 알게 된 사람은 모두 '거래처 사람' 이상으로 발전하지 못한다. 거래가 끝나면 관계도 연락도 끊긴다.

  친구는 아마 가장 보편적인 인간관계일 것이다. 어떤 면에서는 부모 자식 관계보다 더 보편적이다. 어려서 이런저런 슬픈 인연으로 부모와 일찍 헤어진 경우가 제법 된다. 자식이 없는 경우도 많고 부모가 누구인지 모르는 경우도 많다. 하지만 친구가 단 한 명이라도 없는 사람은 아마 없을 것이다. 그래서인지 친구에 대해서는 여러 가지 회자되는 얘기도 많다. '진실한 친구 세 명만 갖는다면 성공한 인생이다.'라는 얘기는 이익을 초월해서 마음으로 맺는 친구를 갖기가 어렵다는 말이다. 친구가 많다고 자랑하는 아들에게 아버지가 가마니에 시체를 싼 것처럼 거짓으로 꾸미고 돌아다니며 자신을 숨겨 줄 수 있느냐고 물어보게 해서 진실한 친구 관계의 교훈을 가르쳤다는 얘기도 있다. 진실한 친구는 도덕과 법의 잣대도 뛰어넘는 관계라는 뜻일 게다. 진짜 힘든 속 얘기는 부모나 형제에게는 털어놓지 못하더라도 친구에게만은 털어놓을 수 있다는 말도 많이 한다. 부모에게 받은 상처를 털어놓으며 위로를 받을 수 있는 것도 친구밖에는 없을 것이다.

 친구 관계가 좋지 않게 끝난 예도 많다. 친구에서 정치적 동지로 발전했다가 다시 정적으로 변질되어 비극적 관계로 끝난 예를 많이들 알고 있다. 사업을 같이했다가 싸움으로 끝난 예도 많다. 그래서 친한 친구끼리는 절대 사업을 같이하지 말고 사돈도 맺지 말라는 말도 있다. 아마도 친구라는 관계가 갖는 특성 때문일 것이다. 가장 흔하고 보편적인 만큼 유리잔처럼 깨지기 쉬운 것 또한 친구 관계일 것이다. 그래서 선배들은 오랜 경험을 바탕으로 친구 사이에는 이익과 계산이 개입할 일은 만들지 않는 것이 좋다는 교훈을 남긴 것일 게다. 친구는 이익과 계산과 거래에 끌어들이지 말고 그 자체로 소중히 보존해야 할 관계라는 것이 인생 오래 산 선배들의 공통적인 결론이다.

 친구 관계가 늘 유리잔처럼 불안한 것만은 아니다. 소중히 보존한다는 가정만 지켜진다면 아마도 이 세상에서 가장 좋은 관계, 가장 아름다운 관계의 미학일 것이다. 그 가운데에서도 특히 두 가지 점이 특이하다. 하나는 한 사람의 인생에서 가장 오래된 관계라는 점이다. 다른 하나는 내가 자발적으로 선택하는 관계라는 점이다. 이 가운데에서도 으뜸은 단연 가장 오래된 관계이다. '친구'라는 말 자체가 '오래되어서 친하다.'라는 뜻이다. 친구는 초등학교 전부터 사귀기 시작해서 양로원에서까지 사귈 수 있으니 평생 계속되는 관계다. 연차 종류도 그만큼 다양하다. 오래된 친구는 한 사람의 평생에서 형제 다음으로 가장 오랜 기간을 함께 보내게 된다.

부모는 내가 태어나서 부모가 돌아가시는 날까지만 함께 보낸다. 부부는 처음 만난 날부터(대부분 성인 이후) 이혼하거나 한쪽이 죽을 때까지만 함께 보낸다. 자식도 내가 성인이 되어 자식을 낳은 날부터 내가 죽을 때까지만 함께 보낸다. 대부분 50~60년을 넘지 못한다. 이 햇수를 뛰어넘을 수 있는 유일한 관계가 형제와 친구이다. 아마도 가장 오랜 기간을 함께 보내는 관계는 형제일 것이다. 친구는 두 번째이다. 이른바 '불알친구'나 초등학교 친구라면 죽는 햇수에서 10년 안팎만 빼면 되니 70~80년을 함께 보내는 것이다. 가만히 생각해보면 정말 묘한 관계이다. 나보다 단 한 살도 더 많지도 적지도 않은 채 거의 한평생을 나와 함께 늙어가는 것이다. 그것도 피 한 방울 섞이지 않았는데 말이다.

이것은 한 사람의 인생에서 실로 대단한 일이다. 바로 '시간의 힘'이라는 것이다. 오래된 친구에게서 느끼는 무언가 모를 든든하고 안정적인 믿음은 이런 '시간의 힘'에서 오는 것이다. 친구가 가장 보편적인 인간관계라는 사실도 마찬가지이다. 신선하지도 않고 자극적이지도 않지만 늘 잔잔하고 한결같은 아름다움이 '묵은 친구'에서 우러나온다. 나는 친구가 거의 없지만 그 와중에도 천만다행으로 40년 이상 묵은 친구가 몇 명 있다. 모두 초중고 때 친구들이다. 그 가운데 한 친구는 초중고를 모두 같이 다녔다. 이런 친구들을 만나 초중고 때를 회상하며 나누는 얘기는 한 사람의 인생에서 절대 없어서는 안 될 정신적 자양분이다. 중년의 한가운데를 가로질러가고 있는 요즈음, 이런 친구들을 만나 서로 흰머리를 확인해주고 주름살을 비교하는 일은 정말로 즐겁다. 수십 년을 이렇게 같이 늙어가다가 언젠가는 앞서거니 뒤서거니 차례로 세상을 뜰 것이다. 철모를 때 만나 인생의 시작을 함께한 뒤 평생을 같이 보내다가 다시 인생의 끝도 줄서서 차례대로 하는 관계, 그것이 친구이다.

아일랜드의 유명한 시인으로 1923년에 노벨 문학상을 수상했던 윌리엄 예이츠William Yeats는 친구가 갖는 이런 '시간의 힘'에 대해 '영예'라는 단어를 사용해서 말했다. "인간의 영예가 어디서 시작하고 끝나는지 말하라고 한다면 나는 친구들이라 말하리라."라고 말이다. 진실한 친구 속에는 분명 '시작과 끝을 함께'라는 의미가 담겨 있다. 그래서일까. 남자의 인생에서 술과 친구는 오래돼서 좋은 것 목록에서 일등 자리를 다툰다. 늘 그 자리에 있다는 것, 그것은 평범함과 편안함의 미학이다.

### 늘 그 자리에 있다는 것, 오래된 친구 같은 어릴 적 동네

건물도 친구 같을 수 있다. 그 가운데에서도 특히 나이 먹은 건물이 그렇다. 크게 두 가지이다. 하나는 나와 함께 늙어가는 건물이다. 다른 하나는 외관이 좋은 친구 관계처럼 보이는 경우이다. 모두 오래된 건물에서 느낄 수 있는 내용이다. 뒤의 경우는 다음 장에서 얘기하기로 하고 여기에서는 앞의 경우에 대해 보자.

실제로 나와 함께 늙어가는 건물에 대한 얘기이다. 건물을 사람처럼 의인화한 효과이다. 앞에 나왔던 삼일빌딩이 좋은 예이다. 나보다 여덟 살 어리지만 함께 늙어가며 중년의 멋을 더해가는 점에서 오랜 친구 같다. 동갑은 아니지만 어릴 때부터 내 기억에 자리 잡으며 함께 늙어온 건물이다. 개인적 차원 말고도 산업화 시대를 관통했다는 역사적 동지 의식 같은 것도 있다. 세대별 동질감에 사회적 배경을 더한 느낌이다.

어릴 때 살던 동네나 학교를 다니던 동네가 아직 남아 있으면 아주 좋은 경우이다. 어른이 된 이후에도 그곳을 계속 드나들었으면 건물을 오래된 친구처럼 의인화하기에 더욱 좋다. 나는 다행스럽게도 이런 동네가 몇 군데 있다. 그 가운데에서도 기억에 크게 남은 동네는 내 고향이라고 할 수 있는 서대문구·은평구 일대이다. 흔히 서울 사람은 고향이 없다고들 얘기한다. 고향이라면 보통 시골을 생각하지만 나는 내가 태어나서 자란 동네인 서대문구·은평구에서 충분히 고향이라는 정서를 느낀다.

나는 서대문구(지금은 은평구)에서 태어나서 갓난아기 때 2년 부산에서 살다가 다시 서대문구에서 초등학교 3학년까지 자랐다. 대조동에서 살다가 녹번동으로 이사를 가서 오래 살았는데 대조동 기억은 거의 남아 있지 않고 동네도 완전히 바뀌었다. 다행히 녹번동은 기억도 많이 남아 있고 동네도 아직 남아 있다. 외할아버지 외할머니와 함께 살던 집은 10여 년 전까지도 남아 있었는데 어느 날 가 보았더니 헐리고 3층 연립이 신축되어 있었다. 그래도 골목길이나마 그대로 남아 있는 것이 얼마나 다행인지 모르겠다.

이 동네는 고등학교·대학교 때 어릴 적을 추억하며 애용하던 산책 코스였다. 일부러 옥수동까지 가서 그 당시 154번 버스를 타고 시내를 가로질러 녹번동까지 갔다. 버스에서 책도 보고 시도 읽고 바깥 경치도 구경하면서 어릴 적 추억을 떠올렸다. 동네에 내리면 어릴 적 추억이 담겨 있는 이곳저곳을 걸어 다니면서 즐겁게 '혼자 놀기'를 하다가 돌아오곤 했다. 중년이 된 지금도 그때만큼 자주 가지는 않지만 가끔 가보곤 한다. 녹번동 보건원 건너편에 'ㄱ'자로 꺾어진 골목 안쪽 거의 끝부분에 살았다. 꺾어지는 모서리에 있는 큰 2층 집에 가수 이미자 씨가 살았던 기억이 지금도 생생하다. 머리에 광주리를 이고 방문판매를 하던 아주머니하고 마주 앉아 물건을 사던 소탈한 모습도 기억난다. 골목길을 누비고 뛰어다니며 놀던 기억이 새롭다. 우리 집은 단층이었는데 뒤쪽 언덕 동네에 2층짜리 부잣집이 많아서 친구들하고 구경을 가서 감탄을 하곤 했었다.

　이 동네는 무엇보다도 북한산 끝자락이라 낮은 산도 많고 개천도 많았다. 〈고향의 봄〉 가사처럼 "나의 살던 고향은 꽃피는 산골"은 아니었지만 산세가 수려하고 그 사이를 개천이 흐르던 서울의 변두리였다. 골목을 뛰쳐나와 좀 멀리 진출하는 날에는 이런 산과 개천이 놀이터였다. 지금은 개천을 모두 도로로 덮었고 아파트도 많이 들어서서 산을 가로막아버렸지만 당시 이 일대는 요즘으로 치면 웬만한 시골만큼 산과 개천이 살아 있는 곳이었다. 산을 뛰어다니며 전쟁놀이 같은 것을 하며 놀았고, 비가 많이 내리는 여름날은 개천이 거대한 야외 수영장처럼 되어서 더없이 재밌는 놀이터가 되었다. 너무 어릴 적이라 같이 놀던 친구들은 당연히 잊혔지만 그 자리를 동네의 추억이 메워주고 있다. 그리고 그 동네는 오래된 친구처럼 나와 함께 늙어가고 있다. 친구가 없는 나에게 어릴 때 동네는 그 자리를 대신해주는 소중한 존재이다. 나는 미신은 안 믿지만, 그래도 이때 산과 개천에서 뛰어놀면서 받았던 땅의 기운이 나의 성장 과정과 지금의 지적 활동에 중요한 토대가 된 것 같은 느낌을 강하게 받는다.

　북한산과의 인연은 지금까지 계속된다. 지금은 고양시 아파트에 사는데 꼭대기 층이라 날씨가 웬만큼만 좋으면 북한산이 한눈에 들어온다. 정말 잘생긴 산이다. 반듯하게 우뚝 솟은 인수봉은 높지는 않지만 정말 당당해 보인다. 악산이라 중간 이곳저곳에 바위를 내보이는데 그래서 그런지 다부진 품새이다. 산세의 흐름도 완급을 적절히 구사하며 곡절曲折로 흘러내린다. 그런 산을 저 멀리 바라보면서 '내가 저 산의 정기를 받았으려니' 생각하면 괜히 가슴이 뿌듯해진다.

초등학교 3학년 때 서대문구를 떠났지만 성인이 된 뒤에 서대문구와 인연이 다시 시작되어 지금에 이른다. 대학교 때에는 연대에 가서 공부를 많이 했다. 나는 관악산 자락에서 대학을 다녔는데 대학촌도 없이 썰렁해서 신촌으로 놀러 나오곤 했다. 그 거리가 꽤 되어서 아예 시간을 몰아서 연대로 가서 공부를 하다가 신촌에서 노는 쪽을 택했다. 그때 다녔던 연대 중앙도서관과 그 맞은편의 학생회관은 시대의 변화를 견디며 지금도 잘 서 있다. 중앙도서관은 리노베이션을 한 번 해서 옛날의 짙은 갈색을 벗고 밝은색으로 갈아입었다. 그 때문에 옛날 추억은 조금 잃어버렸지만 그래도 전체 골격은 잘 남아 있다. 앞의 학생회관이 옛날 모습 그대로 남아 있어서 둘을 함께 보면 대학교 때 추억을 거뜬히 떠올릴 만하다. 학생회관은 흰색의 작은 아치가 반복되는 모습이 특이하다. 헐고 새 건물을 지으려는 논의가 여러 번 있었던 걸로 아는데 이 아치가 기독교 학교를 상징하는 바가 커서 살아남게 되었다. 최근에는 연대가 다시 한 번 캠퍼스를 뒤집어엎는 대공사를 했다.

급기야는 직장마저 서대문구에 있는 이대에 잡아서 결국 반은 서대문구 사람으로 돌아왔다. 2000년대 초반에는 3년 동안 북아현동에 산 적도 있었다. 이대에 직장을 잡은 뒤에는 하루걸러 한 번꼴로 연대로 산책을 나간다. 코스도 길이에 따라 여러 가지이다. 시간 여유가 있거나 간단한 운동을 하고 싶을 때에는 안산 기슭에 있는 봉원사를 거쳐 연대로 넘어가는 코스가 아주 좋다. 조금 짧게 가려면 연대 동문으로 들어가서 국제관과 청송대를 거쳐 진입한다. 단순히 산책이 아니라 연대에 가서 책 쓰는 날이 많다. 이대는 여성 공간이

서울 한남 1동 골목길 풍경(그림 임지혜).

라 불편한 점이 많아서 아예 연대에 가서 책을 쓴다. 도서관과 학생회관을 오가는데 오래된 친구처럼 나를 맞아준다. 대학교 때 추억이 고스란히 남아서 아주 생생하게 떠오른다. 연대에서 책 쓰는 날은 나에게는 시간 여행을 떠나는 날이다. 모두 나이 먹은 건물들이 그대로 남아 있기 때문이리라.

## 추억이 서린 친구 같은 동네는 '개인적 장소'로 발전할 수 있다

이대를 벗어나 책을 쓰는 일은 반드시 이대를 피하려는 것만은 아니다. 글 쓰는 사람들은 제각각 버릇이 있는데 나는 여러 곳을 돌아다니면서 쓰는 편이다. 오전과 오후에 같은 장소에서 책을 쓰는 날은 1년에 며칠 안 된다. 돌아다니는 곳은 다양한데 학기 중에는 직장에서 너무 멀리 벗어나면 안 되기 때문에 옆 학교인 서강대와 연대를 애용한다. 서강대에는 앞에서 소개한 김중업의 본관 건물이 있어서 좋다. 연대는 이런 작품은 없지만 대학교 때 추억이 서린 친구 같은 건물이 있어서 좋다. 둘 모두 몇십 년씩 된 나이 먹은 건물들이다.

이런 연대와 서강대는 나에게는 '장소'로 작용한다. 일종의 '개인적 장소'이다. 장소의 기본적 의미는 '도시 속에 역사와 문화 등 존재적 가치를 간직한 일정한 영역'이다. '장소'는 도시를 이루는 매우 중요한 요소로서 인문학적 상징성을 담보해준다. 도시 요소이기 때문에 기본적으로 집단적 공공성 성격을 갖는다. 개인에 적용할 수도

북아현동 금화장2길. 골목길은 엄연한 하나의 생활터전이다.

있다. 이른바 '개인적 장소'라는 것이다. '개인의 인생에서 특별한 의미를 가지면서 일상에 정서적·정신적 안정을 주는 중요한 곳'이다.

이런 곳을 가지고 있으면 생활에 큰 도움이 된다. 산책 코스로 최고이다. 단순한 산책이 아니다. 개인에게 특별한 의미를 갖는 곳이기 때문에 정신이 안정되고 정서가 풍요로워진다. 이런 곳으로 가는 나들이는 혼자서 하는 것이 좋지만 마음을 나눌 수 있는 사람과 함께해도 좋다. 요일, 시간, 계절, 날씨, 기분 등을 바꿔가며 풍성하게 느끼고 다양하게 활용할 수 있다.

개인적 장소를 결정하는 기준은 여러 가지이

북아현동 능동3길. 갈래길과 군집성을 보여주는 골목길.

다. 가장 보편적인 것이 어릴 적 추억일 것이다. 나는 여기에 나이 먹은 건물을 더했고 직업 활동을 연계했다. 그 결과는 비교적 괜찮다. 연대나 서강대로 책 쓰러 가는 발걸음은 나들이를 겸한다. 한 시간 조금 안 되는 산책이니 왕복을 생각하면 적절한 운동을 겸한다. 그리고 정서적 도움이 뒤따른다. 그래서 이곳에서 책 쓰는 일은 노동이나 직업 활동 이전에 즐거운 놀이가 된다. 그러니 결과도 좋다.

나는 지금까지 50권의 책을 썼다. 적지 않은 숫자이다. 그 비결에 대해서 질문을 가끔 받는데 보통은 통상적인 답을 한다. 적성에 맞고, 자기 관리 열심히 하고, 직업에 따르는 책임에 충실하고, 이런 기회를 준 사회에 감사하고 등등이다. 숨은 비결이 하나 더 있다. 바로 앞에 적은 '개인적 장소'를 만들었고, 가지고 있고, 활용하는 것이다. 21년 동안 50권의 책을 썼다는 것은 좋은 컨디션을 꾸준히 유지했다는 뜻이다. 컨디션에는 육체적인 것과 정신적인 것이 있다. 육체적 컨디션은 사실 답이 뻔하다. 운동과 섭식이며 나 역시 이것을 잘

7. 어릴 적 동네  137

지켜서 육체적 컨디션을 유지한다. 문제는 정신적 컨디션이다. 나는 이것을 '개인적 장소'로 유지한다. 정서적 안정을 주는 곳에 가서 책을 쓰면 잘 써진다.

더 중요한 것은 단순히 잘 써지는 것이 아니라 정신적 자양분을 채우게 된다는 점이다. 보통 정신노동을 하면 정신에 피로물질이 쌓이면서 조금씩 망가져 가기가 쉽다. 이것을 막아주는 것이 행복물질이다. 나 또한 마찬가지이다. 책을 쓴다는 것은 팽팽한 긴장감 속에서 고도의 집중을 유지해야 하는 피곤한 정신노동이다. 신경은 곧 끊어질 것처럼 팽팽해지고 생각은 뇌 속 이곳저곳을 광속보다 빠른 속도로 오간다. 나는 이런 긴장감을 '개인적 장소'로 해결한다. 서울 시내는 물론이고 시간이 허락되면 전국 여러 곳을 돌아다니면서 책을 쓴다. 그러다 보니 나만의 책 쓰는 장소가 생기게 된다. 이런 것들이 나에게는 '개인적 장소'가 된다.

행복물질을 나오게 하는 것은 여러 가지인데 '개인적 장소'도 그 가운데 하나이다. 마음의 여유를 가지고 개인적 장소로 가벼운 산책을 떠나면 좋을 것이다. 나는 개인적 장소를 나의 직업 활동인 집필의 장소로 이용하기 때문에 그 효과가 훨씬 커진다. 책을 쓰는 순간이 괴로운 노동이 아니라 즐거운 취미 생활이자 놀이가 되면서 정서적으로 편안함을 느끼게 되고 정신적 자양분을 채울 수 있다. '개인적 장소'는 전국에 꽤 여러 곳 되는데 나의 직장 주변에서는 단연 연대와 서강대, 그 가운데에서도 연대이다. 어릴 때의 고향인 서대문구 소속이면서 대학교 때 추억이 서렸기 때문이다.

'개인적 장소'를 활용하는 일은 어릴 적 추억과 나이 먹은 건물의 힘을 합해서 정서적으로 활용하는 방법을 터득하면 가능한 일이다. 예술 치료의 좋은 예일 수 있다. 보통 예술 치료 하면 음악, 미술, 연극, 글쓰기 등만 생각하기 쉬운데 건물도 중요한 역할을 할 수 있다.

예술 치료는 개인적인 일이기 때문에 객관적 치료 효과에 개인사를 잘 연관시키는 일이 관건인데 '개인의 인생에서 특별한 의미를 가지고' 있는 '개인적 장소'는 좋은 후보가 될 수 있다. 나이 먹은 건물의 좋은 점은 이처럼 무궁무진하다.

# 8.
# 정릉천 나들이
## 시간을 산책하다

**개천을 낀 옛날 동네, 정릉천 변**

나에게는 여러 사람에게 소개해주고 싶은 흥미로운 산책 코스가 하나 있다. 정릉천 변이다. 나는 정릉과 직접적인 인연은 없다. 그러나 정서적으로 좋아하는 산책 코스이다. 공간 구성이 무척 재미있어서 정서적 산책을 즐기기에 정말 좋은 곳이다. 여기에 더해 어렸을 때 추억을 떠올리게 해주는 개인적인 보너스까지 더해준다. '나의 살던 고향'인 대조동·녹번동 일대는 많이 변해서 옛날 흔적이 거의 남아 있지 않다. 그런데 정릉 쪽에 그와 아주 비슷한 동네가 오롯이 남아 있는 것이다.

그도 그럴 것이 대조동·녹번동과 정릉은 각각 북한산의 서쪽과 동쪽 기슭에 해당되기 때문에 일단 동네의 자연지형 분위기가 비슷하다. 게다가 개발이 많이 되지 않아서 나의 어릴 적 시대인 1960~1970년대 분위기를 거의 그대로 간직하고 있다. 그래서 그런지 나는 이 동네가 참 좋다. 한두 달에 한 번은 꼭 이 길로 나들이를 온다. 행정구역으로 치면 정릉 3동과 4동 가운데 정릉천을 따라 형성된 동네이다. 정릉 2동 주민센터에서 정릉 4동 주민센터에 이르는 2킬로미터 조금 안 되는 거리이다. 새로 바뀐 길 이름으로는 정릉로, 보국문로, 솔샘로 등에 해당된다.

  개천도 이 동네가 자랑할 만한 요소이다. 유명한 정릉천이다. 우선 어릴 적 동네와 비슷한 지형을 만드는 데 일조한다. 북한산에서 사방팔방 여러 갈래로 개천이 흘러 내려가는데 녹번동·대조동 쪽에는 잔 갈래가 많았고 정릉 쪽으로는 정릉천 한 갈래가 굵게 흐른다. 비단 나의 어릴 적 동네와 닮게 만드는 데에 그치지 않고 동네 분위기 전체를 특이하고 다양하게 만들어주는 역할을 한다.

  개천을 끼고 형성된 이런 모습은 요즘 서울에서 보기 드문 모습이다. 하지만 원래 서울은 실개천이 무척 많은 도시였다. 이걸 도로나 주차장으로 사용하기 위해 모두 덮어서 안 보일 뿐이다. 어떤 면에서는 오래된 도시 서울의 기억 속에는 개천이 들어 있어야 하지 않을까 하는 생각을 해본다. 조선 시대에 한양을 그린 여러 풍속화나 풍경화를 봐도 대부분 개천이 등장한다. 고지도를 봐도 실핏줄처럼 뻗어 나가는 개천이 내사산內四山(북악산, 인왕산, 낙산, 남산)과 짝을 이루며 두드러진다. 산이 많으면 천도 발달하는 법, 산과 언덕이 많은 한양에서 개천은 빠질 수 없는 중요한 자연 요소이자 도시 요소이다. 개천은 도시 공간을 아기자기하게 만든다. 아기자기함은 도시의 시간과 역사를 쌓이게 하는 데 안성맞춤이다. 개천은 서울의 역사성을 형성해주는 중요한 자연 요소이다. 지금은 모두 아스팔트 도로 밑에 갇혀서 썩은 하수구처럼 되어버렸지만 서울을 얘기할 때, 서울의 역사와 시간과 기억을 얘기할 때 어찌 개천을 뺄 수 있으랴.

  나의 성장기 기억은 개천과 함께한다. 개천이 많았던 녹번동·대조동 일대는 물론이려니와 고등학교와 대학교 때도 마찬가지였다. 고등학교는 혜화동 로터리에 있는 동성고등학교를 나왔는데 당시에는 지금의 대학로에도 개천이 흐르고 있었다. 지금 지하철이 다니는 대로의 동쪽 변, 그러니까 마로니에공원 쪽으로 큰 나무가 늘어서고 그 가운데를 개천이 흘렀었다. 학교 정문을 나서면 나무 사이로 개천을 건너 혜화동 로터리에서 버스를 탔던 기억이 있다. 나는 1977년에서 1979년 사이에 고등학교를 다녔는데 그 기간에 개천이 복개되어 졸업할 때에는 도로로 바뀌었다.

개천의 기억은 대학으로 이어진다. 나는 관악산 기슭에서 대학을 다녔는데 당시에는 신림동 일대에도 큰 개천이 흘렀다. 신림천이다. 학교가 끝나고 289번 종점까지 개천을 따라 걷곤 했던 기억이 새롭다. 하지만 이 역시 조금씩 복개되어갔다. 주로 주차장으로 사용하기 위해서이다. 신림천은 폭이 넓어서 완전히 복개되지는 않고 일부는 모습을 드러내고 흐르고 있다. 하지만 중간중간에 콘크리트를 덮어서 복개를 한 모습은 뭐랄까, 폭탄을 맞아서 여기저기 붕대를 감은 상이군인을 보는 것 같다. 관악산 끝자락 개천의 오붓한 분위기는 깨지고 말았다.

정릉천은 양옆으로 정비를 해서 자연적인 모습은 많이 사라졌지만 그래도 아직 제 폭을 다 드러내며 원형을 유지하는 편이다. 이마저도 정릉 푸르지오 아파트까지만 흐르고 그다음부터는 도로 속으로 숨어버린다. 하지만 이것만이라도 지킨 것이 얼마나 다행인가. 개천을 따라 양옆에 길이 나고 집이 들어서서 사람들이 모여 사는 모습은 베네치아나 암스테르담에서 본 유럽의 운하도시를 떠오르게 한다. 개천 위에는 일곱 개의 다리가 가로질러서 이쪽 동네와 저쪽 동네를 이어준다. 개천의 속살로 파고들면 징검다리가 사람을 건네준다.

개천은 동네의 공간 구조를 다양하고 풍요롭게 해준다. 개천을 끼고 놀이터를 만들어 즐길 수 있다. 산책로가 나고 공터를 만들어 쉼터로 사용한다. 비라도 내려서 물이 깨끗한 여름이면 어린아이들은 아직도 개천에 뛰어들어 논다. 일곱 개의 다리와 다섯 개의 징검다리는 동선에 다양성을 준다. 사람들은 개천을 따라 오르내리는 동선에 여러 가지 조합을 만들 수 있다. 이론적으로는 '2의 7제곱×2의 5제곱'으로 무한대로 다양한 조합이 가능하다. 이것을 다 사용할 리는 없겠지만 그래도 각자 취향에 따라 최소한 대여섯 가지의 동선을 가지고 그때그때 기분에 따라 발걸음의 분위기를 바꿔줄 수 있을 것이다.

정릉천은 북한산에 바로 붙어 있기 때문에 시내 쪽 평지를 흐르는 다른 개천들보다 상대적으로 물이 깨끗한 편이다. 수량이 풍부하지는 않아서 우기인 7~8월을 뺀 1년 대부분이 말라 있긴 하다. 그러나 7~8월에 비라도 한번 시원하게 내린 뒤에는 얘기가 완전 달라진다. 유명한 계곡이라도 되는 양, 우당탕 시원스러운 소리를 내며 가슴 시원한 물길이 쏠려 내려간다. 그래서 나는 큰비가 온 뒤에는 정릉천으로 달려가 물 흐르는 것을 보며 물소리를 즐긴다. 거대한 콘크리트 도시 서울에서 자연이 주는 정말 귀한 선물이다. 이 동네에 산다면 창문만 열어놓아도 집 안에 앉아서 이런 풍경을 즐길 수 있다. 이 모든 것은 '나의 살던 고향' 녹번동·대조동의 기억과 맞물려 있다.

**벽화가 맞아주는 정릉천 동네**

볕이 유난히 좋은 초가을, 주말 오후에 이 글을 쓰러 다시 나들이를 왔다. 뭉게구름이 싱그럽고 그 위로 옅은 안개가 얇은 이불처럼 포근하게 덮였다. 동네 분위기와 잘 어울리는 날씨이다. 이 동네에는 잘 어울리는 날씨가 두 가지가 있는데 하나가 바로 오늘 같은 이런 날이다. 다른 하나는 흐린 날 저녁이 막 시작될 무렵이다. 산기슭으로 파고 들어가는 길이라서 그 시간쯤 내려앉는 다소 염세적인 회색이 동네와 그렇게 잘 어울릴 수가 없다. 오늘은 두 가지 가운데 밝은 분위기를 택했다.

발걸음은 정릉 푸르지오 아파트 단지에서 시작한다. 수도 없이 왔던 동네이지만 막상 글로 정리하려니 편의상 다섯 단락으로 나누어 본다. '도입부-벽화 영역-시장 영역-휴게 영역-마무리 길'이다. 각 단락은 빨리 걸으면 5분 이내이다. 두리번거리며 노래라도 흥얼거리고 시라도 읊조리며 여유를 부리면 전체 거리가 30분 안팎 걸린다. 하루를 마감하는 산책 코스로 적합한 거리이다. 조금 짧아서 아쉽다 싶으면 계곡을 따라 청수장까지 더 올라갈 수도 있다.

파란 아치교가 반갑게 맞으며 도입부가 시작된다. 정릉천을 가로지르는 아치 다리인데 이곳이 개천을 낀 동네임을 말해준다. 개천 하류라 비교적 넓은 평지가 펼쳐지고 햇살이 기분 좋게 동네에 퍼진다. 산책길은 주로 개천 왼쪽으로 진행된다. 개천 오른쪽은 시장 영역 일부를 제외하면 대부분 막히거나 끊긴다.

도입부도 왼쪽으로 길을 잡아서 시작한다. 성원 상떼빌 앞에 갈림길이 나고 작고 예쁜 흰 카페가 모퉁이를 차지하고 서 있다(도판 8-1). 개천 쪽으로 길을 잡으면 본격적인 옛날 동네 분위기가 나오기 시작한다. 정릉로 일대이다. 저 멀리 정릉 4동의 웅장한 아파트 단지와 병풍처럼 펼쳐진 서경대학교가 원경을 이루지만 눈앞에는 나지막한 1960~1970년대 서민주택들이 맞는다. 내가 살던 북한산 기슭의 옛날 동네 모습이다. 어릴 적 여러 가지 추억이 떠오른다.

곧이어 벽화 영역이 시작된다. 예닐곱 채 정도 되는 주택 담에 그림을 그리고 시구를 적었다(도판 8-2). 몇 해 전부터 벽화 그리기를 시작해서 유행하고 있는데 이 동네도 그 가운데 하나인가 보다. 상당한 수준의 그림과 다소 서툰 그림이 섞여 있는 것으로 봐서, 아마도 미대 학생과 동네 사람이 함께 작업을 한 것 같다. 시는 주로 청아

8-1. 정릉천 나들이 길 도입부. 푸르지오를 지나서 맞는 카페 갈림길.

김○○라는 사람의 작품이 계속 나온다. 「물든 채로」라는 시를 옮겨 보자(도판 8-3).

억겁을 거듭 돌아 만나진 인연
베이면 갈라질까
친다고 잘라질까

왔으면 가지 말아라
당신 가려는 길이 예보다 험하니

당신 보내고 내가 다칠까
그를 저어함이니

부서지지 않고
맞고 싶은 봄을 위하여

사용한 단어나 감성의 기조로 봐서 인생을 좀 사신 분 같다. 50대 가슴에 와 닿는 연시이다. 불교의 연기론에 인생의 관조를 섞어서 연정을 읊었다. 나뭇가지에 앉은 암수 한 쌍의 새를 그린 그림이 연시의 분위기를 돕는다. 딱 내 나이의 감성이다. 동네가 나이를 먹으니 시와 그림도 나이를 먹는다. 그래서 좋다.

벽화는 계속 이어진다. 어린아이가 바지를 내리고 '쉬'를 하는 그림 옆에 "소변 금지"라고 썼는데 그 아래에 "똥은 되나요?"라며 익살을 떤다(도판 8-4). 장난스러운 주제이다. 이어 종이배에 탄 소녀, 자전거 탄 소녀, 소박한 밥상과 색동 이불, 기와지붕 추녀에 달린 풍경 등 마음 푸근한 일상 속 그림들과 함께 아기자기한 시들이 이어진다. 마지막 두 벽화와 글이 눈길을 끌며 가슴을 친다. 첫 번째는 삶

8-2. 벽화 영역. 주택 6~7채에 걸쳐 생활 속 주제를 그림과 시로 표현했다.

에 지친 중년을 위한 위로의 시와 그림이다. 베개 위에 넥타이와 앞치마가 마치 중년 부부처럼 나란히 누워서 이불을 덮고 있는 그림이다. 그 옆에는 제목 없이 "넥타이와 앞치마를 벗을 수 없는 이 시대의 중년들에게 응원을 보냅니다."라고 쓰여 있다(도판 8-5). 내 나이의 이 땅의 아버지와 어머니, 나와 아내를 생각나게 해주는 글과 그림이다.

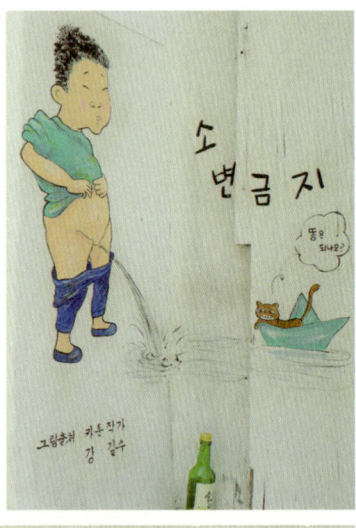

8-3. 벽화 영역의 「물든 채로」라는 시와 그림(왼쪽 위).
8-4. 벽화 영역의 장난스러운 그림(오른쪽 위).
8-5. 중년을 위한 위로의 시와 그림(왼쪽 가운데).
8-6. '유년'을 휴식에 대입시킨 시와 그림(아래).

8-7. 벽화 영역 사이 골목길. 길이 스타카토 끊듯 급하게 꺾인다.

    그 옆에는 지은이 없는 「잠시만 쉬련다」라는 간단한 글이 있다(도판 8-6). "미움도 욕심도 시기도 질투도, 좌도 우도 없는 내 유년이 멈춰버린 그곳"이다. '유년'이라는 단어가 와 닿는다. 내가 그리워하며 이 동네를 찾은 바로 그 이유이기도 한 '유년'이다. 옆에 그린 그림은 더 사실적이다. 곡식이 누렇게 익고 멀리 야트막한 뒷동산이 있는 시골에 할머니 할아버지가 서 있고 중년 부부가 자식을 데리고 부모를 만나러 오는 장면이다. 아이 둘이 중년 부부를 앞서 할머니 할아버지에게 반갑게 뛰어가고 할머니가 두 팔을 벌려 맞는다. 이 글을 쓴 이는 아마도 시골에서 상경해서 서울에서 힘들게 인생 여정을 살아온 것 같다. 50대는 이 글과 그림의 뜻을 잘 알리라. 미움, 욕심, 시기, 질투, 좌, 우 등의 단어를 써서 인생의 회한을 남 탓이 아닌 자기 탓으로 돌리고 있다.

    여러 채의 벽화 건물이 이어지는 중간에 골목길이 나 있다. 들어가 보았다. 꼬불꼬불한 골목길 한 토막이다. 원래는 넓은 면적에 길

8-8. 벽화 영역 앞 나무다리. 색색의 의자를 놓아 나그네에게 쉴 곳을 제공한다. 난간에는 오리를 오려 붙였다.

게 이어졌을 법한데 이렇게 저렇게 개발이 되어 헐려나간 와중에 마지막까지 살아남은 한 토막 골목길이다(도판 8-7). 직각으로 꺾이는데 스타카토 치듯이 급하게 꺾인다. 마치 '만卍' 자 속을 걷는 것 같은 느낌이다. 1980년대까지도 서울 시내에서 대세를 이루던 서민 동네의 대표적인 골격인데 이제 거의 사라지고 아파트가 그 자리를 차지했다. 이 골목도 언제 헐릴지 조마조마하다.

   벽화 영역이 끝나는 지점에는 나무다리가 개천을 가로지른다. 다리 위에는 울긋불긋 색색의 의자를 놓았다(도판 8-8). 대부분 사람들은 다리 위를 바쁘게 지나 집으로 가지만 나 같은 나그네에게는 정말로 고마운 의자이다. 엉덩이 붙이고 다리 위의 싱그러운 바람을 맞으며 쉬어 가기에 안성맞춤이다. 사진을 찍다 잠시 쉬면서 동네를 둘러본다. 조용하고 차분한 전형적인 서울의 중산층 동네이다. 다리 난간에 오리 식구를 나무로 만들어 붙인 장면이 눈에 들어온다. 멀리 개천에는 징검다리도 보인다. 화려하지도 않고 최신 유행도 아니지만 이런저런 다양한 재밋거리가 쏠쏠하다.

## 시장이 활기차고 휴게가 편안한 동네

나무다리를 지나면 시장 영역이 시작한다. 유명한 정릉시장이다(도판 8-9). 여기서부터 길 이름이 보국문로로 바뀐다. 개천 변에는 대체적으로 음식점들이 들어서 있다. 개천을 바라보고 고기를 구워 먹는 식이다. 오른쪽으로는 오래된 건물 벽에 옛날 가게들 이름이 아직도 선명하다. '엄마 옷 메리야스(재필네)', '이쁜 옷 수선', 'High Fashion', '태후사랑 천연 머리 염색' 등이다. 한편에는 빨랫줄에 걸린 빨래를 벽화로 그렸다. 이불이며 옷가지들이 빨랫줄을 출렁 늘어뜨리며 정겨운 모습으로 햇빛을 받고 있다(도판 8-10).

'나의 살던 고향'에도 불광시장이라는 큰 시장이 있었다. 나는 어렸을 때 유난히 시장 구경을 좋아했다. 어머니를 따라나서던 시장 나들이가 나에게는 큰 행사이자 즐거움이었다. 비라도 와서 시장 바닥이 질척거릴 때면 어머니는 나를 떼어놓고 혼자 시장에 가셨는데 이것이 어린 나에게는 청천벽력같이 큰 재앙이었다. 나는 마당에 앉아 한두 시간을 거뜬히 울어댔다. 시장을 좋아하는 버릇은 지금도 남아서 전통 시장 나들이는 나의 중요한 산책 코스 가운데 하나이다. 서울은 물론이고 부산, 진주, 순천, 광주 등 각 도시마다 유명한 전통 시장이 있는데 가끔 즐겨 찾는다. 그래서 나는 시장을 끼고 있는 오래된 동네가 좋다.

시장 하면 빼놓을 수 없는 것이 하나 있으니 바로 '소리'이다. 20초만 서 있어도 별의별 소리가 다 들린다. "먹음직스럽죠?"라며 물건 파는 소리, 일이 안 풀리는지 전화로 하소연하는 가게 주인의 통화 소리, 유모차 끌고 장보러 나온 엄마가 옆에서 뛰어다니는 아기의 형을 부르는 소리, 동네 노인들이 벤치에 앉아 다투는 소리 등등 시장의 소리는 활기차다. '부아앙' 하는 오토바이 소리도 빠질 수 없다. 이곳 다리 위에도 색깔 입힌 의자를 놓았는데 그 위에 앉아 먼 산을

8-9. 시장 영역 전경(위).
8-10. 건물과 간판 모두 1960~1970년대의 기억을 떠오르게 해준다(아래).

바라보며 시장 소리를 들어본다. 초현실주의 문학가들은 시장의 소리를 받아 적은 것을 그대로 소설 작품으로 내기도 하지 않았던가.

음식점들을 지나면 시장 한복판으로 진출한다. 다리를 끼고 큰 사거리가 나 있다. 6번 마을버스도 지나는 큰길이다. 사거리에서 오른쪽으로 시장이 형성되어 있다. 반찬 가게, 포목 가게, 슈퍼마켓 등등

8-11. 시장을 지나 휴게 영역으로 직진하면 왼쪽 멀리 북한산이 보인다.

여느 시장처럼 활기차다. 왼쪽은 위쪽 산동네로 올라가는 길이다. 초입에 음식점과 가게가 몰려 있고 언덕길이 시작되면서 산동네로 이어지다가 벧엘교회 앞에서 끝난다.

나의 발길은 직진이다. 다리를 건너 점점 산 쪽으로 파고드는 길이다. 이 구간에서는 왼쪽 저 멀리 북한산이 자태를 드러낸다. 건물들 사이로 북한산을 볼 수 있는 이곳은 '나의 살던 고향'의 추억이 강하게 떠오르는 지점이다(도판 8-11). 우리 동네에서도 북한산 끝자락의 풍광이 정말로 훌륭했었다. 저 장면 같았다. 북한산 끝자락에 안겨 개천에서 첨벙거리며 자란 어린 시절이 그립다. 그때 받은 산의 기운으로 지금의 피 말리는 저술가 생활을 버텨내는 것인지도 모르겠다.

8. 정릉천 나들이 153

몇 개의 가게를 더 지나면 시장의 활기를 뒤로하고 휴게 영역이 시작된다. 가장 먼저 맞는 것은 또 다른 파란 아치교와 그 앞의 큰 공터이다. 개천 오른쪽으로 '마을마당'이라는 제법 큰 공터가 났다. '정릉천변 마을마당 자율방범대'라는 초소가 마당 앞을 지키고 안쪽으로 '정릉시장 고객편의센터' 건물이 배경을 이룬다. 마을의 공터 마당에 빠질 수 없는 것이 정자이다. 동네 할아버지들이 장기를 둔다(도판 8-12). 장기판의 즐거움은 장기 두는 사람들이 내뱉는 말에 있다. 대여섯 팀이 함께 두다 보니 이번에도 재밌는 말이 쏟아진다. "장이야!" 하는 외침은 당연하고, 반대로 "아, 내가 왜 장을 쳤을까!" 하는 한탄도 쏟아진다. 장기판의 훈수는 약방의 감초 같은 것, "아니, 아니."라며 말리는 다급한 단발單發이 찌르듯 퍼진다. "왜 그걸 먹냐고."라는 핀잔도 뒤따른다. 딱딱거리는 장기 알 두는 경쾌한 소리 사이로 "끝났네, 끝났어."라는 한숨이 섞인다.

이렇게 여러 명이 섞여 있다 보면 꼭 변죽 좋은 사람이 있는 법, 사진을 찍고 있는데 말을 걸어온다. 내 또래의 중년 아저씨이다. 담배를 피우다가 옆 사람이 핀잔을 주자 내가 자기 담배 피우는 걸 찍은 줄 알고 걱정스러운 말투로 말을 건다. "나 찍었수? 예술간가 보네." 주말 오후라 그런지 술을 한잔 걸친 것 같다. 아니나 다를까, 자기를 찍어달란다. 명함을 건넨다. 모범택시를 운전하는 부○○ 씨다. 명함 주소로 사진을 꼭 보내달라며 신신당부를 한다. "내가 이래 봬도 아들을 둘이나 장가보냈어. 며느리한테 보여주려고 그래."란다.

'마을마당' 앞에는 파란 아치교가 있다. 도입부에서 봤던 것과 거의 똑같다. 동네를 정비하면서 새로 짝지어 지었나 보다. 다리에서 아래 개천을 내려다보니 어린아이들이 물속에서 첨벙거리며 뛰어논다. 시장 아래에서부터 내 발걸음과 비슷한 속도로 같이 올라오고 있다. 덩치 큰 형을 앞세우고 세 명이 키 순서대로 줄을 지어 개천을

8-12. 첫 번째 휴게 영역인 '마을마당'과 정자(위).
8-13. 개천에서 노는 아이들(아래).

따라 산 위쪽으로 올라오며 물속에 들어갔다 나왔다 하며 논다(도판 8-13). 아직 초가을이라 계곡에 몸을 담글 만한가 보다. 어릴 적 생각이 다시 난다. 녹번동 일대에도 저런 계곡이 많아서 여름 내내 뛰어놀았었다.

파란 아치교를 지나 휴게 영역은 계속 이어진다. 산기슭 분위기가 점점 강해지는데 개천 왼쪽으로 정자 하나가 더 나온다. 이곳은 할머니들 놀이터이다. 먹을거리를 싸 와서 점심을 겸해서 몇 시간은 족히 도란도란 얘기를 하는 눈치다. 서로 부채질을 해주는 모습이

8-14. 휴게 영역의 중간쯤에 있는 고목과 정자(위).
8-15. 손가정터의 두 그루 고목과 평상(아래).

오랜 친구 같다. 정자가 그냥 있으면 섭섭한 법, 큰 고목이 그늘을 만들어준다(도판 8-14). 할머니들 수다를 뒤로하고 더 올라갔더니 이번에는 넓적한 평상이 나온다. 역시 할머니들 놀이터이다. 할머니들이 정자와 평상을 연달아 차지했다. 할아버지들은 얼씬거리지 못하는 분위기이다. 그 대신 앞의 마을마당을 할아버지들이 차지하면서 평화스럽게 영역을 나누어 가진 것 같다.

평상에는 큰 고목이 두 그루나 버티고 서 있다. 고목 두 그루를 중간에 끼고 평상을 깔았다(도판 8-15). 그 기품이 범상치 않다. 안내

판을 세워서 유래가 깊은 장소임을 알려준다. '손가정孫哥亭터'라고 쓰여 있다. 설명문을 그대로 읽어보자. "정릉동은 서울의 북쪽 북한산 연봉 밑에 위치한 계곡으로 옛날부터 묵객, 한량, 고관대작들이 주로 찾던 장소이다. 전망 좋은 계곡에는 정자가 많았는데 특히 정릉동 333번지 일대에는 왕王씨와 손孫씨가 많이 살던 세거世居지로서 서로 세력을 과시하는 등 자신들 집안의 명성을 높이려는 경쟁 의식이 대소사에 표출되었다 한다. 과거에 이 부근에 고풍스러운 한옥이 있었는데 이를 '정자집'이라 불렀다 한다. 그러나 조선 중기부터 왕씨가 번영하여 '왕가정'으로, 손씨가 번성할 때는 '손가정'으로 불렀다 한다." '가哥'는 '노랫가락'이라는 뜻이니 이 일대에 손씨가 많이 살면서 그들이 모여서 부르는 노랫소리가 울려 퍼지던 정자라는 뜻이다. 지금도 계곡이 호젓하고 차분한 분위기인데 옛날에 이곳에 정자를 짓고 풍류를 즐겼음 직하다.

**오래된 동네에서 시간을 산책하다**

이제 마지막 마무리 길이 기다린다. 손가정터에서 조금 올라가면 다시 다리를 낀 오거리가 나온다. 오른쪽으로 나가면 버스가 다니는 큰길이다. 왼쪽의 두 길은 경사가 가파른데 연립주택 단지로 들어간다. 나는 계속 직진한다. 개천을 끼고 양옆으로 길이 나 있다. 오른쪽 길은 다소 짧다. 어린이집, 가게의 뒷면, 개인주택, 연립주택 등이 섞여 나오다가 청수감리교회에서 막다른 골목으로 끝난다.

왼쪽 길은 깊이 이어지면서 이번 나들이의 클라이맥스를 이룬다. 포장마차와 구멍가게가 입구 역할을 한다(도판 8-16). 초입은 차분한 주택가 골목이다. 눈이 펄럭이는 벽화 앞에서 골목은 갑자기 좁아진다. 동굴 속을 걸어 들어가는 것 같은 느낌이다. 그러나 벽에 밝고 화사한 색을 칠해서 발걸음은 가볍다. 환영받는 기분으로 호기심

8-16. 마무리 길의 입구. 포장마차와 구멍가게가 지키고 서 있다(위).
8-17. 속으로 점점 좁아지는 마무리 길(아래 왼쪽).
8-18. 사람을 흡입하듯 빨아들이는 마무리 길의 좁은 골목(아래 오른쪽).

을 가지고 빨려들듯 들어가 본다(도판 8-17, 8-18). 발걸음을 옮기려는데 위쪽에서 내려오던 할머니가 말을 건다. "뭐 찍는 거여?" "오래된 동네요." "오래된 건물?" "오래된 동네요." "아, 여기가 오래되긴 했지. 저 위쪽도…." 하며 고개를 한 번 끄덕인 뒤 가던 길을 계속

간다.

드디어 좁아진 골목 속으로 진입했다. 몇십 미터 못 가서 참으로 보기 좋은 큰 소나무가 맞는다. 그 앞에 작은 삼거리가 나 있다(도판 8-19). 물론 차가 다니는 삼거리는 아니다. 사람 두 명이 겨우 엇갈려 지나갈 정도로 좁은 골목인데 그 속에 삼거리가 나 있는 것이다. 재미있는 공간 구조이다. 삼거리에서 좌회전을 하면 산동네로 올라가는 급한 계단 길이 꼬불꼬불 이어진다. 서울에 몇 남지 않은 언덕 계단 길이다. 저 계단은 나중에 『한국의 계단』이라는 책에서 다룰 것이다.

우리의 목표는 계속 직진이다. 소나무에 자꾸 눈길이 간다. 이 일대 개천가에 송림이 있지 않았을까 추측하게 해주는 멋진 소나무이

8-19. 마무리 길 중간쯤의 작은 삼거리와 키 큰 소나무.

다. 집들이 들어서면서 다 잘리고 한 그루가 거뜬히 남아서 늠름한 자태를 뽐낸다. 전봇대와 높이를 겨루지만 어찌 전봇대에 비하랴. 싱싱한 살 색깔의 몸통에 푸른 잎을 갖추고 골목대장 역할을 거뜬히 해낸다. 옆과 뒤로 동네 풍경을 거느리며 앞줄에 섰다(도판 8-20). 사람들이 오가는 걸 방해하지 않으려고 가지를 다 쳐내서 그런지 키다리 아저씨 같은 느낌이다. 소나무를 수문장 삼아 제법 부잣집이 한 채 번듯하게 서 있다. 이른바 1980년대 부잣집인 '양옥'이다. 소나무 옆에는 작은 암자와 점집이 붙어 있어서 옛날 분위기를 돋운다. '만卍'과 '철학 관상'이라는 작은 간판이 붙어 있다.

   이제 종점이 눈앞이다. 마지막 한 단락 남았다. 이 좁은 골목에 사람들이 계속 분주하게 오간다. 윗동네에서 아래 큰길로 나가는 중요한 통로를 겸한다. 찻길로 갈 수도 있겠지만 아마도 이 골목길이 호젓하면서도 정취가 있어서 애용하는 것이 아닐까 싶다. 양옥 부잣집과 서민주택이 섞인 좁은 골목이 계속되다가 탁 트인 곳으로 나온

8-20. 동네 풍경과 어울리는 소나무.

다. 이곳이 내 나들이의 종점이다. 경국사 앞 사거리이다.

정릉천 나들이는 여기서 끝난다. 여기저기 '나의 살던 고향'의 흔적과 비슷한 공간 구조들이 많이 남아 있다. 돌아온 길을 되짚어보면서 무엇이 있었는지 모아보자. 작은 점집과 부잣집 양옥을 하나로 묶어주는 키다리 아저씨 소나무, 밝은 파스텔 톤으로 칠한 아늑한 골목길, 포장마차와 구멍가게 앞 오거리, 큰 고목 두 그루가 수문장처럼 버티고 있는 손가정터의 평상, 연달아 나오는 정자 두 채와 자율방범대 앞의 넓은 마당, 두 개의 파란 아치교, 시장의 활기찬 삶의 에너지, 1960~1970년대 가게 이름, 색색의 친절한 의자를 놓은 나무다리, 인생을 담담하게 읊은 시구와 그림이 잔잔한 서민주택의 벽화, 동네 입구의 파란 아치교와 넓은 평상 등등이다. 잊을 만하면 나오는 일곱 개의 다리와 다섯 개의 징검다리, 개천에서 물장난을 하며 즐겁게 노는 어린아이들도 빠질 수 없다.

시간을 산책한 기분이다. '시간' 속에는 일차적으로는 어릴 적 기억이 자리한다. 1960~1970년대 서민주택의 기억이다. 이 동네에는 이 시기의 모습이 일정 부분 남아 있다. 여기에 1980년대 이후 시간의 켜가 쌓였다. 1980년대의 양옥과 1990년대의 연립주택, 그리고 비교적 최근의 빌라까지 시간 여행을 하기에 좋은 동네이다. 동네 전체를 '주택 박물관'이라 불러도 좋을 것 같다.

나는 10여 년 전에 쓴 『서울, 골목길 풍경』이란 책에서 청파동에 '주택 박물관'이라는 단어를 한 번 쓴 적이 있었다. 청파동도 다양한 종류의 주택이 시대별로 갖추어진 동네이다. 이곳도 비슷하다. 다만 청파동 일대에 있던 일본식 주택만 없다. 그도 그럴 것이 청파동은 일제강점기 때 일본인이 살던 동네였고 정릉 일대는 한국인이 살던 동네였다. 종로를 사이에 두고 '명동-남산-용산-청파동' 일대에 주로 일본인이 살았고 '명륜동-혜화동-정릉' 일대에 주로 한국인이 살았다. 애국심으로 치면 일본식 주택은 없는 것이 낫고, 순수하게 주택의 종류로만 치면 일본식 주택이 빠진 것이 다소 아쉽다. 어쨌든 시간을 산책하기에 손색없는 동네이다.

시간을 산책할 수 있다는 것은 서울에서는 큰 행운이다. 서울의 1960~1970년대 흔적은 시간의 흐름에 특히 취약하기 때문에 이 시기의 기록을 서민주택으로 즐길 수 있는 것은 소중한 경험이다. 그 이후의 시간까지 얹었으니 금상첨화이다. 사회적으로 보면 이 자체가 중요한 역사의 기록이다. 서민들이 직접 살면서 남긴 삶의 흔적으로 기록한 것이라 중요한 의미를 갖는다. 감성적으로 보면 40~60대의 어릴 적 기억을 붙들어주는 역할을 한다. 한 사람의 정서에서 중요한 부분이다. '개인적 장소'의 감성적 기능이란 것이다.

# 9.
# '손 지도'로 맛보는 정릉천
## 오래된 동네의 다질 공간

**'손 지도', 오래된 동네의 다질 공간을 즐기는 좋은 방법**

지금까지 한 얘기를 공간 관점에서 보면 '다질성多質性'이 된다. 정릉천 일대 이 동네의 공간이 다질적이라는 말이다. 다질 공간이란 무슨 뜻일까. 말 그대로 '공간이 질적으로 다양하다.'는 뜻이다. 일단 길, 골목, 집 등 공간을 형성하는 물리적 골격이 다양하다. 물리적 골격이 다양하면 영역과 동선이 다양해진다. 그러면 공간의 감성적 특성이 다양해진다. 이것을 즐기는 것은 오로지 주민들 몫이다.

   정릉천 동네의 다질 공간은 대체로 한국의 오래된 골목길에 공통적으로 나타나는 특징이다. 오래된 동네이기 때문에 가능한, 오래된 동네만이 갖는 특징이다. 오랜 시간에 걸쳐서 주민들이 원하는 대로 동네를 만들었기 때문에 형성된 공간 특징이다. 이런 점에서 귀납적이라 할 수 있고 유기적이라고도 할 수 있다. 집주인이나 동네 주민이 정해지지 않은 상태에서 컴퓨터로 바둑판같은 격자 골격을 짠 뒤 빠른 시일 내에 서둘러 짓는 요즘 아파트 단지에서는 절대 나올 수 없는 귀납성과 유기성의 미학이다. 오래된 동네만이 줄 수 있는 공간의 다양한 특징이다.

오래된 동네의 다질 공간을 즐기는 데에는 '손 지도'가 좋다. 손 지도는 동네 구석구석을 돌아다니면서 보고 경험한 것을 내 손으로 직접 그리는 것이다. 이런 점에서 '발 지도'와 동의어이기도 하다. 물론 요즘은 매체의 발달로 앉은자리에서 스마트폰으로 전 세계의 정확한 지도를 볼 수 있다. 손 지도는 인공위성으로 제작한 이런 지도에 비해서는 당연히 부정확하다. 일부 틀린 곳도 나올 수 있다.

그러나 중요한 차이가 있다. 인공위성 지도는 '정보'이고 손 지도는 '경험-인지-감상'이다. 종류가 다른 것이다. 인공위성 지도는 남이 그려서 상품으로 만든 정보 지도 혹은 상품 지도이다. 반면 손 지도는 인지 지도이다. 직접경험을 바탕으로 공간에 대한 다양한 인지 내용을 기록한 것이다. 따라서 제작 과정 자체가 하나의 감상 과정이다. 공간 감상을 눈으로 하는 데 그치지 않고 그 골격과 구도를 내 손으로 직접 그려보는 것이다. 공간 인지를 훈련하고 공간 감각을 향상하는 데에도 유용한 방법이다. 공간을 종합적으로 즐기는 좋은 방법이다.

'손맛'이라는 것도 있다. 세상일을 정량화만으로는 설명할 수 없다는 한국 특유의 생활 철학이다. 사람 사는 데에는 정성定性 요소라는 것이 함께 작동한다는 철학이다. 실제로 한국다운 은근한 멋과 맛은 상당 부분 손맛이라는 정성 요소에 기인하는 것이 사실이다. 어떤 요리사는 TV 방송에 나와서 "음식 맛에는 분명 손맛이라는 것도 있어요."라며 자신 있게 말한다. 나는 분명히 기계국수보다 수타국수가 훨씬 맛있다. 국수 가닥마다 굵기가 모두 다르고 표면이 거칠거칠해서 혀에 감기는 맛이 아주 좋다. 손만이 만들어낼 수 있는 감각이다. 하다못해 피자도 수제피자는 자랑스럽게 광고를 한다. 눈금 찍힌 계량 용기 없이도 그렇게 구수한 음식을 짓던 한국인의 발달한 미세신경이 그 비밀일 것이다. 뇌의 미세신경은 손으로 모인다. 손으로 공간을 그리면 뇌에서는 신경 곳곳이 공간을 정성적으로 인지하고 감상한다.

손 지도는 공간을 손맛으로 즐기는 독특한 방법이다. 오래된 동네, 특히 공간이 다질적인 동네에 잘 맞는다. 아니, 오래된 동네와 다질 공간에서만 유용하고 유효하다. 한국의 곳곳에 남아 있는 복잡하면서도 흥미진진한 골목길과 잘 어울린다. 한국 골목길의 큰 매력은 공간의 다질성이다. 골목길 동네를 그냥 가서 보는 것도 좋지만 손 지도를 그리면서 감상하면 그 즐거움과 결과가 훨씬 좋을 것 같다. 나는 이곳에서 공간의 다질성을 만나서 즐겼다. 이 동네의 공간적 특징을 다질성으로 파악했다. 이 지도는 내가 정릉천 동네를 걸으며 주변 공간 환경을 파악해서 그 다질성을 기록한 인지 지도이다.

나는 이런 종류의 지도를 『서울, 골목길 풍경』이란 책에서 선보인 적이 있다. 10여 곳의 동네에 대해 많은 손 지도를 그려 수록했다. 여

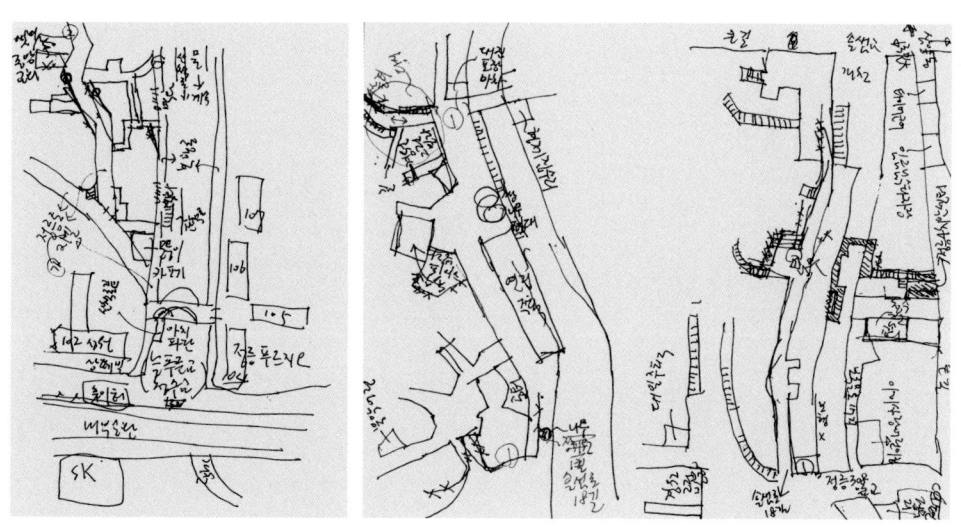

9-1, 2. 정릉천 동네 손 지도 기초 스케치 1과 2.

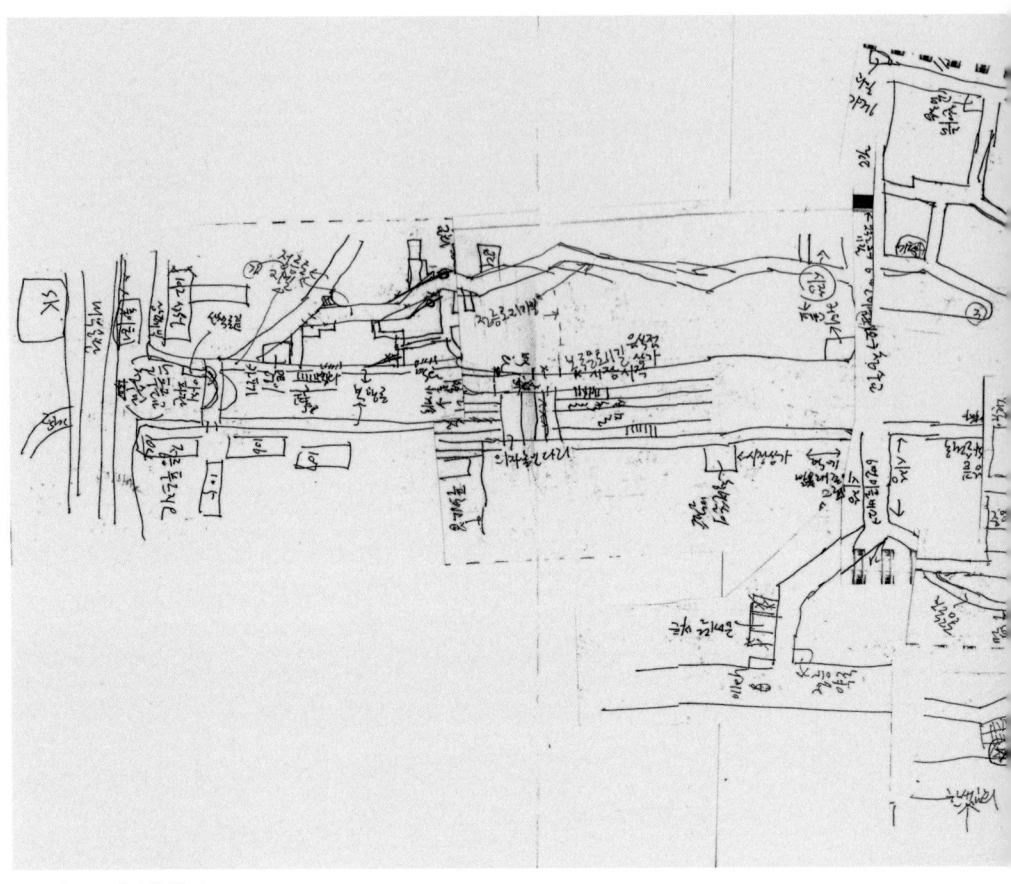

9-3. 기초 스케치 합침 지도.

기에서 한 번 더 보이고자 한다. 다소 부정확할 수는 있다. 선은 삐뚤삐뚤하고 건물과 도로 윤곽은 울퉁불퉁하다. 하지만 기초 스케치를 하고 이것을 이어서 밑 지도를 만들고 다시 정밀하게 다듬어 최종 지도를 완성하는 과정은 정말 즐거운 경험이었다(도판 9-1, 9-2, 9-3, 9-4). 삐뚤삐뚤하고 울퉁불퉁한 길과 집은 오히려 다질 공간을 확인하고 즐기게 해주는 고마운 선물이었다. 외부인이 골목길의 속 공간을 들여다봐야 하는 이유는 바로 이런 다질성 때문이다. 아파트

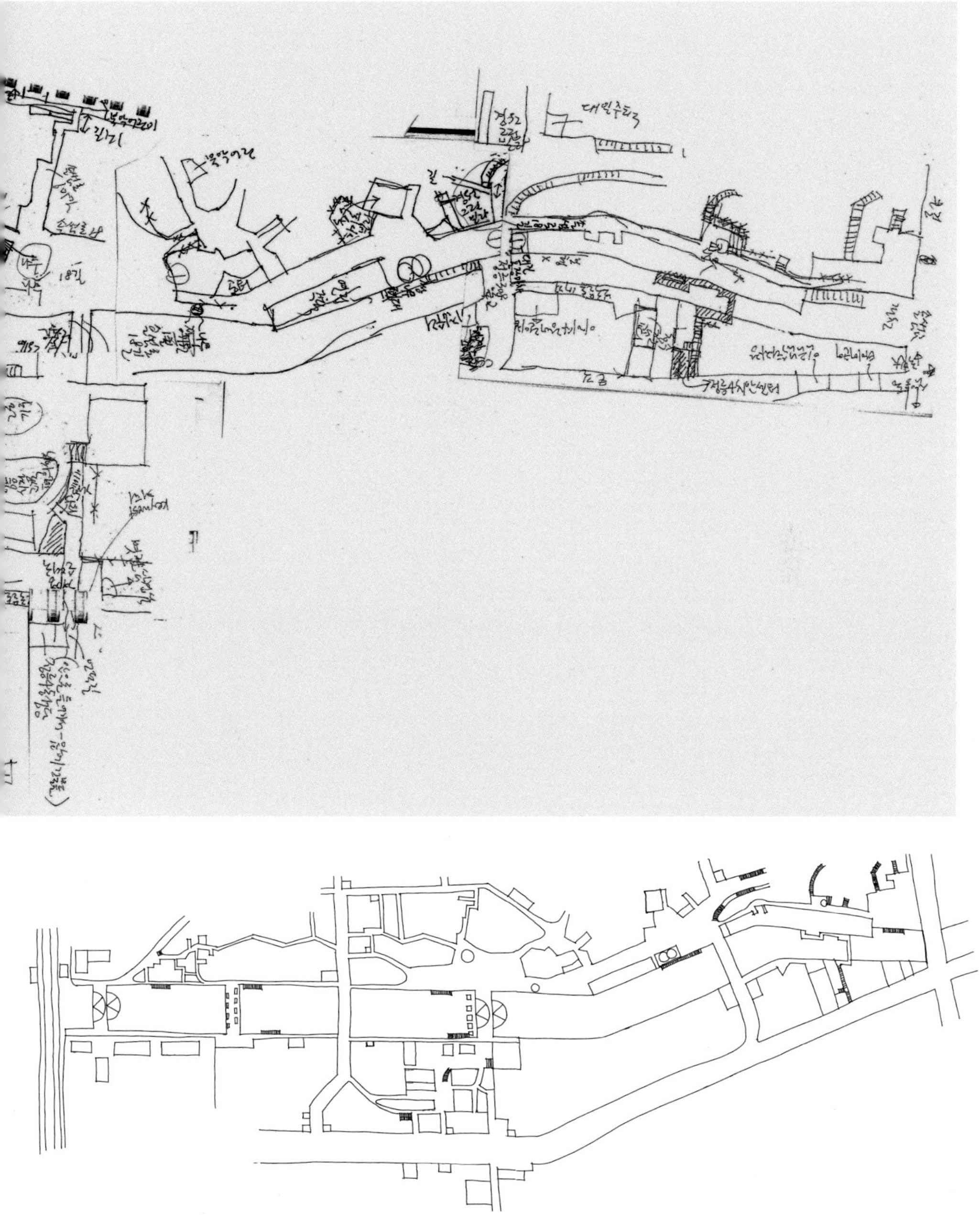

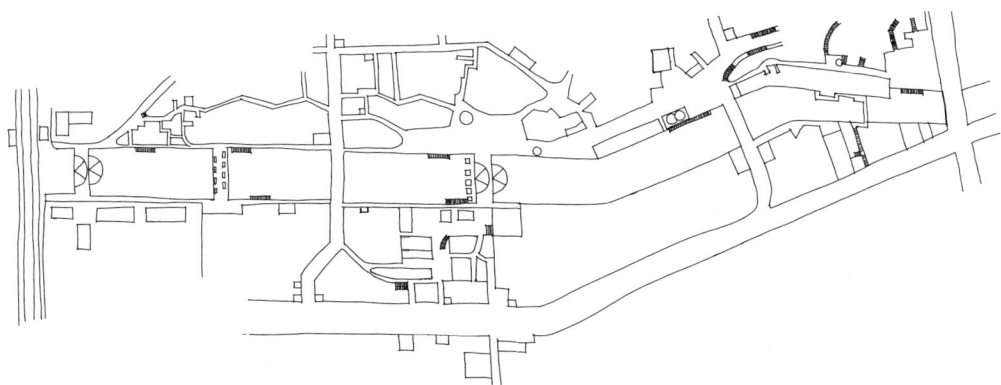

9-4. 정릉천 동네. 손으로 직접 그려 완성한 기본 지도.

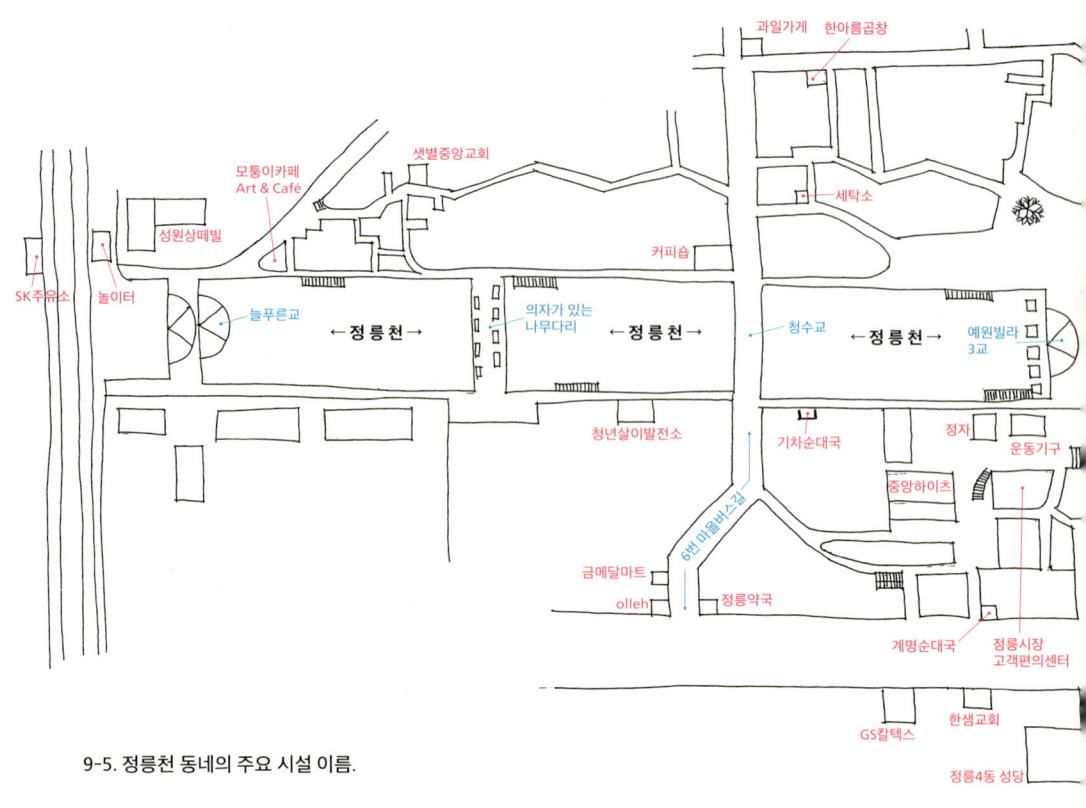

9-5. 정릉천 동네의 주요 시설 이름.

가 전 국토를 휩쓸어버린 2016년 9월의 한국에서 골목길은 다질성의 보고인 점에서 여전히 유효하다.

**정릉천 동네의 다섯 가지 다질 공간(1) – 이름 & 사물, 영역**

손 지도를 그리면서 파악한 다질 내용을 구체적으로 살펴보자. 다섯 가지이다. 첫째, 이름과 사물인데 먼저 시설 이름을 보자(도판 9-5). 이 동네의 시설 이름에는 아직 한국말이 많이 남아 있다. 한국 이름이 남아 있는 것이 얘깃거리가 된다는 사실 자체가 서글픈 일이지만 어쨌든 요즘 유행하는 외래어 이름은 확실히 적다. 동네 사람들이

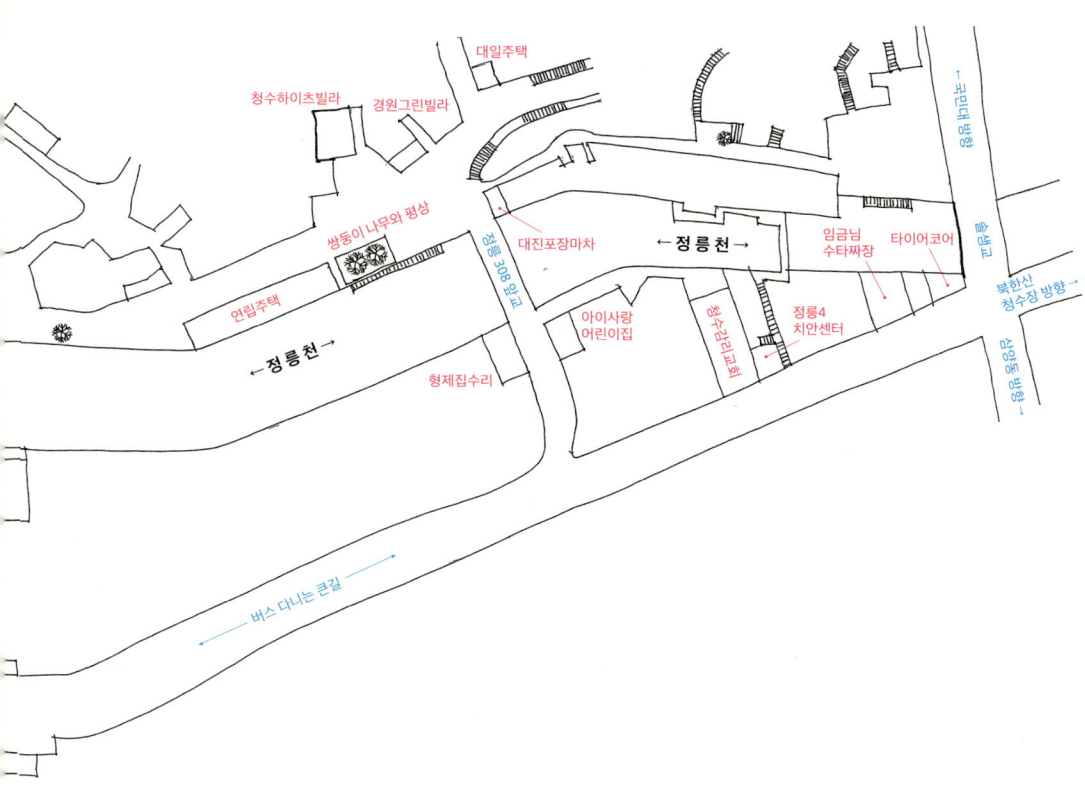

 나이가 많고 아직 옛날 유행에 머물러 있다고도 할 수 있지만 그만큼 소박하고 감성적인 것 또한 사실이다.
 예를 들어보자. 가장 먼저 맞는 다리 이름이 '늘푸른교'이다. 두 번째 다리는 차가 다니지 않는 나무다리여서 그런지 이름이 없는데 내가 '의자가 있는 나무다리'로 붙였다. 정릉시장에는 재미있는 가게 이름이 많다. 금메달마트, 한아름곱창, 기차순대국 등이다. 조금 위로 올라가면 볏짚삼겹살, 형제집수리, 임금님수타짜장 등으로 이어진다. 솔샘이라는 길 이름도 거든다. 이 일대에 개천을 끼고 소나무가 많았음을 말해준다. 업종 이름을 빼고 앞 단어만 모아보자. 금메

9-6. 보행 안내간판과 시장 상점 간판이 중첩된 모습(위).
9-7. 정릉시장 보행 안내간판(아래 왼쪽).
9-8. 의자가 있는 나무다리 위의 오리 가족. 나무 공예로 만들었다(아래 오른쪽).

달, 한아름, 기차, 볏집, 형제, 임금님, 솔샘 등이다. 입가를 살짝 끌어올리며 미소 짓게 해주는 포근한 단어들이다.

이름이 그래서일까. 동네 이곳저곳에 박혀 있는 사물들도 소박하다. 나무와 평상, 벽화와 길가 의자, 개천과 징검다리, 갈림길 어귀의 큰 나무, 다리와 계단, 크고 작은 포켓 공간 등이다. 이동과 머묾을 골고루 섞은 것들이다. 집 밖 공간이 활성화된 것을 알 수 있다. 동네 사람들이 집 밖 공간을 함께 나눠 쓰면서 공동체를 유지하고 있다.

이 동네를 오르내릴 때 이런 단어와 사물을 마주치면서 포근한 감정을 느껴보는 것은 오래된 동네의 다질 공간을 즐기는 좋은 방법이다.

안내 간판에도 공을 들였다. 청수교 위를 보자. 간결한 보행 안내 간판인데 셋을 나란히 겹쳐놓은 것이 뒤쪽 상가 간판과 겹치면서 묘한 대비를 이룬다(도판 9-6). 정릉시장으로 안내하는 보행 간판이 정겹다. '정릉시장 가는 길'이라는 녹색 팻말인데 고양이나 캥거루 같은 동물 모습으로 윤곽을 떴다(도판 9-7). 큰 개천을 끼고 있어서 그런지 오리를 곳곳에 사용했다. 의자가 있는 나무다리 난간 위에는 오리 가족 네 마리가 나들이를 나선다(도판 9-8). 청수교 입구 표지석 위에는 오리 한 쌍이 사이좋게 서로를 바라보며 서 있다(도판 8-9). 한 마리는 거위일 수도 있다. 한국의 개천에서는 종종 오리와 거위가 어울려 함께 사는 모습을 볼 수 있기 때문이다. 두 마리의 몸통을 구획한 구성 문양이 다른 점도 이런 생각을 돕는다.

둘째, 여러 영역으로 구성된다(도판 9-9). 1킬로미터 안팎의 거리인데 심심하지 않게 한 가지 공간으로 뽑지 않았다. 여러 영역으로

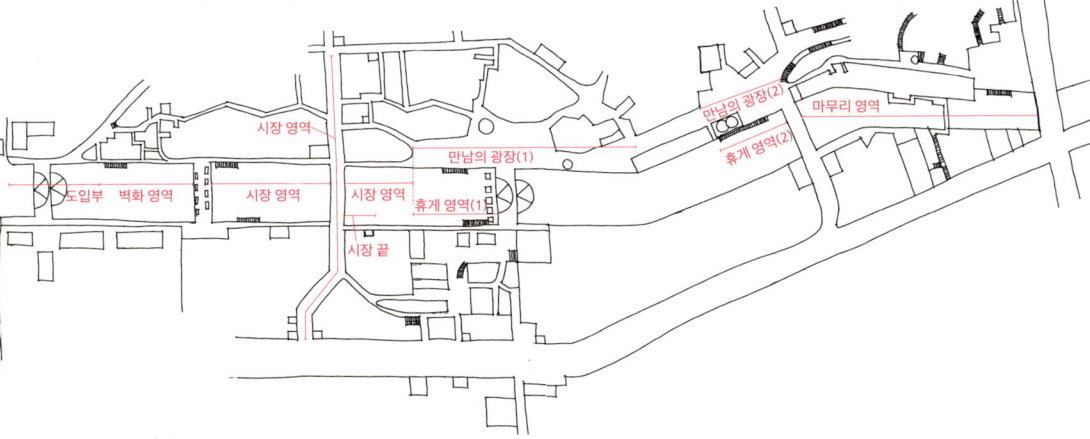

9-9. 정릉천 동네의 영역 구획.

구획을 했다. 정량적 공간이 아닌 정성적 공간이라는 것과 같은 말이다. 내부순환도로가 달리는 큰길에서 모퉁이 카페까지는 도입부이다. 여기부터 의자가 있는 나무다리까지는 벽화 영역이다. 이곳부터 청수교 일대까지는 시장 영역이다. 시장 영역 다음은 좌우 둘로 나뉜다. 진행 방향을 기준으로 왼쪽은 만남의 광장이라 부를 수 있다. 포켓 공간을 넘어 광장을 이룬다. 동네 속에 매우 큰 광장이 자리 잡고 있다. 오래된 큰 나무가 중심을 잡고 동네 주차장도 겸한다. 오른쪽은 휴게 영역이다. 앞에서 얘기한 '마을마당'이다. '마을 쉼터'라고 불러도 좋을 것 같다.

   정릉천 오른쪽 동네는 휴게 영역을 끝으로 더 이상 길이 없다. 길은 왼쪽으로만 나 있다. 만남의 광장이 끝나는 모퉁이 지점에 연립주택이 웅크리듯 앉아 있다. 안쪽 진행 방향으로 길게 뻗었다. 계단을 보면서 그 옆을 지나면 만남의 광장과 휴게 영역이 하나 더 나온다. 손가정터이다. 앞의 것들과 구별하기 위해서 영역 이름 뒤에 번호를 붙였다. 손가정터가 끝나면 큰 사거리이다. '정릉308앞교'라는 특이한 이름의 다리를 기준으로 한 사거리이다. 우리는 모퉁이의 대진포장마차를 끼고 왼쪽으로 직진이다. 여기부터 마무리 영역이다. 일직선 골목을 지나 경국사 앞 사거리에 이르러 우리의 여정은 끝난다.

### 정릉천 동네의 다섯 가지 다질 공간(2) – 동선과 결절 지점

셋째, 다양한 동선이다(도판 9-10). 귀갓길을 가정해보자. 큰길에서 시작해서 경국사 앞 사거리까지 가는 여정이다. 크게 보면 최소한 여섯 가지의 선택권이 있다. 각 선택 내에서 다시 갈림길이 나오면서 세분화된다. 지도에서 보면 대표 동선에 동그라미 숫자를 붙였고 여기에서 갈라지는 세부 동선 뒤에 숫자를 한 번 더 붙였다. 앞

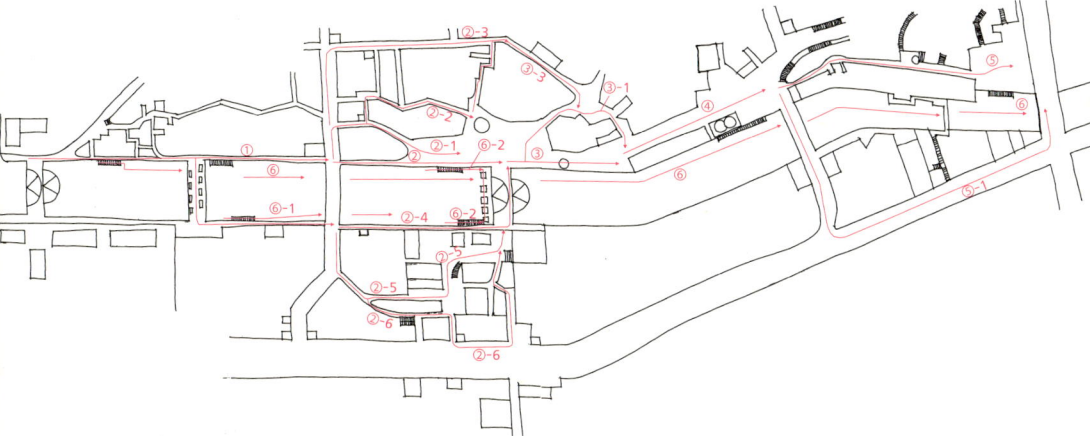

9-10. 정릉천 동네 동선의 다양한 갈래 선택.

에 나온 영역 구획과도 어느 정도 일치한다. 영역 구획을 동선의 관점에서 본 것이라 할 수 있다. 선택할 수 있는 최종 경우의 수는 사실 무한대에 가까워진다.

①번은 도입부와 벽화 영역을 거쳐 시장 영역의 청수교에 이르는 동선이다. 중간에 의자가 있는 나무다리를 기준으로 갈림길의 선택권이 있다. ②번은 청수교에서 예원빌라3교 사이의 동선이다. 갈림길이 가장 많이 나오는 구간이다. 정릉천을 중심으로 왼쪽과 오른쪽에 각 세 개의 갈림길이 나온다. 개천을 따라갈 수도 있고 좁은 골목길 속으로 들어가 미로를 감상할 수도 있다. 버스가 다니는 큰길까지 나갔다 들어오는 길도 제법 재미있다. 번호는 ②-6까지 갔고 일곱 가지의 선택권이 있다.

③번은 예원빌라3교에서 만남의 광장(1)이 끝나는 지점까지로 두 번의 갈림길이 나온다. 일직선으로 가는 길, 작게 도는 길, 크게 도는 길 등이다. ④번은 여기부터 대진포장마차까지로 갈림길 없이 한 번에 달린다. ⑤번은 대진포장마차부터 종점에 이르는 마지막 구

간이다. 여기서는 일직선 골목길을 따라갈 수도 있고 정릉308앞교를 지나 큰길로 나가서 수타짜장집의 간판에서 '임금님'을 확인하며 약간 돌아갈 수도 있다. 이상 ①~⑤번은 보행로를 따라가는 길이었다. 마지막 하나가 더 있다. 정릉천을 따라가는 ⑥번 길이다.

갈림길을 정하고 번호를 붙인 것은 물론 내가 정한 것이다. 여러 번 직접 가서 다녀보고 정한 것이기 때문에 터무니없지는 않을 것이다. 나라면 이 동네에서 이 정도로 동선의 다양성을 설정해서 즐긴다는 뜻이다. 이것만이 유일한 정답은 아니겠지만 한 가지 예라 생각하고 번호를 기준으로 경우의 수를 계산해보자. '$2 \times 7 \times 3 \times 1 \times 2 \times 3 = 252$'가지이다. 수학 세계에서는 '252'이지만 이쯤 되면 감성 세계에서는 '무한대'가 맞다.

이런 동선의 다양성이 왜 중요할까. 우리가 사는 현대 대도시를 생각해보자. 우리는 도시 속에서의 이동을 보통 일직선으로만 이해한다. 시작에서 끝까지 앞만 보고 한 가지 길로만 가야 한다고 생각한다. 그 한 가지 길은 빠를수록 그 도시가 현대화되고 발달한 도시로 인정받는다. 현대 도시에서는 속도와 시간이 생명이기 때문이다. 이것은 대체로 도시 전체를 경제적 관점에서 판단하는 기준이다. 기술과 자본으로 이루어진 현대 대도시에서는 이동 시간이 짧을수록 미덕이다. 가능하면 일직선이어야 한다. 동선의 종류를 다양하게 분화해서 공간을 즐기는 것은 정신 나간 짓이거나 심하게 말하면 '망하는 지름길'이다.

도시 공간은 자꾸만 단순해져 간다. 일직선이 좋은 길이요, 바둑판 격자가 좋은 구도이다. 현대 대도시에는 온갖 지름길만 난무한다. 새 길이 나면 반드시 원래 이동 시간이 얼마였는데 이것이 얼마나 절약되었는지가 자랑스러운 훈장처럼 제시된다. 자본주의 도시에서는 필요한 일일 것이다. 문제는 정작 마음 붙이며 다양하게 공

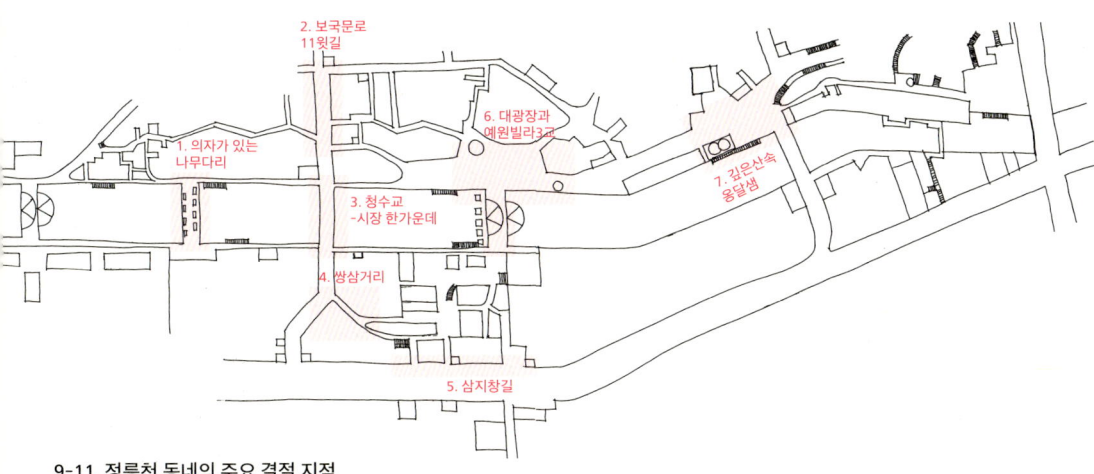

9-11. 정릉천 동네의 주요 결절 지점.

간을 즐길 수 있는 길은 점점 사라져간다는 점이다. 자동차 중심의 지름길은 경제적인 효율성에는 좋지만 감성에는 좋지 않다. 정량적 기준에서는 좋지만 정성적 기준에서는 좋지 않다. 도시 경제를 잘 돌아가게 해서 부를 창출하는 데에는 좋지만 시민들이 공간을 감성적으로 즐기는 데에는 도움이 되지 않는다. 서울의 강남이 돈은 크게 돌지만 공간의 물리적 특징은 단조롭고 삭막한 이유이다. 강남에서는 차를 놓고 걸어 다니기 힘든 이유이다. 처음부터 정량적 효율을 위해서 지었고 정성적 감성을 누리도록 지은 도시가 아니기 때문이다.

넷째, 결절 지점이 다양하다(도판 9-11). 이는 동선의 다양성과 맞닿은 말이다. 결절 지점은 동선에 갈래가 생기는 지점을 뜻한다. 영역이 다양하게 구획된다는 것도 같은 말이다. 단락을 나누려면 분기점이 있어야 되는데 이것이 곧 결절 지점이다. 결절 지점은 괜히 나오지 않는다. 공간적으로 중요한 의미를 갖는 지점이다. 물론 갈림길처럼 동선 방향을 바꾸는 물리적 골격의 변화가 우선이다. 그러나 이것만으로는 부족하다. 사람들은 단순히 물리적 골격이 바뀐다고 해서 동선을 쉽게 따라 바꾸지 않는다. 웬만하면 오던 길을 직진한다.

발걸음의 흐름을 바꿀 때에는 의미가 부여되어야 한다. 관성의 힘을 능가하는 유인 요소가 있어야 된다는 뜻인데, 공간의 다질성은 좋은 요소이다. 공간의 성격과 특징이 다양하게 변하면 사람들은 그것을 느끼고 즐기기 위해 이리 기웃, 저리 기웃 하게 된다. 이런 기웃거림이 곧 동선 변화이며 이것을 유발하는 마디가 결절 지점이다. 예를 들어, 의자가 있는 나무다리 위의 흥겨운 원색 의자는 강한 시각적 호기심과 흥미를 유발하면서 발걸음을 꺾이게 할 만한 매력이 있다(도판 9-12). 대광장과 예원빌라3교 앞의 큰 고목나무와 거기서 갈라지는 갈림길은 공간 구도가 흥미진진해서 발걸음을 끌어들이기에 충분하다(도판 9-13). 이런 곳에 서면 동선은 다양하게 갈래를 친다. 결절 지점이 형성된다.

정릉천 동네에는 9-10의 지도에 적었듯이 최소한 일곱 개의 결절 지점이 있다. 위치로 보면 앞에 나왔던 영역 구획과 동선 갈래가 일어나는 지점들과 대체로 일치한다. 네 개는 이름까지 같다. 두 개는 다리이고 두 개는 만남의 광장이다. 나머지 세 개는 새로 나온 이름이다. 보국문로11 윗길, 쌍삼거리, 삼지창길 등으로 모두 내가 붙인 이름이다. 셋 모두 동선 갈래에서 가장 변화가 심했던 ②번 동선이 속했던 지점이다. 쌍삼거리와 삼지창길이라는 말 속에 '세 개의 갈림길'이라는 뜻이 들어 있듯이 이미 동선 변화를 예고한다(도판 9-14). 보국문로11 윗길도 행정 도로명을 쓰기는 했지만 공간 구도를 보면 골목 갈래가 셋 연달아 나온다.

갈림길은 한국 골목길에서 아주 매력적인 요소이다. 이른바 '이리로 갈까 저리로 갈까' 하는 망설임은 현대식 효율성의 기준에서 보

9-12. 의자가 있는 나무다리 위의 흥겨운 원색 의자(왼쪽).
9-13. 만남의 광장(1) 혹은 대광장의 고목나무 앞 갈림길. 큰 고목나무는 동선 갈림을 유발하는 결절 지점으로서의 의미를 갖는다(오른쪽 위). 시장 파란 아치교 앞 골목길-고목-정릉천 (오른쪽 아래).
9-14. 시장 영역 쌍삼거리 속 나란히길. 모퉁이 집에서 양옆으로 갈라지는 중요한 결절 지점이다(아래).

면 '결정 장애' 같은 재래적 약점일 수 있다. 하지만 이런 식의 '갈래 넘보기'는 한국인의 기본 정서에 강하게 자리 잡고 있다. 인생을 나그네 여행길로 본 것도 같은 얘기이다. 정처 없는 나그네는 일직선으로 가지 않는다. 갈림길 앞에서 결정 장애의 즐거운 머뭇거림을 즐긴다. 그래서 모퉁이 집은 항상 정겹다(도판 8-16). 정릉천 동네를 걷다 보면 여러 곳의 갈림길 앞에서 모퉁이 집과 마주친다.

### 정릉천 동네의 다섯 가지 다질 공간(3)―특이한 공간들

다섯째, 특이한 공간들이다(도판 9-15). 앞에서 구획한 영역들의 속살이다. 동선의 갈래를 유발한 결절 지점을 지나 속으로 들어가서 보는 독특한 공간 구도이다. 우선 눈에 들어오는 것은 '卍(만)'자 공간이 셋이나 된다는 점이다. 짧은 골목 토막이 급하게 직각으로 연달아 꺾이는 구도라서 이런 이름을 붙였다. 물론 세 영역 모두 완전한 '卍'자 구도는 아니지만 그 속을 걸어보면 이에 근접한 공간감을 느낄 수 있다(도판 8-7, 9-16, 9-17, 9-18, 9-19). 이 동네에서 가장 역동적인 골목이라 할 수 있다. 골목 토막을 담는 벽면 장면이 추상

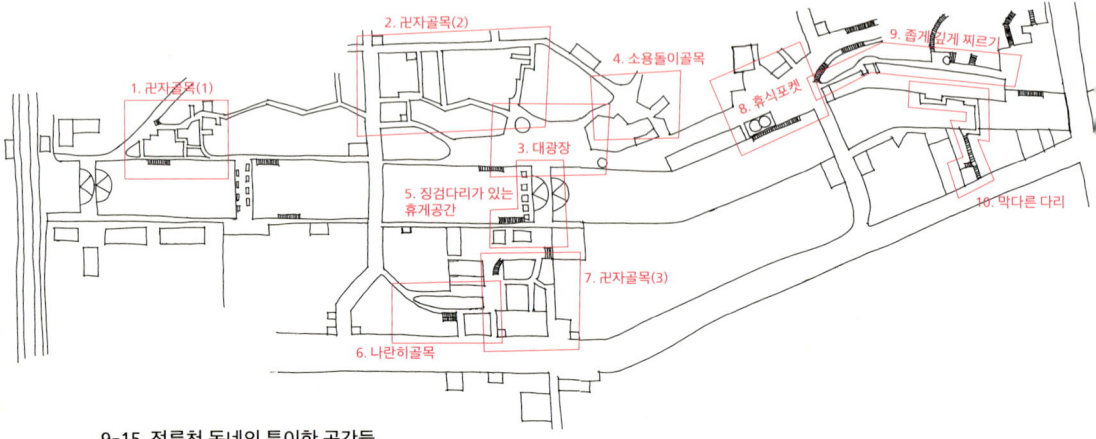

9-15. 정릉천 동네의 특이한 공간들.

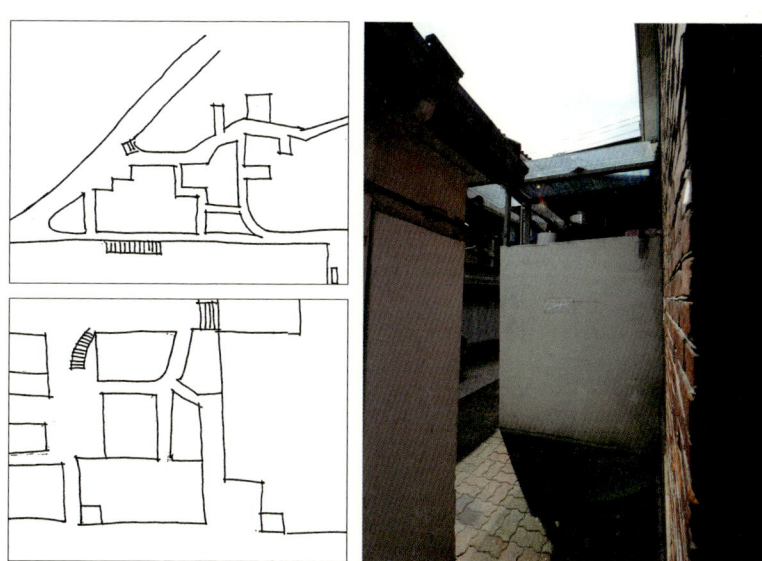

9-16. 卍자 골목1(왼쪽 위).
9-17. 卍자 골목1의 꺾임 골목(오른쪽 위).
9-18. 卍자 골목3(왼쪽 가운데).
9-19. 卍자 골목3의 꺾임 골목(아래).

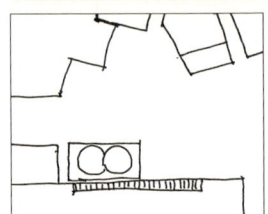

9-20. 만남의 광장(1) 혹은 대광장 전경.
큰 고목이 중심에서 시골 마을 어귀 구조를 이룬다(위).
9-21. 휴식 포켓. 손가정터(아래).

화 작품 속 구성 요소처럼 급하게 변한다.

　만남의 광장 두 곳은 공간의 성격이 다르다. '대광장'이라 이름 붙인 만남의 광장(1)은 말 그대로 광장의 성격이 강하다. 물론 한국식 광장이다. 큰 고목이 갈림길 앞에서 초점을 잡아주고 그 앞에 큰 공터를 내서 다목적으로 활용한다. 동네의 공공 모임 장소 같은 느낌이다(도판 9-20). 개방적이고 공적이며 공유 성격이 강하다. 광장이라는 이름을 붙이기는 했지만 유럽식 광장보다는 큰 느티나무와 정자가 지키는 시골 마을 어귀의 구도에 가깝다.

　'휴식 포켓'이라 이름 붙인 만남의 광장(2), 즉 손가정터는 분위기가 반대이다(도판 8-15, 9-21). 언제 가보아도 늘 동네 할머니 서너 분이 모여서 교분을 나누는 장면을 마주하게 된다. 그만큼 아늑하고 사적이며 독점 성격이 강하다. '휴식'이라는 말과 '포켓'이라는 말이 이런 성격을 잘 보여준다. 이 말 역시 내가 붙인 것인데, 할머니들이 마치 포근한 포켓 속에 든 것처럼 편안한 기분으로 도란도란 담소를 나누는 모습을 보고 떠오른 이름이다.

6번 '나란히 골목'과 9번 '좁게 깊게 찌르기'는 모두 일직선 골목길의 매력을 느낄 수 있는 공간이다. 나란히 골목은 앞의 결절 지점에서는 '쌍삼거리'에 속했던 곳이다. 모퉁이 집에서 갈라진 두 개의 일직선 길이 말 그대로 나란히 달리는 공간이다(도판 9-14, 9-22, 9-23, 9-24). 두 길 사이의 거리라 많이 벌어지지 않아서 모퉁이 집 앞에 서서 왼쪽과 오른쪽을 기웃거리면 골목 속살이 보인다. 훔쳐보

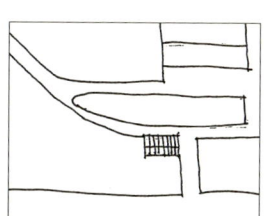

9-22. 나란히 골목(위).
9-23. 쌍삼거리 나란히길 오른쪽 골목(아래 왼쪽).
9-24. 쌍삼거리 나란히길 왼쪽 골목(아래 오른쪽).

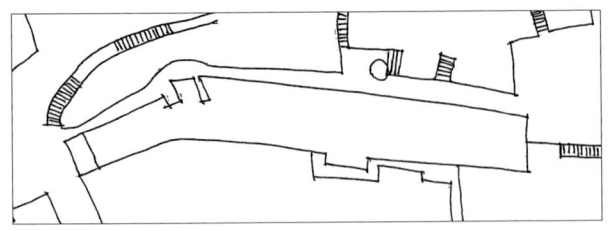

9-25. 좁게 깊게 찌르기.

는 재미는 덤이다. 두 개의 골목이 나란히 달린다. 왼쪽 골목은 노란 벽화로 시작한다. 사진을 찍고 있는데 장을 보고 집으로 돌아가시는 할머니 한 분과 마주쳤다. 발걸음을 멈추고 사진 찍기가 끝나기를 기다리시겠단다. 먼저 가시라고 하자 "아냐, 다 찍으세요. 나는 저-끝까지 가야 돼." 하신다. 골목길이 길어서 시간이 오래 걸릴 것이란 뜻 같았다. 오른쪽 골목 중간에서는 갑자기 계단이 시작되면서 위쪽 버스 길로 급하게 연결된다.

9번은 좁은 외길이 급하게 달리며 깊게 찌르고 들어간다(도판 9-25). 그래서 붙인 이름이다. 앞의 영역 구획에서는 마무리 영역, 동선 갈래에서는 ⑤번에 각각 해당된다. 길은 급하게 파고들어 발걸음을 부지런히 나른다. 그냥 달리기만 하지는 않는다. 앞에서 보았듯이 파스텔 톤의 벽과 벽화, 큰 소나무가 서 있는 삼거리와 작은

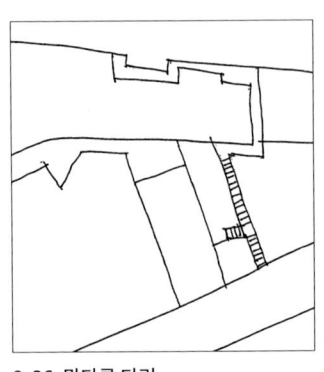

9-26. 막다른 다리.

포켓 공간, 계단 출입구 영역을 갖춘 집, 점집의 간판 등 여러 요소가 들어 있다. 앞장에 나왔던 도판 8-17~도판 8-20의 마무리 영역 사진들이 여기에 해당된다.

10번 '막다른 다리'는 특이한 공간이 가득한 이 동네에서 아마도 가장 특이한 곳일 것이다(도판 9-26).

9-27. 막다른 다리 전경(위).
9-28. 막다른 다리 근경(아래).

버스가 다니는 큰길에 있는 정릉4 치안센터 옆으로 철 계단이 나 있다. 무심코 들어가 보면 신기한 장면이 펼쳐진다. 계단을 조금 더 내려가면 정릉천을 건너는 보행자 전용의 좁은 다리가 놓여 있다. 개천 건너 두 집은 오로지 이 다리를 통해서만 진입이 가능하다(도판 9-27, 9-28). 이 두 집의 전용 다리인 셈이다. '막다른 다리'이다. 다른 곳에서 보기 어려운 특이한 구도이다.

**오래된 동네의 소중한 다질 공간**

이상 정릉천 동네의 다양한 다질 공간에 대해서 살펴보았다. 세련된 새 건물도 없고 그 흔한 유리 고층 건물이나 아파트도 없다. 이런 기준에서 보면 초라하고 낡은 동네이다. 그러나 공간 질의 다양성을 기준으로 하면 나는 감히 조형적 위용을 갖춘 동네라고 말하고 싶다. 소박하고 포근한 것은 사실이지만 여기서 끝나지 않는다. 생활의 흔적을 다질 공간으로 형식화할 줄 아는 조형 능력을 확실하게 느낄 수 있다. 맥아더 장군의 "노병은 죽지 않는다. 다만 사라질 뿐이다."라는 유명한 말이 오히려 소박하게 들린다. 이 동네는 시간의 힘을 강하게 내뿜으면서 다질적 공간의 조형성을 자랑한다.

진짜 다질성은 이 다섯 가지 요소가 함께 작동한다는 점에 있다. 다섯 가지를 따로 본 것은 첫 번째 단계로서 기본 요소일 뿐이다. 진짜 다질성은 이것들이 서로 어울려 만들어내는 두 번째 단계의 무궁무진한 다양성에 있다. 다섯 장의 지도는 서로 중첩해서 보아야 한다. 예를 들어, 영역 구획 지도의 만남의 광장(1)은 동선 갈래 지도에서는 ②번과 ③번의 여러 동선이 역동적으로 갈라지는 지점이다. 이 때문에 결절 지점과 특이한 공간들을 두 지도에서는 대광장이라 불렀다.

'영역-동선-결절 지점'의 다양성은 서로 밀접하게 연관되어 있다. 함께 작용하면서 공간의 다질성을 만들어낸다. 공간 특성은 풍부하고 다양해진다. 이런 다양성은 세 가지 점에서 좋다. 우선, 즐김과 놀이 기능이 있어서 발걸음을 다양하게 해준다. 이것이 발전하면 동선은 이동이 아닌 여정이 된다. 정량적 효율만을 위한 물리적 위치 변동이 아니라 스토리텔링 기능을 갖는 정성적 감성 활동이 된다. 다음으로 공간에 대한 선택권이 나에게 있다. 나의 성향과 하루의 기분 상태에 따라 맞춤형으로 발걸음을 선택할 수 있다. 나와 상관없이 외부에서 먼저 짠 것을 강제적으로 따라야 하는 것이 아니고 내가 주인이 되어 공간 환경의 종류를 선택할 수 있다. 마지막으로 작은 토막의 공간들을 내가 직접 조합하는 훈련을 통해 공간 인지 능력을 향상시킨다. 이는 감성, 인성, 기억력 등 모두에 도움을 주어 뇌 발달을 촉진한다. 현대인은 공간 인지 능력이 점차 퇴화해간다. 일직선 길로만 다니는 것도 모자라 그것마저 내비게이션이라는 기계에 의존하기 때문이다. 이런 현대인의 뇌 속 해마 부위는 다양한 공간을 경험하는 사람들의 절반으로 쪼그라든다. 나는 이 동네에 산책 올 때마다 버스 속에서부터 다양한 골목길 공간 모습과 그 속을 이리저리 선택해서 누비고 다니는 내 모습을 상상하면서 즐거운 기대를 한다. 그때마다 뇌가 활성화되고 기분이 좋아지는 것을 확실히 느낄 수 있다.

　오래된 동네 골목길의 다질 공간을 다른 관점에서 보면 결국 '길' 구도의 문제가 된다. 이곳은 길이 정말 다양하다. 한국 골목길의 기본기는 단연 갈림길인데 이곳도 이런 기본기를 잘 갖추었다. 갈라지면서 변화하는 양상이 정밀하다. 미세한 각도 차이로 삐뚤삐뚤하게 달리는 담, '卍'자 공간이라 부를 만한 급한 꺾임. 오징어 다리 찢듯 나란히 가는 길, 좁고 길게 파고드는 길, 개천 따라 곧게 뻗은 길, 길과 포켓 공간을 겸한 펑퍼짐한 길, 회오리 도는 듯 사선으로 급하게 꺾이는 길, 직각 길과 사선 길의 혼재, 모서리의 어긋남 등 발길 닿는 곳마다 같은 길이 없다.

　대비되는 길이 혼재한다. 비슷한 길이 함께한다. 같은 유형의 길이 여러 영역에서 반복되지만 '주제-변주'처럼 모습을 바꿔가면서 다양성을 높인다. '卍'자 골목은 세 군데나 되며 나란히 달리는 길도 이름 붙인 곳만 최소 두 군데로 다른 골목에 섞여 있는 것들도 더 있다. 모퉁이 집도 잊을 만하면 점점이 박혀 나타난다. 길의 물리적 구조는 도입부부터 마무리 영역까지 시종일관 다양하다. 손 지도를 보면 이 동네에는 일직선 길이 별로 없다. 있지만 도대체 오래가지 못한다. 끊기고 꺾인다. 몇 곳 길게 내달리지만 양쪽 담은 미세하게라도 평행에서 벗어난다. 사선이 훨씬 많다. 곡선도 제법 된다. 얼개의 좌표 구도부터 다질적이다.

완급 조절이 뛰어나다. 발길을 다양하게 이끌며 천천히 돌아가기 좋은 길이 있는가 하면 아침에 지각할까 봐 한걸음에 내달리는 지름길도 마련되어 있다. 이동할 때 길의 종류를 혼합해서 나만의 여정을 짤 수 있다. 배고픈 귀갓길은 지각하지 않으려고 아침에 내달린 지름길을 이용하면 된다. 마무리할 생각이 남아 있으면 나무다리 위 의자에 앉아 간단히 메모를 하다 '卍'자 골목에서 스타카토를 치며 생각을 한 번 더 확인할 수 있다. 괜히 늑장 부리고 싶을 때에는 징검다리를 건너면 된다. 여름에 시원하게 비 내린 다음 날은 개천 길을 따라 '우당탕' 물 흐르는 소리를 들으며 산뜻하게 걸으면 된다.

이외에도 무궁무진하게 나오리라. 다질 공간은 다질 생활을 만들어낸다. 소소한 감성 작용에 좋다. 인간의 뇌는 너무 섬세해서 천사의 옷자락보다도 더 부드러운 자극으로 위로해주어야 마음의 건강이 유지된다. 마음공부란 성난 사자처럼 번뇌를 쫓는 큰 수양에서 섬세한 마음을 미세하게 쓰다듬는 정성까지 양극단을 오가야 완성된다.

공간 인지는 마음을 부드럽게 위로하는 천사의 옷자락 같은 것이다. 매일 들락거리는 동네의 공간 환경은 매우 중요하다. 인간의 감각 작용은 오감이 총출동하는 종합적인 인지 활동이다. 뇌가 공간을 기억해서 발걸음을 이끄는 작용은 좌표상의 이동 같은 단순한 물리적 작용이 아니다. 감각과 기억, 감정과 호불호의 선택, 감성과 강약 조절 등과 같은 마음의 복합 작용이다. 여기에는 단연 오래된 동네가 제격이다. 오래된 동네가 조형적 위용에서 압도적인 이유이다. 오래된 동네가 소중한 이유이다.

# 10.
# 연대 평화의 집
## 편안한 친구의 추억

**건물을 사귀어라 – 친구는 떠나고 건물은 남는다**

연대에는 대학교 때 추억이 담긴 건물이 하나 더 있다. 바로 '평화의 집'이다. 순두부로 유명한 교내 식당이었다. 당시에는 사회대 아래에 있는 한경관이라는 조그마한 돌 건물에 들어 있었다. 연대 나온 사람들은 이 순두부를 무척들 좋아했다. 초등학교 친구 중에 연대 다니던 친구가 있었는데 그 친구 따라와서 한 번 먹어본 뒤 그 맛에 반해서 잊을 만하면 와서 먹곤 했다. 그 습관은 최근까지 수십 년 동안 이어져 왔다.

 평화의 집은 언제부터인지 공대 지하 식당으로 옮겨 왔다가 몇 해 전 계약이 만료되어 재입찰에 응했는데 다른 업체에게 져서 연대를 떠나게 되었다. 그때 식당 벽에 "그동안 정직하게 장사했습니다."라는 작별의 말이 붙어 있었다. 그 식당에서 밥 먹고 있는 수많은 사람 가운데 그 말의 의미를 가슴으로 아는 사람은 나 말고 또 누가 있으랴 싶었다. 아마도 연대에서 학창 시절을 보낸 뒤 연대 교수가 된 내 또래가 아니면 모를 것이다. 외지인인 나조차도 그걸 보면서 대학교 때 추억이 다소 아프게 다가왔다. 그래서일까, 새로 들어온 식당은 옛날 평화의 집과 비교했을 때 낯설게 느껴졌다.

평화의 집이 들어 있던 작은 돌 건물인 한경관 자체는 아직도 잘 남아 있어서 지금은 교직원 식당으로 사용하고 있다. 이 건물 앞에는 자그마한 공터가 있는데 이곳도 내가 자주 찾는 집필 장소 가운데 한 곳이다. 벤치와 책상이 여러 개 있어서 봄부터 초가을까지 나무 밑에서 책을 쓸 때에 애용한다. 무엇보다 평화의 집이 들어 있던 그 돌 건물이 아직도 그대로 잘 남아 있어서 좋다. 책을 쓰다가 차 끓여 먹을 물을 뜨러 그 건물로 드나들 때면 옛날 나에게 순두부 맛을 가르쳐준 그 친구도 보고 싶고 대학교 때 추억도 새롭다. 친구는 떠났지만 건물과 순두부의 추억은 남았다. 그 돌 건물 역시 나와 함께 나이 먹어가는 건물이다.

연대에서 책을 쓰면 이상하게 '글발'이 잘 오르는데 이런 추억의 건물이 여럿 남아 있어서 그럴 것이다. 아마도 옛날 대학교 때로 돌아간 것 같은 편안한 느낌이 들어서일 것이다. 남의 학교이긴 하지만 나에게는 늘 그 자리에 있어서 평범하고 편안한 곳, 친구의 품 같은 곳이다. 사람들은 이런 곳을 여러 곳 가지고 있어야 한다. 기분에 따라 적당한 곳을 골라 거닐며 평범함 속에서 편안한 느낌을 흠뻑 즐길 수 있어야 한다. 그래야 정서가 안정될 수 있다. 서대문구 일대의 동네는 나에게는 소중한 친구 같은 곳이다. 연대 말고도 추억의 장소가 더 있다. 직장 주소를 적거나 불러줄 때 '서대문구'라는 단어가 나오면 마음이 편해진다.

한번은 서대문구 구립 도서관인 이진아기념도서관에서 서울의 건축에 대해서 5회 강연을 한 적이 있었다. 마침 서대문구가 내 고향이라 주제를 서울 전체가 아니라 독립공원과 인왕산 일대로 좁혀서 잡았다. 한 지역만 가지고 5회를 했으니 꽤 깊이 들어간 것이다. 그

대신 내 고향이라 감성까지 실을 수 있었다. 마치 나의 오래된 친구를 소개하듯 어릴 적 추억과 전문적인 건축 얘기를 섞어서 했다. 청중 수는 적었지만 대부분 서대문구 주민이어서 공감지수가 높았다. 강의에 몰입하며 즐겁게 들으셨다.

신기한 일도 있었다. 나는 서대문 근처의 '박산부인과'에서 태어난 것만 알고 그 병원이 정확히 어디에 있었는지는 몰랐었다. 강연 첫날 서두에 내 고향이 서대문구라고 소개를 하면서 '박산부인과'에서 태어났다니까 초로의 관객 한 분이 행촌동 어디어디에 있었다고 알려주셨다. 그분도 서대문구에서 태어나서 평생을 이 일대에서 살아오신 것이었다.

나는 미신은 믿지 않지만, 내 체질과 습성이 서쪽과 평지랑 잘 맞는 것을 경험적으로 느낄 수 있다. 서울과 경기도는 서쪽이 평지이다. 서대문구와 인연이 깊은 것도 그런 연유인 것 같다. 지금 사는 곳도 고양시 행신동이다. 산이 없는 평지 동네이다. 예전에 5년 동안 경기도 광주에 산 적이 있었는데 온통 산뿐이어서 산기운에 눌려서인지 공기가 무척 맑았음에도 시름시름 아팠다. 그러다가 반대편 서쪽 평지 동네로 이사 온 뒤에는 보는 사람마다 건강해 보인다고들 한다. 나는 소띠인데 태어난 일시도 만추의 끝자락 석양이 시작되는 때이다. 추수를 끝내놓고 저녁놀을 바라보며 한가롭게 쉬고 있는 소의 기질인데 서쪽과 평지가 이와 잘 맞는다. 내 생활권은 서울의 서북쪽인데 방위적으로나 지형적으로 모두 나와 잘 맞는 것 같다.

그래서 그런지 이곳 강북 생활에 아주 만족한다. 사실 어떤 면에서 나는 강남 키드이다. 중학교 2학년부터 2000년까지 압구정동에 살았으니 25년을 강남 한복판에서 산 것이다. 1975년부터 살았으니 가끔 TV에 역사 기록 화면으로 나오는 바로 그 '강남 개발'의 시작부터 한복판에서 산 것이다. 하지만 지금 강북에 사는 것이 더 좋다.

강남과 강북의 차이가 더 심해지는 것 같아서 안타까운데, 이런 마음을 실어 강남 사는 사람들에게 '강북도 사람 사는 동네'라고 우스갯소리를 하곤 한다. 내가 이렇게 강북 생활에 만족하는 데에는 어릴 적 친구 같은 동네와 건물의 추억이 중요한 부분을 차지한다.

10여 년 전에는 어머니를 모시고 어머니 어릴 적 동네를 구경 간 적이 있었다. 수구초심首丘初心이랄까, 어머니도 나이가 들어가시면서 어릴 때 추억이 그리워지셨던 것이다. 어머니는 철인에 가까울 정도로 감정 통제를 잘하는 분이었는데 나이는 이기지 못하시는지 가끔씩 어릴 때 추억을 그리워하셨다. 아마도 사람에게 쏟지 못했던 정을 어릴 때 놀던 동네로 대신한 것이 아닐까 생각해본다. 어머니 아들 아니랄까 봐, 그 점에서는 나와 굉장히 비슷하셨다. 지방의 한 도시였는데, 그 동네를 둘러보면서 무척 즐거워하시던 어머니 모습이 지금도 눈에 선하다. 어느 골목길에 들어서서는 "여기서 깡통 차기를 하고 놀았는데 내가 뻥 차면 제일 멀리 날아갔었다. 남자애들보다도 더 멀리 갔다."라며 어린애처럼 좋아하셨다.

어머니도 나처럼 친구가 없으셨는데 그 자리를 어릴 때 살던 동네로 대신한 점까지도 나는 어머니를 닮았다. 어머니가 돌아가신 지 3년 정도 되어간다. 감정 나누기를 절제하셨기 때문에 어머니와의 추억이 많지 않지만 그때 어머니를 모시고 나들이 갔던 기억은 내 머릿속에 아주 소중하게 남아 있다. 그리고 부끄러운 말이지만 그것은 이 불효자가 어머니께 해드렸던 몇 되지 않는 효도 리스트에 들어 있다.

늘 그 자리에 있다는 것, 이것은 분명 나이 먹은 건물과 오래된 동네만이 가질 수 있는 대표적인 좋은 점이다. 오래되어 친하다는 '친구'의 뜻을 다른 말로 하면 늘 그 자리에 있다는 것이다. 그래서 평범하지만 또 그래서 편안하다. 평범하고 편안한 친구의 품은 정서 안정에 꼭 필요하다. 하루가 멀다 하고 간판이 바뀌고 건물을 뜯어고 치거나 헐고 도로가 새로 나는 곳에서는 느낄 수 없는 소중한 감정이다. 건물과 동네는 사람이 아니지만 여기에 나의 추억과 감성 등을 연계시킬 수 있으면 언제나 한자리에서 나를 기다리는 것이 된다.

감정이입을 통한 의인화 효과이다. 마치 오래된 음악을 몇십 년 지나서 들어도 '그 느낌 그대로'인 것과 같다. 여러 추억이 넝쿨처럼 따라 나오는 것도 같다. 같이 늙어가도 이익이 개입하지 않기 때문에 늘 그대로 있을 수 있다. 고등학교 동창을 30년 만에 만나도 처음에는 어색하지만 한두 시간만 지나면 '이 녀석 저 녀석' 하면서 농담도 하고 웃고 떠들면서 금방 옛날로 돌아가는 것과 같다. 모두 늘 그 자리에 있어서 가능한 것들이다. 나이를 먹었기 때문에 가능한 것들이다. 친구는 떠나고 건물이 남는다.

**가장 보편적인 인간관계 – 친구에 대한 여러 의견**

친구는 가장 보편적인 관계이기 때문에 이런저런 관련 얘기가 많다. 일찍부터 추상적 사고의 대상이기도 했다. 철학, 종교, 사회학, 심리학, 교육학 등 여러 분야에서 '친구'라는 주제는 중요한 위치를 차지한다. 그 내용은 앞에 적은 것 같은 일상생활에서 상식 차원으로 회자되는 것과 크게 다르지 않다. 다만 학문적으로 이론화하고 개념적 정리를 가해서 다듬은 정도의 차이만 보인다.

이미 그리스철학에서부터 친구라는 주제는 중요한 관심사였다. 그리스철학자 가운데 친구에 대해 가장 먼저 철학적 관심을 기울인 사람은 아리스토텔레스Aristoteles일 것이다. 그는 우정에 대해서 관심을 가지고 고찰한 결과 『니코마코스 윤리학Ethika Nikomacheia 8권』에서 다음과 같이 말했다. "무엇보다도 우정은 나라를 하나로 묶어주는 것 같다. 그래서인지 입법자들은 정의보다 우정에 대해서 관심이 더 많은 것 같다. 협동심은 정의보다는 우정과 더 밀접하다. 친구 사이에서는 정의가 필요 없기 때문이다." 개인 사이의 친구보다는 공적인 차원에서의 우정의 효율에 대해 한 말이다. 우정은 나라를 운용하는 데까지도 유용하다고 본 것이다. 법으로 강제하는 의무보다 우정에 기초한 자발적 참여가 더 효과가 있다는 뜻이다. 모든 국민이 친구 같은 관계가 된다면 그 이상 좋은 사회는 없을 것이기 때문이다. 가장 이상적인 사회는 국민 사이에 건강한 친구 관계 같은 협동심이 유지되는 사회일 것이다.

친구에 대해서 가장 많이 강조한 철학자는 아마도 에피쿠로스Epicouros일 것이다. 그는 우정에 대해 다음과 같이 말했다. "지혜가 우리의 인생을 온전히 행복하게 만들기 위해 제공하는 모든 것 중에 최고는 우정이다. 비록 우정이 처음에는 도움의 필요에서 시작될지라도 우정은 그 자체로 추구되어야 한다. 우정은 또한 매우 아름답다. 친한 사람들끼리 함께 모여 있는 모습은 마치 심장까지도 하나가 된 것 같아 보인다." 에피쿠로스는 행복주의의 창시자였는데 그 중심에 우정을 둔 것이다. 이를테면 요즘 같은 고령화 시대에 노후 대비 항목 1, 2순위에 친구가 오르는 것과 같은 의미일 것이다.

예술가들도 빠질 리 없다. 예술가의 감성에서 친구는 놓칠 수 없는 매력적인 주제일 것이다. 앞에서 예이츠가 친구 관계를 '영예'에 비교해서 조금 무겁게 봤다면 이를 '집'에 비유한 경우도 있다. 18세기 말 영국의 낭만주의 시인 겸 화가였던 윌리엄 블레이크William Blake는 "새는 둥지에서, 거미는 거미줄에서, 사람은 우정에서"라며 우정을 노래했다. 생명체마다 각자 쉬는 안식처가 있는데 사람에게는 그것이 집이 아니라 우정이라고 한 것이다. 고해의 인생길에서 우정은 진정 집의 역할을 대신할 때가 있다. 독일의 유명한 소설가 헤르만

헤세Hermann Hesse도 비슷한 말을 했다. "친구들의 뜻이 함께할 때면 전 세계가 한순간은 집처럼 보일 것이다."라는 말이다.

기독교에서도 '친구'는 중요한 단어이다. 『성경』에도 여러 곳에 '친구'라는 말이 나온다. 「잠언」이 대표적인 부분이다. 17장 17절에서는 "친구는 사랑이 끊어지지 아니하고 형제는 위급한 때를 위하여 났느니라."라고 하면서 친구 관계의 원천을 사랑에서 찾았다. 19장 4절에서는 "재물은 많은 친구를 더하게 하나 가난한즉 친구가 끊어지느니라."라고 하면서 돈으로 맺어진 친구의 가벼움과 위험에 대해서 경고하고 있다. 외견상 친구는 고난의 날에는 나를 버린다는 뜻이다. 18장 24절에서는 "많은 친구를 얻는 자는 해를 당하게 되거니와 어떤 친구는 형제보다 친밀하니라."라면서 반대로 진실한 친구에 대해서 말한다. '사람이 재산'이라며 친구마저도 수집하듯 숫자에 연연해서 사귀면 그 가운데에는 나를 배반하고 내게 해를 끼치는 사람이 나오게 마련이다. 반면 진실한 친구는 형제보다도 친밀하다고 했다.

기독교에서 우정을 대표하는 관계는 아마도 다윗과 요나단일 것이다. 「사무엘상」과 「사무엘하」에는 두 사람의 진실한 친구 관계에 대한 얘기가 많이 나온다. 요나단이 서른 살 이상 나이가 많았음에도 두 사람은 진실한 우정의 예로 거론된다. 두 사람의 우정은 성경에서는 실로 대표적인 것이며, 동아시아의 대표적인 우정인 관포지교管鮑之交를 떠올리게 한다. 요나단은 다윗이 골리앗을 쓰러뜨리자 그의 담력과 신앙심에 감동되어 목숨을 나누는 친구가 될 것을 맹세했다. 「사무엘상」 20장 17절에서 "다윗에 대한 요나단의 사랑이 그를 다시 맹세하게 하였으니 이는 자기 생명을 사랑함같이 그를 사랑함이었더라."라고 말하듯 진실한 우정은 생명을 나누는 관계라고 적고 있다. 마치 삼국지의 도원결의桃園結義를 보는 것 같기도 하다.

다윗은 요나단의 결정적인 도움으로 몇 차례 전쟁에서 죽을 고비를 간신히 넘기며 목숨을 건졌다. 그 후 요나단이 길보아산에서 전사하자 그에 대한 보답으로 요나단의 절름발이 아들을 극진히 보살펴주었다. 「사무엘하」 1장 26절에는 다윗이 요나단을 그리워하며 "내 형 요나단이여 내가 그대를 애통함은 그대는 내게 심히 아름다움이라 그대가 나를 사랑함이 기이하여 여인의 사랑보다 더하였도다."라고 애통해했다고 적고 있다. 이성 간의 사랑은 인간의 본능이지만 진정한 우정은 이런 본능적 사랑보다도 더 아름답다고 했다. 『성경』은 두 사람 사이에 신앙심이 있었기 때문에 이런 우정이 가능했다고 가르치고 있다.

이런 내용들은 우리가 일상에서 아는 친구나 우정의 개념과 크게 다르지 않다. 기독교에는 이외에 좀 더 종교적인 의미의 '친구'도 있다. 하나님을 열심히 믿고 하나님께 순종하며 하나님의 뜻에 따라 사는 사람을 '하나님의 친구'라고 한다. 모세가 대표적인 예로 「출애굽기」 33장 11절에서 "사람이 자기의 친구와 이야기함같이 여호와께서는 모세와 대면하여 말씀하시며"라고 했다. 따라서 '하나님의 친구'라는 말은 기독교에서는 믿음에 대한 보증수표 같은 것이기 때문에 매우 명예로운 호칭이 된다. 그래서일까, 「이사야」 41장 8절과 「야고보서」 2장 23절에서는 믿음의 아버지 아브라함에 대해서도 이 명칭을 쓰고 있다. 「이사야」에서는 "나의 벗 아브라함"이라 했고 「야고보서」에서는 "아브라함이 하나님을 믿으니 이것을 의로 여기셨다는 말씀이 이루어졌고 그는 하나님의 벗이라 칭함을 받았나니"라고 했다.

친구가 갖는 기독교적 의미는 신약에서 예수에 의해 완성된다. 신약에서는 예수와 열두 제자 사이의 관계를 포괄적으로 '친구'라고 정의한다. 우리가 보통 아는 사제지간이나 주인과 종의 관계가 아닌 친구 관계로 정의한 것이다.「요한복음」15장 14~17절이 대표적인 구절이다. "너희는 내가 명하는 대로 행하면 곧 나의 친구라. 이제부터는 너희를 종이라 하지 아니하리니 종은 주인이 하는 것을 알지 못함이라. 너희를 친구라 하였노니 내가 내 아버지께 들은 것을 다 너희에게 알게 하였음이라 (…) 내가 이것을 너희에게 명함은 너희가 서로 사랑하게 하려 함이라."라고 했다.

이상을 요약하면, 신앙심에 기초한 기독교의 우정은 두 가지가 핵심 내용이다. 하나는 이익 따라 들락거리지 말며 목숨을 나눌 정도로 진실해야 한다. 다른 하나는 '하나님의 친구'나 '예수의 친구'라는 말에서 보듯 수직적 상하 관계가 아닌 수평적 동지 관계라는 것이다. 이 둘을 모범으로 보여준 것이 바로 예수였다. 예수의 십자가 처형 속에는 이런 우정의 뜻이 담겨 있다. 예수가 완성한 기독교적 우정은 크게 세 단계로 구성된다.

첫째, 예수와 제자 사이의 관계는 상하 관계가 아니라 서로가 깊은 이해와 공감에 의해 맺어진 친구 관계이다. 둘째, 친구 사이에는 반드시 사랑이 있어야 하며 그 사랑의 극치는 친구를 위해 생명을 버리기까지 하는 일이라고 했다. 셋째, 예수는 본인 스스로가 그 모범을 보임으로써 '친구'라는 개념을 통해 기독교적 믿음의 완전한 실체를 증명해 보였다. 이런 신약의 '친구' 개념을 전 인류로 확장하면 예수를 진심으로 믿는 모든 진실한 기독교인은 하나님에 대한 믿음을 공유함으로써 '예수의 친구'가 되는 것이다. 그리고 예수는 자신의 목숨을 십자가에 내던짐으로써 그런 친구들의 죄를 대신하였고 그들에게 구원의 길을 열어주었다.

중세에는 이 뜻이 확장되어 신앙적 동지를 대문자 'F'를 써서 'Friends'라고 불렀다. 동일한 신앙관을 공유하면서 함께 모여 신의 뜻에 따라 경건하고 절제된 삶을 사는 사적 결사체 같은 것이었다.

'종', '동지', '사제' 같은 다른 말도 많은데 굳이 '친구'라는 말을 쓴 것은 아마도 '친구' 속에 담긴 선택, 신뢰, 동질감 등의 의미 때문일 것이다. 자발적 선택의 대상인 신앙을 함께 공유하기 위해서는 신뢰가 절대적으로 필요하며 그 결과 목숨까지도 나눌 수 있는 강한 동질감이 생긴다. '친구'는 이런 일련의 숭고한 과정을 한마디로 표현하기에 가장 적합한 단어일 것이다.

# 11.
# 한강대로 서민주택
# 친구와 어깨동무를 하다

**곁을 내어주다, 어깨동무를 하다 – 전통 건축의 지붕**

외관이 좋은 친구 관계처럼 보이는 경우도 나이 먹은 건물에서 친구의 미학을 느낄 수 있는 소중한 예이다. 친구 관계를 창작 요소로 삼아 조형적으로 표현하는 경우이다. 이런 건물을 보면 실제로 친구 관계가 연상된다. 그리고 오래된 건물에 많이 나타난다. 나이 먹은 건물의 좋은 점은 이런 친구의 관계를 은유적으로 보여준다는 것이다. 두 채가 나란히 서 있는 모습에서 시작해서 여러 채가 잘 어울리는 모습까지 다양하다. 채의 숫자가 너무 많아지면 친구 관계를 넘어선다. 최대 세 채 정도까지가 좋을 것 같다. 친구 셋이서 어깨동무를 하는 모습까지는 정말 보기 좋다. 세 채를 넘어서면 '집단' 개념이 나타난다. 친구 관계보다는 좀 더 포괄적인 '어울림의 미학'으로 넘어간다.

   나이 먹은 건물에 나타나는 친구 관계를 보고 있으면 마음이 푸근해진다. 다정한 친구 모습을 보는 것 같다. 이런 친구 관계는 동갑인 경우가 많다. 동갑이 아니라도 상관없다. 나이 차이가 나도 상관없다. 적어도 친구라면 동등하다는 점이 전제되어야 한다. 그러면 위계는 무의미해진다. 동등이 위계보다 더 큰 힘을 발휘할 때 친구 관계가 성립된다. 그래서 왕과 신하, 스승과 제자, 부모와 자식이 친구가 되는 경우도 있다.

동등하다는 것은 아름답다. 서로가 서로를 생각하는 마음이 동등하고 바라보는 곳이 동등하며 위해주는 것이 동등하다. 그래서 앞뒤나 위아래로 서지 않고 옆에 나란히 설 수 있다. 나에게 다가오고 내 옆에 서는 사람한테 곁을 내어줄 수 있게 된다. 생각해보자. 인생을 살면서 곁을 내어줄 수 있는 몇 되지 않는 관계가 친구이다. 곁을 내어주면 어깨동무를 하게 된다. 나란히 함께 서서 같은 곳을 바라보는 모습이다.

덩치 차이도 중요하지 않다. 한쪽이 크고 다른 쪽이 작더라도 동등하다는 마음만 있으면 얼마든지 어깨동무를 할 수 있다. 어깨동무를 하다 보면 덩치도 비슷해 보인다. 실제로는 덩치 차이가 나도 이상하게 친한 친구가 함께 서 있으면 비슷해 보인다. 아마 서로 마음을 당기기 때문이리라. 그렇다면 모습은 어떨까. 서로 비슷하면서도 다르고 다르면서도 비슷하다. 오래 입어서 잘 맞는 옷, 오래 신어서 잘 맞는 신발 같다. 오래된 친구일수록 형제 사이와는 또 다른 묘한 동질감이 쌓여 있다.

친구 관계를 보여주는 건축 구성은 전통 건축과 골목길 속이 단연 최고이다. 한국 사람들이 정이 많아서일까, 전통 건축과 골목길 속 오래된 집 가운데에는 친구 관계를 보여주는 다정한 모습이 많다. 비단 친구 관계만이 아니고 이런저런 어울림을 보여주는 건축 구성이 넘쳐나는데 친구 관계도 빠질 수 없다. 전통 건축과 골목길에 나타나는 어울림의 미학은 한국 전통 정서를 반영한 결과이다. 오순도순 어울려 정 나누기를 좋아하는 전통 정서이다. 친구 사이의 정은

11-1. 경복궁 강녕전과 연길당. 사이좋은 친구 관계를 연상시킨다.

모성을 기반으로 한 가족 사이의 정과 함께 전통 정서에서 양대 산맥을 이룬다.

　친구 관계는 건물이나 집의 두 부분에서 특히 잘 드러난다. 지붕과 문이다. 몸통이 나란히 서면 지붕은 따라가게 되어 있다. 보통 지붕이 눈에 먼저 들어오지만 그 밑에는 건물 몸통이 받치고 있다. 지붕에서는 박공이 친구 관계를 표현하기에 제격이다. 박공이 나란히 서서 같은 곳을 바라보는 것만으로도 서로에게 곁을 내어준 친구 관계를 보는 것 같다. 경복궁의 강녕전과 연길당을 보자(도판 11-1). 강녕전은 왕의 침전이고 연길당은 부속 전각이라서 등급이 낮지만 상관없다. 둘은 영락없이 사이좋은 친구가 어깨동무를 하고 있는 것처럼 보인다. 강녕전이 조금 뒤로 물러앉았고 연길당이 그 앞으로 한발 나서 옆에 섰다. 두 건물의 지붕 박공은 어깨동무를 하는 친구

11-2. 운강고택. 담 밖에서 본 바깥 행랑채. 서로 마주 보는 지붕이
마치 손을 뻗어 맞잡은 친구 같다(위).
11-3. 중광스님 주택(차운기). 두 동이 사이좋은 친구처럼 서로 마주 보고 있다.
그 사이의 작은 공간에 나무를 심었고 소박한 의자를 놓았다(아래).

관계를 표현한다. 전통 기와지붕 처마선이 활짝 펼쳐지기 때문에 두 개를 겹치려면 이처럼 앞뒤로 배치하는 것이 가장 좋다.

지붕 각도를 조금 안쪽으로 틀면 친구의 사이좋은 관계가 더 강조된다. 운강고택이 좋은 예이다(도판 11-2). 담 밖에서 본 바깥 행랑채의 모습인데, 두 채의 지붕 처마가 마치 친구 두 명이 두 팔을 벌려 함께 춤을 추는 것 같다. 조금만 더 다가가면 지붕이 닿을 듯하다. 지붕은 이내 팔이 되고 손이 되어 맞잡을 듯 가깝다. 함께 손잡고 강강

술래를 추는 것 같다. 강한 동지 의식 같은 것을 느끼게 해준다.

현대건축가 가운데에도 전통 건축에 나타난 친구 관계의 조형 형식을 활용하는 경우가 있다. 차운기의 중광스님 주택이 좋은 예이다(도판 11-3). 언뜻 보면 '좀 깨끗한 초가'처럼 보이지만 사실은 새로 지은 '현대 초가' 정도로 생각하면 된다. 차운기는 육면체 형태의 서구 형식주의에 반대해서 한국적 비정형주의를 추구한 중요한 건축가인데, 안타깝게도 건강이 악화되어 젊은 나이에 요절했다. 그가 남긴 작품의 미학적 특성은 폭이 넓은데 그 가운데에는 이 건물처럼 전통 건축을 상당히 직설적으로 차용한 예도 제법 된다.

이 건물은 서로 마주 보며 'ㄱ'자로 꺾인 두 동으로 이루어져서 사이좋은 친구 관계를 연상시킨다. 나는 예전에 차운기에 대해 비평을 한 적이 있었는데 그때에는 이 장면을 '친자의 정'으로 표현했다. 하지만 지붕을 잘 엮어서 그런지 마치 친구 둘이서 어깨동무를 하고 있는 형국이다. 두 채가 덩치 차이가 좀 나지만 문제 될 것 없다. 그 사이 작은 공간에 나무를 한 그루 심고 아담한 의자까지 놓아서 사이좋은 친구 관계는 더욱 돋보인다. 피 한 방울 나누지 않은 사이지만 둘이 모여 관계를 이루다 보면 그 사이에서 이 장면처럼 긍정적 결과가 생기게 되는 것, 이것이 친구 사이이다.

**친구 같은 건물—한강대로 서민주택과 관계의 미학**

이런 모습은 한국전쟁 이후 서울에 형성된 서민주택에서 많이 관찰된다. 용산역 근처 한강대로에 있는 네 채의 서민주택이 단연 최고이다. 내가 정말 좋아하는 장면이다. 용산역에 이런저런 볼일이 있어서 갈 때마다 일부러 들러서 한 번 보고 오는 장면이다. 언뜻 헐릴 위기를 넘기고 운 좋게 살아남은 낡은 옛날 집처럼 보인다. 한때 개발 광풍이 불었던 용산 바로 그 한복판이다. 언제 헐릴지 아슬아슬

11-4. 용산구 한강대로의 서민주택 네 채. 사이좋은 친구 관계의 최고봉을 보여준다.

해 보이기도 하고 주변에서 옥죄고 들어오는 고층 건물들 사이에서 측은해 보이기도 한다. 하지만 이렇게만 볼 일은 아니다. 이 작은 집 네 채에서 참으로 많은 얘깃거리가 나온다. 모두 친구 관계를 말해 준다. 여느 골목길처럼 자연발생적으로 배열된 것 같지 않다. 누군가 생각을 하고 의도를 가지고 이렇게 배열한 것 같다. 그 생각과 의도는 아마도 친구 관계였을 것이다. 네 집이 어울려 친구 관계를 말하고 싶었을 것이다. 내 마음부터 포근하게 열어젖혀야 한다. 그래야 이 오래된 집의 소중한 의미를 받아들일 수 있다.

가운데에 두 채가 나란히 붙어 서 있고 양옆으로 조금 떨어져서 각 한 채씩 바깥을 호위하고 있다(도판 11-4). 박공도 같은 구성이다. 가운데에 있는 두 채, 혹은 박공 두 장은 정말 사이좋은 친구 같다(도판 11-5). 언뜻 보면 쌍둥이처럼 같아 보이지만 자세히 보면 약간 다르다. 몸통과 지붕 모두 크기는 같지만 지붕 색깔, 벽체 처리,

창틀 등이 조금씩 다르다. 같은 듯 다르고 다른 듯 같다. 이 모든 것을 합하면 두 집은 '짝꿍'의 관계를 득하는 데에 필요한 조건을 만족했다. 나란히 서서 어깨동무를 하고 있다.

허름한 서민주택이다. 낡고 오래된 건물이다. 저 속의 형편에 대해서 나는 당연히 알지 못한다. 지나친 미화는 경계해야 한다. 서민주택이니 경제적으로 어려울 수도 있고 식구 가운데 일부가 부재일 수도 있다. 하지만 적어도 어깨동무를 하고 있는 두 집이 사이가 좋을 것이라는 생각만은 조심스럽게 해본다. 그리고 나 같은 사람, 건물에서 집에서 친구 관계를 추적하는 사람에게는 참으로 포근한 장면을 선물로 주고 있다. 그 포근함은 나이를 적당히 먹어 세월의 더께가 내려앉아서 더 그럴듯하다. 동네 사람이나 그 앞을 오가는 행인에게도 마찬가지이다. 나처럼 명확히 의식하지 않더라도 이런 구성을 하고 있는 건물을 보면 사람들 마음속에는 무의식적으로 좋은 생각이 든다. 나이 먹은 건물이 주는 선물이다.

11-5. 네 채 가운데 중앙의 두 채는 같은 듯 다르고 다른 듯 같은 모습으로 나란히 서 있다.

11-6. 네 채 가운데 왼쪽 두 채를 짝으로 묶을 수도 있다. 몸통은 거리를 뒀지만 둘 사이에 문을 넣어 관계를 이었다.

　네 채가 나란히 서 있다 보니 조합에서 나오는 경우의 수도 다양해진다. 각 조합은 모두 그 나름대로 관계의 미학을 표현한다. 중심선을 기준으로 양옆으로 두 채씩 짝꿍을 지을 수도 있다(도판 11-6). 왼쪽의 두 채를 짝으로 묶어서 보자. 둘 사이에 약간 거리를 두고 각자에 집중한 모습이다. 아니다. 거리를 둔 것이 아니다. 몸통과 박공은 멀어졌지만 그 사이에 문이 나란히 붙지 않았는가. 문을 슬며시 붙여놓고 자신들은 약간 뒤로 물러앉았다. 문을 통해 관계를 이었다. '문-몸통-박공'을 통째로 보면 여전히 사이좋은 모습이다. 어깨동무를 한 것이 아니라면 팔을 뻗어 손을 잡고 있는 형국이다. 나머지 반쪽도 같은 구성이다. 전체를 보면 중심선을 기준으로 줄다리기를 하는 형국이다. 줄다리기는 대립이나 싸움이 아니다. 온 동네가 하나가 되는 어울림의 축제이다. 줄을 당기는 동안은 양쪽으로 갈려서 힘이 부딪히지만 다 끝나고 나면 양편이 서로 끌어안고 춤을 추며 막걸리를 나눈다. 이것이 한국적 정서, 정 나누기이다.

　세 채씩 짝을 지을 수도 있다. 왼쪽과 오른쪽으로 두 세트가 나온다(도판 11-7, 도판 11-8). 각 세트 내에서도 친구 관계를 읽을 수

11-7. 왼쪽으로 셋이 모인 조합이다. 서로 적절히 가깝고 적절히 떨어져서 여전히 좋은 친구 관계를 표현한다(위).
11-8. 오른쪽으로 셋이 모인 조합(아래).

있다. 두 채가 뭉쳐 있고 끄트머리에 한 채가 홀로 서 있다. '왕따'가 아니다. 오히려 그 반대이다. 홀로 남은 한 채를 팔을 뻗어 잡아당기는 형국이다. 이번에도 중간에 문을 넣어 연결의 끈을 이었다. 보다 일반적인 장면일 수도 있다. 친구 세 명이 놀다 보면 둘이 얘기를 하고 한 명은 잠시 혼자 있게 되는 경우가 쉽게 발생한다. 셋 사이는 적절히 가깝고 적절히 멀어서 좋다. 이 관계가 너무 오래 계속되면 패가 갈리는 것이지만 둘이 얘기하는 상대가 곧 바뀐다. 이렇게 저렇

11-9. 중구 신문로2가 주택.

게 만나면서 셋 사이의 관계는 더 돈독해진다.

세력을 다투고 경쟁하는 관계라면 『삼국지』에 나오는 '솥 정鼎' 자의 일화처럼 셋 사이에 똑같은 거리를 유지해야 한다. 이것은 관계의 미학이 아니다. 그저 삼등분일 뿐이다. 팽팽한 힘의 균형과 긴장감만 흐를 뿐이다. 눈금에 의한 도량학적 분할이지 기하학적 어울림은 아니다. 마음 가는 대로, 얘깃거리 따라, 그날그날 형편 따라 이렇게 모이고 저렇게 모이며 자유롭고 자연스럽게 어울리는 것이 관계의 미학이다. 초등학교 미술 시간을 떠올려보자. 세 개의 물체를 놓고 구성을 짤 때 정삼각형 구도는 그다지 권장하지 않는다. 한쪽으로 약간 쏠리되 전체적인 균형을 유지하는 구성이 좋다는 것이 통설이다. 여기가 그렇다.

지붕에서 처마 선은 생략되고 박공은 삼각형으로 단순해졌지만 친구처럼 사이좋게 나란히 서 있는 모습은 전통 건축의 기와지붕과 똑같다. 나는 이 장면을 보면 마음이 푸근해진다. 네 건물은 정말로 '사총사' 같다. 이 네 집에 사는 주민들이 어떤 사람들인지, 네 집 사이의 관계는 어떤지 물어보고 싶어 죽겠다. 용산 개발이 시행되었으면 반나절 만에 허무하게 철거되었을 것이다. 용산 개발이 무산되면서 살아남기는 했지만 수명이 그리 길어 보이지 않는다. 머지않아 헐릴 것이고 그 자리를 고층 건물이 차지할 것이다. 이런 친구 관계를 보여주는 건물들이 점차 사라져간다. 마치 사람 사이의 관계가 차가운 유리 고층 건물의 이미지처럼 이익을 건 거래로 변질되는 것

11-10. 전주 한옥마을의 서민주택. 대문 둘이 사이좋은 친구처럼 나란히 서 있다.

을 반영하는 것 같다.

친구 관계를 넘어 연인 관계처럼 표현된 경우도 있다. 중구 신문로에 있는 주택이다(도판 11-9). 지붕 박공을 보면 마치 연인이 뒤에서 '백 허그'를 하는 것 같다. 자세히 보면 박공이 세 개다. 이쯤 되면 '아기-엄마-아빠'의 세 식구에 가까워진다. 굳이 친구에 비유해도 무방하다. 크기 차이가 좀 나지만 친구 셋이 모이다 보면 이 정도 키 차이가 나는 것이 특별한 경우는 아니다. 중고등학교 때 소풍 가서 찍은 사진을 꺼내보자. 친구 세 명이 몸을 겹치고 다정하게 사진을 찍는 포즈 같다.

문도 친구 관계를 표현하기에 좋은 부분이다. 한옥에서도 이런 장면이 자주 관찰되지만 이는 벽면 위에 낸 방문이라 친구 관계보다는 친자 관계나 가족 관계로 느껴지는 경우가 더 많다. 골목길 속 옛날 집들은 다르다. 대문을 통해 옆집과의 관계를 친구처럼 표현한다. 전주 한옥마을에 있는 서민주택 두 채를 보자(도판 11-10). 양옥까지 가지는 못했고 마음씨 좋은 동네 아저씨 같은 분위기의 서민주택이다. 대문 둘이 나란히 서서 사이좋은 친구 관계를 표현한다. 대문

11-11. 삼선 1동 골목길 속 친구 같은 어울림의 모습(위).
11-12. 삼선 1동 골목길 속 친구 같은 어울림의 모습(아래).

은 물론이고 담벼락과 차양까지 많이 닮았다. 대문이 크기 차이가 좀 나기는 하지만 마치 교복을 입은 학창 시절 친구 모습을 보는 것 같다.

   이것과 비슷한 장면이 서울 골목길에도 많다. 삼선 1동의 두 곳을 보자(도판 11-11, 도판 11-12). 이 두 장면은 나의 저서인 『서울, 골목길 풍경』에도 나왔던 것이다. 그 내용이 많지 않으니 잠시 인용해 보자. 도판 11-11에 대해서는 "모여 산다. 모이고 싶어 한다. 모였다. 세 집이 모였다. 막다른 골목의 속 풍경이다. 작은 공터를 만들고

대문 세 개가 마주했다. 두 집만으로는 왠지 부족하다. 세 집이면 든든하다. 집을 비워도 누군가 한 집에는 사람이 있게 마련이다. 고스톱을 쳐도 세 명은 모여야 흥이 난다. 싸우면 말릴 사람도 필요하다. 축구라도 있는 날이면 얼마나 정겨울지 상상이 간다. 색조도 신경을 써서 맞췄다. 짙은 녹색과 옅은 옥색이 제법 잘 어울린다."라고 했다.

도판 11-12에 대해서는 "다시 문 세 개다. 이번에는 일자다. 왼쪽 두 개가 한 집이고 오른쪽 한 개가 다른 한 집이다. 모이고 싶어 하고 모였지만 자세히 보면 적당히 끊었다. 파란 대문으로 들어가는 계단 왼쪽에 떡 덩어리 같은 매스를 붙였다. 색이 다르고 높이가 다르고 크기가 다르니 율동감이 만들어졌다. 구성미의 압축감은 없지만 공과 사를 적절히 조합한 지혜가 느껴진다."라고 했다.

둘 모두에 대해서 '모임'이라는 개념으로 풀었다. 골목길 속에서 쉽게 볼 수 있는 '모임'의 장면이다. 작은 집이 다닥다닥 붙어 있는 골목길이다 보니 이런 장면이 종종 나온다. 모임의 내용은 여러 가지일 터인데 이 두 장면은 친구 관계가 가장 제격이다. 도판 11-11은 앞에 나왔던 운강고택의 구성에 한 명이 더 가세한 형국이다. 소주잔이라도 가운데 놓고 담소를 즐기는 모습이다. 도판 11-12는 한강대로에서 나왔던 셋의 조합에 변화를 주어 좀 더 율동적으로 변한 모습이다.

## '짝꿍'의 미학 – 지란지교의 사귐

이런 예들이 보여주는 친구 관계, 즉 건축에서 '친구'의 의미는 무엇일까. 기본적으로 '짝' 혹은 '짝꿍'의 개념이다. 그 바탕에는 '관계의 미학' 혹은 '관계의 형식'이 있다. 조형성이 강한 개념이다. 대부분의 건물이 단독으로 혼자 서 있는 데 반해 두 덩어리 이상으로 구성되는 경우 가장 중요한 것은 조형적 어울림이기 때문이다. 이때 두 덩어리면 대부분 '짝', 즉 친구의 관계를 표현한다. 셋 이상이면 어울림의 미학이 된다. 모두 '함께'라는 가치를 조형적으로 표현해야 한다. 둘이건 셋이건 함께 어울려야 얻어지는 조형적 아름다움이다. 이때 어떻게 어울릴지, 어떤 결과를 지향하고 얻게 될지가 중요하다. 이런 점에서 친구 관계와 같다. 나이 먹은 건물들이 보여주는 짝꿍의 미학과 어울림의 미학은 모두 좋은 관계를 지향하고 표현한다. 그래서 보는 사람의 마음을 푸근하게 해준다. 지금은 고인이 된 가수 박상규의 노래 가사처럼 "여보게 친구, 웃어나 보세."를 떠올리게 한다.

고사성어에는 좋은 친구 관계를 이르는 말이 유난히 많다. 대표적인 것만 들어봐도 관포지교, 교칠지교, 근묵자흑, 근주자적, 금란지교, 막역지우, 문경지교, 백아절현, 수어지교, 죽마지우, 지란지교 등이다. 이것을 종류별로 분류해보면 크게 두 가지로 나눌 수 있다. 하나는 조건 없이 무조건 믿고 좋아하는 관계로 관포지교, 금란지교, 막역지우, 문경지교, 백아절현, 죽마지우 등이 여기에 해당된다. 세상의 이익이 뚫고 들어갈 틈이 없고 목숨까지 함께 나눌 수 있는 관계이다. 어려서부터 함께 자라 거리낄 것이 전혀 없으며 세상에서 나를 알아주는 단 한 사람과의 관계이다.

다른 하나는 좋은 친구끼리 만나서 서로에게 도움이 되는 관계이다. 교칠지교, 근묵자흑, 근주자적, 수어지교, 지란지교 등이 여기에 해당된다. 서로 도와 부족한 점을 보완해서 상승작용을 일으키거나 서로에게서 좋은 점을 보고 배우는 관계이다. 사람은 모방의 동물이기 때문에 어렸을 때에는 부모와 교사를 보고 배우며 크면서는 친구를 따라 하게 된다. 나쁜 친구를 만나는 것도 마찬가지여서 '물든다'는 말을 써서 경계했다. 먹과 함께 있으면 검어진다고 했으며 붉은 빛을 가까이하면 반드시 붉어진다고 했다.

『명심보감明心寶鑑』「교우交友」편에서는 공자의 가르침을 빌려 이런 좋은 친구 관계의 중요성에 대해서, "선한 사람과 함께 있는 것은 향기로운 지초와 난초가 있는 방 안에 들어간 것과 같아 오래되면 그 냄새를 맡지 못하게 되니, 이는 곧 그 향기와 더불어 동화된 것이고, 선하지 못한 사람과 같이 있으면 절인 생선 가게에 들어간 것과 같아서 오래되면 그 나쁜 냄새를 알지 못하나 또한 그 냄새와 더불어 동화된 것이다. 붉은 주사를 지니고 있으면 붉어지고, 검은 옻을 지니고 있으면 검어지게 되니, 군자는 반드시 그와 함께 있는 자를 삼가야 한다."라고 가르친다. 여기에서 나온 말이 '지초와 난초같이 고상하고 청아한 교제'라는 뜻의 '지란지교芝蘭之交'이다. 좋은 친구끼리 만나서 서로 선한 영향을 끼치며 함께 좋아진다는 뜻이니 친구 관계에서는 최고의 것이라 할 만하다.

'짝'을 좀 더 친밀하게 부르면 '짝꿍'이 된다. 초등학교나 중학교까지 어울리는 말이고 조금씩 어른 모습이 보이기 시작하면 잘 쓰지 않게 된다. 하지만 어른이 되어서도 친밀함을 나타내고 싶을 때에는 짝꿍이라는 말을 쓰기도 한다. 짝꿍이라는 말이 유난히 친밀하게 느껴지는 이유는 아마도 동년배 효과 때문일 것이다. 여기에는 두 가지가 있다.

하나는 동갑의 미학이다. 실제로 나이가 같으면 쉽게 친해진다. 학교를 같이 다니면서 한 반이 되고 그것도 모자라서 책상을 공유하면서 나란히 앉게 되는 것은 범상치 않은 인연이다. 셀 수 없이 많은 사람 사이에서, 스쳐가는 인연이 99퍼센트인 인생에서 이것은 간단치 않은 인연이며 더욱이 그 우정이 어른이 되고 늙어가면서까지 계속된다는 것은 친자 사이나 부부 사이의 인연보다 결코 가볍다 할 수 없다. 그래서일까, 사회에 나와서 만난 사람들도 동갑이면 더 정이 가고 친해지며 거래 관계를 넘어 말을 놓고 친구가 되는 경우가 종종 있다.

다른 하나는 파트너, 즉 동업자 관계이다. 코미디언이나 가수 가운데 콤비나 듀오가 좋은 예이다. 이때에는 반드시 나이가 같을 필요는 없다. 동고동락과 직업적 생사를 같이하는 동지 관계이다. 인생이라는 망망대해에서 작은 쪽배를 같이 타고 살아도 같이 살고 죽어도 같이 죽는 관계이다. 직업으로 뭉쳤지만 오랜 기간 함께 지내면서 이익 관계를 초월해서 형제 이상으로 가까워지게 되는 경우도 많다. '홀쭉이와 뚱뚱이'처럼 기능적으로도 서로 부족한 점을 메워 더 좋은 합을 낸다. 요즘은 대중문화에서 콤비가 사라졌지만 나이 좀 먹은 세대는 수없이 많은 훌륭한 콤비를 기억하고 있다.

만담꾼에서 시작해서 코미디언, 가수, 배우 등에 이르기까지 다양하다. 당장 떠오르는 것만 적어보아도 고춘자-장소팔, 양훈-양석천, 남철-남성남, 트윈폴리오, 사월과 오월, 안성기-박중훈 등 정말 훌륭한 콤비가 많았다. 잘 찾아보면 이보다 훨씬 많을 것이다. 이들은 단순히 기능적 보완을 넘어서서 우정에서 우러나오는 관계의 미학을 보여준 점에서 그 의미가 각별하다. 사이좋은 두 사람이 나와서 만담과 우스갯소리와 노랫말과 연기를 주고받으며 합심하는 장면은 우리 마음을 푸근하게 해주었다. 모두 우정을 바탕으로 한 관계들이다.

**'하나 됨'의 미학 – "영혼 하나를 두 개의 몸에 나누어 가진"**
짝꿍이 갖는 이런 여러 가지 미학을 합하면 '하나 됨' 혹은 '일체감'이 된다. 피를 나눈 사이도 아닌데 이런 관계가 형성된다는 것은 실로 신기하면서도 위대한 것이다. 특히 가족주의가 붕괴된 현대사회에서 친구 관계는 친자나 부부 관계를 대신할 소중한 생활의 자산이다. 노후 대비 항목에 '자식'은 들어 있지 않아도 '친구'는 들어 있는 것도 이 때문일 것이다. 그래서일까, 이미 2천 몇백 년 전 그리스에서도 짝꿍에게 느끼게 되는 '하나 됨'과 '일체감'을 아주 잘 표현했다. 바로 앞에서 에피쿠로스가 했던 "친한 사람들끼리 함께 모여 있는 모습은 마치 심장까지도 하나가 된 것 같아 보인다."라는 말이다. 이 사실은 하나님 앞에서도 변하지 않는가 보다. 성 아우구스티누스 Aurelius Augustinus도 『고백록』(4.6.11)에서 비슷한 말을 했다. "가장 완벽한 우정은 영혼 하나를 두 개의 몸에 나누어 갖는 경우"라고.

'홀쭉이와 뚱뚱이'처럼 짝꿍의 관계는 상호보완이 될 수 있다. 확장하면 친구 사이는 서로에게 긍정적 발전에 중요한 도움을 줄 수 있다. 단, 건전하고 건강한 친구일 때이다. 앞의 고사성어에서 두 번째와 같은 경우이다. 친구와 가까워지게 된 동기와 함께 모여서 하는 일의 종류가 중요한데, 건전한 생활을 함께하거나 도덕적 목적을 공유하는 경우가 가장 이상적이다. 건전하고 도덕적이며 인생에 도움이 되는 일을 친한 친구에게 배운다면 이보다 더 눈물 나는 일이 또 있겠는가. 이런 좋은 친구 관계는 보기에도 참으로 좋다. 예를 들어 운동장에서 남학생들이 농구나 축구를 하는 모습을 보면 그렇게 좋아 보일 수가 없다. 공부나 봉사활동을 함께하는 친구, 신앙생활을 함께하는 친구 등 좋은 친구 관계는 얼마든지 있다.

반대로 예부터 어른들이 가장 경계하고 조심했던 것은 나쁜 친구를 사귀는 것이었다. 친구 잘못 사귀어서 나쁜 길로 빠지는 안타까운 예를 종종 보기 때문이다. 나쁜 짓을 함께하는 친구는 친구라고 하지 않고 '패거리'라고 하며 이것이 범죄로 넘어가면 '공범'이라고 한다. 잘해야 '삐뚤어진 우정'이라고 한다. 성장기 때 중요한 것 가운데 하나가 '좋은 친구와 어울리는 것'이다. 반대로 나쁜 친구와 어울려서 인생이 진창에 빠지는 경우도 수없이 많다. 우리 아버지도 보통의 한국 아버지들처럼 아들과 대화를 많이 하지는 않으셨는데 그

와중에도 꼭 어떤 친구를 사귀냐고 주기적으로 물어보곤 하셨다. 그리고 가끔 내 친구들을 모아서 밥도 사주시면서 어떤 친구들인지 직접 확인하셨다.

그래서 공자는 "친구가 셋만 모이면 그 가운데 본받을 스승이 생긴다."라고 했다. 팔레스타인 자치정부의 수반이며 1994년 노벨 평화상을 수상했던 야세르 아라파트Yasser Arafat는 평생을 전사로 살아온 경험을 바탕으로 "친구를 신중하게 선택하라. 그대의 적들이 그대를 선택할 것이다."라고 했다. 이스라엘과 오랜 전쟁을 해오면서 배신과 믿음이 승패의 주요 분기점임을 깨닫게 되었을 터이다. 이는 일반화해도 충분히 설득력이 있는 말이다. 친구를 잘못 사귀면 적을 내 내부에 들여놓는 꼴이 된다는 뜻으로도 해석할 수 있다. 그때부터 내 인생은 내 내부와의 끝없는 싸움으로 병들어간다.

한국 사회에 던지는 교훈이 크다. 아주 좁혀서 생각해보자. 우리는 대부분 술과 담배를 친구에게 배운다. 그리고 그것 때문에 한참 건강해야 할 중년부터 각종 병에 시달린다. 그러면서도 술과 담배를 함께하는 친구 관계를 진정한 우정이라고 생각한다. '같이 망가져야' 인간미가 있다고 생각하며 패거리에 끼어준다. 한국 남성의 음주율과 흡연율이 세계적으로 높은 데에는 술과 담배를 우정과 결부하는 나쁜 관습이 배경에 있다. 중고등학교 때 친구가 술이나 담배를 권하는데 건강 때문에 거절한다면 그 사람은 평생 '재수 없는 이기적인 놈'이 되어 욕을 먹는다. 내가 딱 그랬다. 나는 술과 담배를 피해서 친구들에게 손가락질받은 대표적인 경우이다. 아마도 그래서 친구가 적을 것이다. 과거의 동창들도 이런 나를 '재수 없는 이기주의자'로 기억한다. 하지만 나는 내 인생에서 가장 잘한 일의 앞자리 쪽에 술 담배 안 한 것을 꼽는 데에 조금의 주저함도 없다. 나쁜 것을 함께해야 진정한 우정이라는 말에는 지금도 동의할 수 없다.

왜 한국 사회에는 『법구경』이나 「요한복음」을 권하는 친구는 없고 술 담배를 권하는 친구만 있는지 정말로 가슴 아플 뿐이다.

이미 2300여 년 전에 아리스토텔레스도 비슷한 말을 했다. 친구에는 공유하는 관심사에 따라 세 종류가 있다고 했다. 이익, 즐거움, 도덕이다. 이 가운데 이익을 공유하는 친구 관계는 공리적인 것이라 결속력이나 순도가 가장 낮은 우정이라고 했다. 즐거움을 공유하는 것은 이보다 낫겠으나 도덕을 공유하는 것보다는 많이 부족하고 오래가지 못한다고 했다. 최고 최선의 우정은 도덕을 공유하는 관계라고 했다. 목적과 명분을 개입시킨 다분히 서양식 개념이긴 하지만 친구를 만들어주는 동기에 대해서 훌륭한 모범 답안을 제시했다.

동아시아의 우정 개념은 이보다는 좀 더 균형적이다. 앞의 고사성어를 분류한 두 가지가 그것이다. 첫 번째의 무조건적인 우정은 '정'을 공유하는 관계이다. 도덕을 공유하는 것보다 더 좋은 것이 정을 공유하는 것이다. 현대 심리학에서 이상적인 우정의 핵심 요소로 공감empathy을 꼽는 것과 같다. 하지만 이것만 있으면 막연한 감상주의가 되기 쉽다. 그리고 자칫 나쁜 것을 공유하는 것도 이 범주에 속한다고 오해하기 쉽다. 그래서 친구 사이에 도덕을 공유하라는 가르침도 똑같이 강조했다. 바로 두 번째의 도움이 되는 친구 관계이다. 둘을 합하면 진짜 좋은 친구의 개념이 균형 잡히게 된다.

이렇게 친구에 관한 동서양의 여러 가지 격언을 건물에 적용하면, 좋은 친구 관계를 상징적으로 보여주는 건물은 더욱 중요해진다. 우리는 이런 건물들을 보면서 친구와 관련된 여러 가지 아름다운 추억과 소중한 교훈을 떠올릴 수 있다. 이런 미학은 전통 건축이나 골목길 속 나이 먹은 집에 많다. 그것도 매우 적극적으로 표현했다. 친구의 미학, 관계의 미학을 명확히 인식해서 조형 형식으로 활용한 것이다. 앞에서 보았던 이런 오래된 건물들은 사이좋은 친구 관계를 연상시켜서 보고만 있어도 마음이 흐뭇해진다. "심장까지도 하나가 된" 모습이며 "영혼 하나를 두 개의 몸에 나누어 가진" 모습이다. 주변에 이런 건물이 많아져서 우리의 친구 관계에까지 긍정적 영향을 끼치면 좋겠다.

# 12.
# 이대, 연대, 고대
## 오래된 캠퍼스의 해석 문제

**나이 먹은 건물이 주인인 이대 캠퍼스**

나의 직장인 이화여대 캠퍼스는 나이 먹은 건물과 관련해서 얘깃거리가 좀 있는 편이다. 서울 시내에서 일정한 면적의 단지 안에 오래된 건물의 얘깃거리가 몰려 있는 경우는 많지 않다. 특히 해방 이후에 형성된 단지는 더욱 그렇다. 궁궐이야 최고의 문화재이니 예외로 쳐야 할 것이다. 궁궐을 빼면 드문데, 몇몇 대학 캠퍼스가 여기에 해당한다. 이대를 비롯해서 연대와 고대 같은 오래된 대학 캠퍼스가 이런 드문 경우 가운데 하나이다. 오래된 대학 캠퍼스는 일단 그 자체로 나이 먹은 건물을 만나고 즐기기에 좋은 곳이다. 한곳에 여러 채가 몰려 있으며 디자인도 일정 수준 이상으로 설계했고 관리해오고 있다. 여기에 더해서 한국의 오래된 대학 캠퍼스는 사회적 의미도 함께 들여다볼 필요가 있다.

    그보다 먼저, 대학교에 재직하는 사람이 대학교 건물을 얘기하는 문제에 대해서 간단히 짚고 넘어갈 필요가 있을 것 같다. 우선, 나의 직장이라 얘기하기가 좀 꺼려지긴 한다. 자기 직장에 대해서 좋게 애기하면 객관성이 결여된 것으로 보일 수 있기 때문이다. 나 개인적으로는 다른 문제가 하나 더 있다. 10여 년 전에 『건축, 우리의 자화상』이란 책에서 한국의 도시 공간을 채우고 있는 20~30가지의 건물 종류에 대해서 신랄하게 비판한 적이 있었다. 이때 독자의 반응에서 내 가슴을 아프게 한 것 가운데 하나가 우리나라의 대학교 건물들도 동일한 비판의 대상인데 이것을 뺀 것은 당신 직장이라서 그런 것 아니냐는 지적이었다.

이 연장선상에서 이 책에서 이대 캠퍼스를 챕터 하나로 잡고 애기하면 거꾸로 자기 직장 선전하려는 것 아니냐고 또 한 번 지적을 받을 수도 있을 것 같다. 자기 직장에 대해서 용감한 내부 고발 같은 객관적 비판을 기대했는데, 거꾸로 칭찬하는 글을 쓰니 두 번의 잘못을 저지르는 것 같기도 하다. 하지만 지금 이대 캠퍼스를 애기하는 것은 내 직장을 자랑하고자 함이 아니다. 객관적으로 봐도 이대 캠퍼스 건축은 실제로 오래된 건물과 관련해서 애깃거리가 많다. 이런 관점에서 비판할 부분은 비판하면서 나이 먹은 건물과 관련된 애기를 하고자 한다. 그리고 이 주제를 이대와 역사와 캠퍼스 분위기가 비슷한 연대와 고대까지 확장해서 비교하면서 한국 사회에서 오래된 캠퍼스를 해석하는 한 가지 시각을 애기하고자 한다.

이화여대는 학교 역사가 우리나라에서 아주 오래된 대학교 가운데 하나이다. 아마도 공식 기록으로는 가장 오래된 대학교일 것이다. 그러나 처음부터 현재의 신촌 캠퍼스에서 시작한 것은 아니었다. 1886년에 정동에서 한옥으로 시작한 뒤 1935년에 신촌 캠퍼스 시대를 열었다. 2016년을 기준으로 81년의 캠퍼스 역사이다. 한국 대학 역사에서 짧지 않은 시간이다. 캠퍼스 건축은 어떨까. 이런 시간에 합당하다고 평가할 만하다. 어떻게 그럴까. 바로 나이 먹은 건물들이 제 역할을 해서 그렇다. 신촌 캠퍼스 개교와 함께 처음 지은 건물들이 어른 역할을 제대로 하면서 캠퍼스 전체에 수준 높은 맥락 환경을 만들어내는 데 성공했다.

이대에는 오래된 건물이 참 많다. 크게 한옥과 서양식 돌 건물로 나눌 수 있다. 한옥은 아령당과 이화역사관이 있고 서양식 돌 건물은 10여 채 된다. 한옥은 상징적 의미가 크긴 하지만 실제로 사용되면서 캠퍼스 골격을 이루는 것은 돌 건물들이다. 본관, 과학관, 진관, 선관, 미관, 대강당, 중강당의 일곱 채가 핵심을 이루며 그 외에도 몇 채가 더 있다. 건축양식을 보면 대강당과 중강당은 유럽 고딕 양식을 리바이벌한 19세기 고딕 리바이벌이고 나머지는 대체적으로 영국 튜더 왕조 때의 컨트리 하우스풍을 유지한다.

한국의 대학 캠퍼스에서 서양식 돌 건물들이 주인인 이런 현상에 대해서는 여러 가지 해석이 가능할 것이다. 일단 캠퍼스 내부적으로 '나이 먹은 건물의 좋은 점'을 기준으로 살펴보자. 이는 사회적 의미를 빼고 순수하게 건물 자체에 한정해서 보는 것이다. 이를 기준으로 하면 이대 캠퍼스는 나이 먹은 건물의 좋은 점이 살아 있는 모범적인 경우에 해당된다고 할 만하다. 이대 캠퍼스에서 나이 먹은 건물들은 철거를 기다리는 무기력한 존재도 아니고 뒷방 노인도 아니다. 캠퍼스의 전체 분위기를 주도하는 당당한 주인이다. 사람들은 이대 캠퍼스가 예쁘다는 말을 많이 하는데 나이 먹은 건물이 중심을 잡고 캠퍼스 분위기를 주도해서 그런 것이 아닌가 싶다(도판 12-1). 어떤 점이 그럴까. 크게 셋으로 정리할 수 있다.

**이대의 나이 먹은 건물들 – 수공예 장식의 아름다움을 읽다**

첫째, 나이 먹은 건물의 아름다움을 보여주면서 캠퍼스의 중심을 형성한다. 이대 캠퍼스는 동심원 구도인데 처음 지은 돌 건물들이 코어 부분을 형성한다. 여러 채의 돌 건물은 각기 독자적인 특징을 갖

12-1. 오래된 이대 캠퍼스 전경.

는다. 나이 먹은 건물에서 찾을 수 있는 수준 높은 아름다움이다. 이것들을 다 모으면 '주제-변주' 개념의 다양성이 만들어진다. 이런 건물들이 언덕 지형에 배치되면서 풍부한 얘깃거리를 만들어낸다.

본관은 캠퍼스의 출발을 이루는 씨앗 역할을 한다. 앞에 얘기한 영국 튜더 왕조의 컨트리 하우스 양식이다(도판 12-2). 나지막한 언덕 뒤에 숨어서 원래는 밖에서 보이지 않았다. 건물도 2층으로 낮은 데다 그리 크지 않기 때문에 언덕 뒤에 수줍게 몸을 숨긴 형국이다. 최근에 지은 ECC가 언덕을 가로지르며 본관을 향해 계곡을 냈기 때문에 처음으로 바깥 세상에 모습을 드러냈다. 본관 옆에는 쌍둥이처럼 닮은 과학관이 나란히 서서 본관의 건축 모티브를 한 번 더 반복하고 있다.

대강당은 단연 이대를 대표하는 상징적인 건물이다. 본관이 언덕 뒤에 수줍게 숨었다면 대강당은 언덕 위에 우뚝 솟아서 자신의 존재를 알린다(도판 12-3). 대강당인 데다 건축양식마저 고딕 리바이벌이라 일단 건물 자체가 높다. 이런 높은 건물이 다시 언덕 위에 솟아

12-2. 이대 본관(파이퍼홀).

12-3. 높은 계단 위에 다시 높이 솟아오른 이대 대강당(왼쪽).
12-4. 이대 중강당 전경(오른쪽).

오르니 마치 중세 도시 풍경을 보는 것 같다. 대강당을 오르는 높은 계단은 이대 졸업생들에게는 힘든(?) 추억이 서린 장소이다. 바로 채플 시간에 늦지 않기 위해서 숨이 턱에 닿도록 뛰어 올라가던 계단이다. 졸업생 사이에는 무용담(?)이 한둘은 돌아다닌다. 지하철역에서 채플 수업까지 4분 만에 주파했다고 자랑하면 옆에서 듣던 친구가 어느 과에 누구누구는 3분 만에 끊었다더라고 하며 소문으로 응수한다.

중강당은 대강당을 축소한 버전인데 느낌이 많이 다르다. 아담하고 아름다운 건물이다. 대강당 옆으로 조금 떨어진 곳에 역시 숨듯이 다소곳이 위치했다(도판 12-4). 건물도 예쁘거니와 수공예로 만든 오래된 장식 디테일이 자랑거리이다. 나무, 잡철, 돌 등 전통 재료를 이용해서 창틀, 문, 벽, 계단 등 곳곳에 소박하면서도 섬세한 장식을 더했다. 서양식 장식이긴 하지만 전체적인 분위기는 수줍음이 많은 조선 여인을 보는 것 같다. 아는 사람만 아는 숨은 보석 같은 건물인데 졸업생 가운데는 이대에서 가장 예쁜 건물이 중강당이라고 말하는 사람이 제법 된다.

　중강당은 나이 먹은 건물의 좋은 점 가운데 수공예의 아름다움을 즐길 수 있는 좋은 예이다. 근대 초기의 서양식 수공예 장식 디테일이 뛰어나다(도판 12-5). 손으로 만든 것이니 풋풋하면서도 섬세하다. 과하지 않고 적절하다. 화려하지는 않으나 말로 표현하기 힘든 품격이 있다. 검소하면서 점잖다. 요즘처럼 장식이 사라진 시대에 수공예 장식을 건물에서 볼 수 있는 것은 남다른 의미를 갖는다. 기계로 잘라 만든 냉철하고 야박한 알루미늄 제품이 판을 치는 시대에 나무, 잡철, 돌 등 온기가 도는 재료에서 손맛을 느낄 수 있다면 분명 행운일 것이다. 이런 나이 먹은 건물 말고 어디에서 또 이런 느낌을 찾을 수 있을까.

　진관·선관·미관은 묶어서 진선미관이라 부른다. '진선미', 참으로 오래간만에 들어보는 말이다. 동서양 공통적으로 고전 미학에서 최고로 치는 사람의 인성 혹은 사물의 상태이다. 내가 어렸을 때에는 일상에서도 많이 쓰던 말인데 어느 순간 외래어가 범람하기 시작하면서 사라져버렸다. 그나마 미스코리아 선발 대회의 상 이름으로 명맥을 유지하지만 사회적으로는 사망 선고를 받았다 해도 과언이

12-5. 이대 중강당 문의 디테일.

12-6. 이대 진선미관. 진관, 선관, 미관 세 건물이 합해져 옆으로 길게 늘어지면서 팔을 벌려 사람을 안는 형국이다.

아닐 것이다. 이제 '진'과 '선'과 '미'는 더 이상 사회적 미덕이 되지 못하는 시대가 왔기 때문일까.

하지만 진선미라는 단어를 꿋꿋이 지키고 있는 곳이 있으니 바로 이곳 진선미관이다. 아니, 꿋꿋이 지키는 정도가 아니다. 이름 덕에 건물의 의미가 더욱 새로워지고 품격도 높아진다. 처음에는 기숙사 건물이었다. 학생들이 '진선미'의 인성을 갖추기를 간절히 바라는 도덕률이 물씬 묻어나는 이름이다. 나는 이 단어가 정말 좋다. 그래서 이 이름을 쓰는 이 건물도 좋다. 현재는 교수 연구동, 식당, 회의실 등이 들어가 있다.

그렇다면 건물은 어떨까. 기본 양식은 본관의 컨트리 하우스 양식을 반복했다. 하지만 전체적인 느낌은 많이 다르다. 세 채의 건물을 하나로 이어 붙였기 때문에 병풍을 쳐놓은 것처럼 길게 이어진다.(도판 12-6) 본관이 옆으로 넓적한 데 비해서 진선미관은 전체적으로 수직 비례 느낌을 준다. 이런 긴 건물이 본관 뒤편을 에워싸면서 커다란 마당을 형성한다. 팔을 벌려 사람을 안아주는 것 같은 아늑함이 있다. '진선미'라는 이름에 걸맞은 분위기이다. 그래서 이 건물 앞을 오가거나 식당에 밥 먹으러 들어갈 때면 기분이 좋다. 이 건물 앞에는 수백 년 된 큰 고목들이 서 있어서 나이의 미학을 더해준다.

나의 직장이어서가 아니라 이대는 캠퍼스가 예쁜 대학에 손꼽힌다. 그 배경에는 아마도 이런 나이 먹은 건물의 고상한 품격이 한몫하지 않을까 생각해본다. 섬세한 수공예의 미학은 여자 대학교라는 이미지와도 잘 맞는다. 요즘 각 대학교마다 '캠퍼스 투어'라는 프로그램을 운용하고 있다. 단체 방문객을 초청해서 캠퍼스를 돌며 설명을 해주는 프로그램이다. 고등학교 때 이 투어에 참여했다가 캠퍼스가 예뻐서 이대로 오게 되었다는 학생들을 가끔 만나곤 한다. 건축 전공자가 아니라면 이대 캠퍼스에서 받는 좋은 인상의 내용과 이유를 구체적으로 설명하기는 힘들 터인데, 지금까지 설명한 나이 먹은 건물들의 활약이 그 가운데 중요한 부분을 차지한다.

## 이대 캠퍼스의 맥락주의 – 나이 먹은 건물을 닮다

둘째, 캠퍼스 전체에 맥락주의를 이룬다. 맥락주의에 대해서는 앞의 교보생명빌딩 편에서 설명했다. 말 그대로 '새로 짓는 건물이 주변 지역의 특징적인 조형 미학을 디자인 모티브로 삼는 경향'이다. 이때 '주변의 특징적인 조형 미학'은 대부분 앞 시대에 먼저 지어져 있는 중요한 건물인 경우가 가장 많다. '일제강점기-한국전쟁-압축 근대화기'를 거치면서 한국 사회에서는 도시와 건물에 대해 1세기 이상 훼손, 파괴, 자발적 철거 등이 연달아 일어났기 때문에 이런 맥

12-7. 오른쪽이 이대 교육관 구관이다.

락주의가 형성되기 어려웠다. 이런 가운데 이대 캠퍼스는 아마도 한국에서 맥락주의를 꽤 잘 보여주고 있는 영역일 것이다. 이대는 한국의 대학 캠퍼스 가운데 건축적 통일성이 상당히 높은 것으로 볼 수 있다. 이에 따라 캠퍼스 전체에서 안정되고 차분한 분위를 느낄 수 있다.

맥락주의는 디자인 모티브의 씨앗이 되는 모델이 있어야 한다. 이대에서는 본관이다. 본관을 씨앗으로 삼아 이후 짓는 건물에서 본관의 디자인 모티브를 반복적으로 사용했다. 구체적으로는 삼각 박공, 돌벽, 반듯한 사각형 창, 벽의 고형부固形部와 창의 진공부眞空部의 명확한 구별 등이 대표적인 내용이다. 본관의 영국 튜더 컨트리 하우스 양식에 나타난 특징을 일반적인 조형 미학으로 객관화한 것이다. 본관 이후 지어진 20여 채의 많은 건물 중 몇 채를 빼면 모두 본관의 이 모티브를 적용해서 지었다. 본관의 디자인 모티브는 이대의 신촌 캠퍼스와 역사를 같이하며 큰 맥락을 이루었다.

출발점은 교육관이다. 옛 건물과 새 건물의 두 동으로 이루어지는데 이미 옛 건물부터 본관의 디자인 모티브를 이용했다. 모두 지킨 것은 아니어서 삼각 박공을 지키고 돌벽은 못 지켰다. 그 대신 흰 회벽과 붉은 벽돌을 이용해서 칼라 코드를 주는 방식으로 구성 효과를 냈다(도판 12-7). 비록 돌로 마감하지는 않았지만 본관의 분위기는 언덕을 넘어 아랫동네인 이곳 교육관으로 이어지고 있다.

이후 종합과학관, 도서관, 인문대 교수연구동, 박물관, 대학교회, 국제교육관, 학생문화관, 포스코관, 법학관, 약대 신관, SK관, 아산공학관, 교육관 신관, 신공학관, 디자인관 등 대부분의 건물이 맥락주의를 충실히 지켰다(도판 12-2, 12-8, 12-9). 교육관에서 적용하지 않았던 돌 건물 모티브도 잘 지켜서 캠퍼스 전체가 화강석 버너구이로 외장 마감을 한 건물들로 꽉 채워지게 되었다. 학관과 가정관 정도가 맥락주의를 지키지 않은 예외적 건물이다. 비율로 따지면 맥락주의가 90퍼센트 이상을 차지한다고 할 만하다.

교육관 새 건물은 맥락주의가 만들어내는 안정적 효과를 특히 잘 보여준다. 새 건물은 일차적으로 교육관 옛 건물의 디자인 모티브를 사용했다. 비슷하면서도 다른 두 건물이 2대를 이어가며 나란히 어깨를 맞대고 서 있는 모습은 맥락주의의 힘을 보여준다. 이를테면

12-8. 이대 포스코관.
본관에 대한 맥락주의의 좋은 예이다.

12-9. 이대 디자인관. 또 다른 맥락주의를 보여준다.

12-10. 이대 교육관 전경. 신관과 구관이 어울려 맥락주의를 이룬다.

아버지 유전자가 대를 물려 내려간 느낌이다. 외관만 그런 것이 아니고 공간 효과도 뛰어나다. 새 건물은 'ㄴ'자 건물인데 일직선의 옛 건물과 합해지면서 'ㄷ'자형이 되었다(도판 12-10). 건축가가 'ㄷ'자형 건물을 설계하는 경우는 보통 아늑한 안마당을 만들기 위해서인데 여기도 마찬가지이다. 두 팔을 벌린 품속에 아늑한 안마당이 만들어졌다. 게다가 두 건물이 서로 닮았기 때문에 안마당의 아늑함은 배가된다. 안마당을 에워싸는 배경에 통일성과 연속성이 있기 때문에 안마당의 공간 분위기는 친절하게 느껴진다. 마음은 편해지고 믿음이 생긴다.

 이 두 채가 만들어내는 맥락주의는 그 자체로 훌륭하다. 여기에 더해 추가적 의미도 중요하다. 본관까지 넣어 이대 캠퍼스 전체로 확장하면 3대를 낳은 것에 해당되어서 그 중요성이 각별하다. 새 건물은 일단 옛 건물을 현대적으로 응용한 모습이다. 그런데 그 옛 건물은 본관에 대한 맥락주의 건물이었다. 이상을 합하면 이곳에서는 본관을 출발점으로 삼아 3대의 관계가 형성된다. 본관이 할머니, 교육관 옛 건물이 어머니, 새 건물이 딸이 되는 것이다.

셋째, 의외로 최신 건물인 ECC의 건축 효과를 살리는 데에 중요한 보충 역할을 한다. 최근에 화제가 된 ECC는 이국적 분위기와 산업미학을 대표적 특징으로 갖는다. 건축가도 프랑스의 후기 모더니스트인 도미니크 페로Dominique Perrault였다. 차가운 산업 재료인 유리와 금속을 주재료로 사용해서 최신 유행의 첨단 분위기를 냈다. 디자인 모티브도 한국에는 상륙하지 않은 유럽의 최신 기법인 '도시경관'이라는 개념을 구사했다. 일부에서는 한국 건축가와 외국 건축가의 디자인 기술력 차이를 여실히 보여준 작품이라는 평도 한다.

이런 점 때문에 이 건물은 2008년에 완공되자마자 큰 화젯거리가 되었다. 전국에서 이 건물을 보려고 많은 사람이 구경 왔다. 몇 년 전부터는 중국을 필두로 전 세계 관광객까지 가세했다. 그 가운데에는 유럽이나 미국 관광객도 꽤 된다. 자기네 본토에서도 볼 수 없는 최신 유행이라고 입을 모은다. 이 건물 때문에 학교 정문은 1년 내내 하루 종일 사진기를 든 관광객이 넘쳐난다.

ECC는 그 자체만 놓고 보면 분명히 이국풍의 첨단 양식임에 틀림없다. 그래서 그런지 이 건물에 대한 평은 둘로 갈린다. 이대 학생들은 매우 반응이 좋은 반면 나이 먹은 교수나 졸업생은 그다지 반기는 눈치는 아니다. '너무 차갑고 과격하다'는 것이 대체적인 반대 의견들이다. '첨단'의 평가를 놓고 세대 차이가 나타난 것으로 볼 수 있다. 여기까지는 상식적인 내용들이다.

그렇다면 이대 캠퍼스 전체에서 이 건물의 의미와 효과를 어떻게 봐야 할까. 이렇게 첨단 건물이라면 오래된 맥락주의로 구성된 이대

12-11. 이대 ECC 전경. 세 채의 오래된 건물인 대강당, 대학원 별관, 본관이 함께 포진해 있다.

캠퍼스에서 매우 이질적으로 느껴져야 할 것이다. 하지만 그렇지 않다. 어딘가 모르게 캠퍼스 분위기와 어울리는 묘한 구석이 있다. 의외이다. 왜 그럴까. 바로 주변에 포진한 세 채의 나이 먹은 건물, 즉 오래된 돌 건물들의 활약 덕분이다. 본관, 대학원 별관, 대강당이 그 주인공들이다(도판 12-11). 어떻게 이럴 수 있을까.

이 세 건물이 ECC와 맺는 관계 속에 답이 있다. 우선 본관을 보자. ECC는 학교 운동장 밑에 지은 지하 6층의 건물이다. 동선과 채광을 해결하기 위해 중간에 큰 계곡을 팠다. 사람들 입에 '홍해의 기적' 혹은 '모세의 기적'이라고 오르내리는 그 계곡이다. 이 계곡은 일단 장엄한 규모 때문에 보는 이에게 감탄을 자아내게 한다. 하지만 이것이 전부가 아니다. 갈라진 계곡 끝에 본관이 다소곳이 모습을 드러냄으로써 땅을 가른 대역사大役事의 의미와 목적이 완성된다. 운동장

12-12. 이대 ECC의 건축적 의미는 본관과 함께 정의된다(위).
12-13. 이대 ECC의 유리를 통해 투영되는 대학원 별관 모습(아래).

관중석과 나지막한 언덕 뒤에 가려 세상과 가벼운 단절이 있었던 본관이 세상에 모습을 드러내며 소통과 교감을 하는 형국이다(도판 12-12).

대학원 별관은 ECC 왼쪽 위 기슭에 위치한다. 이 건물은 ECC 실내에서 보면 유리를 통해 어슴푸레 모습이 드러난다(도판 12-13).

ECC 밖 위쪽에 위치하지만 유리를 통해 ECC 실내로 차경借景이 일어나는 것이다. 유리와 중첩되면서 ECC가 만들어내는 경관 가운데 하나로 편입된다. ECC의 산업 미학 속에서 옛날 돌 건물의 이미지를 읽을 수 있게 해준다. 옛것과 새것을 잘 섞어냈다.

대강당은 원경遠景에서 ECC와 합해진다. 정문에서 보면 왼쪽에 대강당이 솟아 있고 오른쪽으로 ECC의 계곡이 펼쳐진다. 두 거대 시설이 합작으로 단번에 시선을 잡아끈다(도판 12-11). 하나는 높은 계단을 올라타고 하늘로 솟고 있고 다른 하나는 땅으로 꺼지고 있다. 일단 대비가 강하다. 하지만 둘은 묘하게 협력한다. 대강당의 오름과 ECC의 꺼짐 모두 극단이라서 그런가 보다. 극과 극이 통한다는 대비의 협력이다. ECC 계곡 안쪽의 유리벽을 수직으로 분할해서 강당의 오름 분위기에 보조를 맞춘 점도 이런 협력 분위기를 돕는다.

**이대, 연대, 고대 – 한국의 오래된 캠퍼스에 대한 비판적 시각**

다음으로 이대 캠퍼스의 오래된 돌 건물을 조금 확장해서 한국 현대사의 관점에서 보자. 이럴 경우 비판적 시각이 나올 수 있다. 민족주의, 식민주의, 문화 침투 등의 정치사회적 이데올로기의 관점에서 보면 더욱 분명해진다. 이런 건물들은 미국의 선교사들이 와서 지은 서양 양식이다. 한국에 미국 기독교가 전파되는 과정과 맥을 같이한다. 고등교육기관의 설립은 미국 기독교가 한국에 뿌리내려 기득권을 형성하게 하는 데 중요한 역할을 했다. 한국의 대학은 뿌리에 따라 크게 셋으로 나눌 수 있다. 선교사들이 건너와서 세운 선교 사학, 일제가 세운 관학, 이 둘에 대항해서 세운 민족 사학이다. 이대는 옆 학교 연대나 배재학당 등과 함께 선교 사학을 대표한다. 그리고 모두 오래된 돌 건물이 출발점을 이룬 공통점이 있다.

연대와 이대는 이후 한국의 명문 사립의 전통을 이어가면서 기득권층에 편입된다. 이 과정에서 미국 문화와 기독교가 한국 사회의 기득권을 이루는 데 일정한 역할을 한 것이 사실이다. 두 학교가 위치한 신촌 일대는 비록 최근 들어서 강남에 그 자리를 내주긴 했지만 여전히 미국 문화가 한국 사회에 들어와서 퍼져 나가는 첫 번째 통로의 자리를 지키고 있다. 한국 사회가 미국에 종속되면서 민족의 자주와 정체를 상실했고 그로 인한 폐해가 크다고 보는 진보적 시각에서는 이대나 연대의 출발점이 되는 이런 오래된 돌 건물들이 비판의 대상이 될 수 있다. 여기에 기독교까지 묶어서 함께 보게 되면 비판의 무게는 더욱 커진다. 미국과 기독교 세력이 교육과 문화의 탈을 쓰고 한국을 점령해서 지배하는 데에 중요한 통로 역할을 한 것이 되기 때문이다.

이런 관점에 맥락주의를 더해서 함께 보면 이대, 연대, 고대 캠퍼스를 비교할 만하다. 세 학교는 '나이 먹은 건물'을 기준으로 볼 때 비슷한 점이 많다. 근대 문화재를 보유하는 점, 이런 근대 문화재가 본관을 필두로 학교 창설 당시의 출발점을 이루는 점, 이런 내용들을 바탕으로 한국에서 오래된 대학을 대표하는 점, 그렇기 때문에 이 세 학교 하면 가장 먼저 떠오르는 것이 본관 등 오래된 돌 건물이라는 점 등이다. 오래된 돌 건물이 학교의 실질적 씨앗 역할을 했고 이것이 쌓여서 명문 사립의 이미지를 형성하는 데 기여를 한 것이다.

세 학교 사이에 미묘한 차이도 있다. 일단 진보적 시각에서 비판적으로 볼 경우 이대와 연대는 동급이다. 이대는 미국의 감리교 선교사 윌리엄 스크랜턴William Scranton이 세운 학교이고 연대는 미국의 장로교 선교사 호러스 언더우드Horace Underwood가 세운 학교이다. 헨리 아펜젤러Henry Appenzeller의 감리교까지 더하면 이 세 사람은 한국에

12-14. 연대 본관(언더우드관) 전경.

미국 개신교를 세운 장본인들이며 그와 함께 미국 문화가 따라 들어온 것도 사실이다. 세 사람 모두 정동의 한옥에서 선교 사역을 시작한 점도 같다. 이후 장로교와 감리교는 한국 개신교의 양대 산맥을 형성한다. 특히 언더우드의 장로교가 세운 새문안교회는 한국 개신교의 보수주의를 대표하면서 정치 현안에도 개입하는 등 진보 진영과 수많은 충돌을 빚어 왔다.

맥락주의 관점에서 보면 이대와 연대는 유사점과 차이점이 동시에 나타난다. 연대 역시 언더우드관을 초점으로 삼아 캠퍼스가 형성되어 있다(도판 12-14). 언더우드관을 아직도 본관으로 사용하고 있는 점도 이대와 같다. 몇몇 건물을 본관의 디자인 모티브로 지으면서 맥락주의를 시도하기도 했다. 하지만 맥락주의라는 말을 붙일 단계까지는 나아가지 못했다. 맥락주의를 시도한 건물 숫자가 일단 충분하지 않으려니와 디자인 자체도 실망스러운 수준에 머물고 말았다. 그래서 그럴까, 연대의 캠퍼스 분위기는 건축적 관점에서 보았을 때 다소 혼란스러운 느낌이다.

고대 역시 또 다른 차원에서 이대와 유사점과 차이점이 동시에 나타난다. 유사점은 역시 맥락주의를 시도한 점과 이것이 연대보다는 훨씬 성공적이어서 이대와 비슷한 정도의 통일성을 이루었다는 점이다. 고대 캠퍼스를 돌아다니다 보면 본관을 씨앗으로 삼아 대학원관, 도서관, 정경관, 백주년기념관, 미디어관, 인촌기념관 등이 거의 동일한 양식으로 지어졌다(도판 12-15, 12-16). 한 가지 아쉬운 것은 동일성이 너무 크다는 점이다. 본관 양식을 너무 그대로 반복해서 오히려 맥락주의의 본질에서 비껴난 것이 아닐까 하는 의구심이 들 정도이다.

맥락주의는 앞 시대 선례에 대해 어느 정도 현대적 창작이 이루어질 때 붙일 수 있는 이름이다. 건축사조의 한 종류이기 때문에 디자인 창의성이 전제되어야 한다. 출발점이 선례로 처음부터 정해져 있기 때문에 창의성의 판단 여부는 결국 이것을 얼마나 현대적으로 재해석했느냐가 된다. 따라서 선례를 그대로 좇아 단순 반복할 경우 맥락주의의 순도가 떨어지게 된다. 이렇게 세밀하게 구별하지 않는다면 고대는 이대와 함께 캠퍼스의 건축적 통일성이 무척 강한 경우에 해당한다. 캠퍼스 전체가 거대한 돌 건물 양식으로 가득 차 있는 느낌이다. 그 한가운데에 나이 먹은 건물이 있다.

차이점은 나이 먹은 건물의 종류이다. 고대는 선교사가 아닌 한국인이 세운 학교로, 민족 사학을 대표한다. 본관도 언뜻 보면 이대나 연대와 비슷한 것 같지만 구체적인 건축사조는 차이가 있다. 이대와 연대의 본관이 영국의 중세-르네상스 때의 컨트리 하우스 양식이라면 고대 본관은 미국의 19세기 대학교 건물을 모델로 삼은 차이점이 있다. 이대와 연대의 본관에 대형 주택의 디자인 요소가 많이 남

12-15. 고대 본관 전경(위).
12-16. 고대 백주년기념관 역시 본관에 대한 맥락주의의 좋은 예이다(아래).

12-17. 고대 본관의 장식 디테일.

아 있는 데 반해 고대 본관은 좀 더 학교 건물이나 교육 시설의 전형적 모습에 가깝다.

세부적으로 들여다보면 차이는 더 커진다. 고대 본관에는 의외로 섬세한 장식 디테일이 많다는 점이다. 창틀, 벽면, 기둥 등 여러 곳에 돌을 이용한 장식을 더했다(도판 12-17). 그리고 그 분위기는 매우 한국적이다. 한국 특유의 아기자기하고 섬세한 감성을 서양식 돌 장식으로 번안해서 표현한 것이다. 이런 차이는 곧 설립자의 국적 차이와 직결된다. 적어도 본관 건물 하나만을 기준으로 하면 고대는 민족 사학의 대표라는 명칭에 어느 정도 합당한 것 같다.

하지만 정작 설립자 김성수는 친일 논란의 대상이 되는 인물이다. 선교 사학과 마찬가지로 민족 사학 역시 진보적 시각에서 보면 여전히 비판의 대상이 된다. 관학이야 처음부터 일제가 세운 것이니 더 말할 필요도 없다. 이렇게 모아놓으면 한국 대학의 세 뿌리가 모두 비판의 대상이 된다. 이 내용은 이 책의 범위를 벗어나므로 이쯤에서 정리하고자 한다.

# 13.
# 염천교 구두거리
# 시간이 멈췄다

**"우리나라 최초 수제화 염천교 구두거리입니다."**
건물과 도시의 나이나 시간과 관련해서 아주 독특한 곳이 한 곳 있다. 바로 염천교 옆의 구두거리이다. 사실 거리라고 할 것도 없고 4층짜리 건물 한 동이다. 옆으로 꽤 길어서 20개가 채 안 되는 구두 가게가 줄지어 들어서 있다. 그래서 '거리'라는 말을 붙였나 보다. 나이를 지긋이 먹다 못해 노년에 든 모습을 하고 있는 이 건물은 꽤나 특이해서 늘 머릿속에 맴돌고 있었다. 이 책을 쓰면서 마침 소개할 좋은 기회가 되었다.

  책에 들어가는 내용이다 보니 제목을 정해야겠기에 '구두건물'과 '구두거리'를 놓고 썼다 지웠다를 반복하고 있었다. 정확성을 따지면 '구두건물'이 맞겠지만 왠지 썰렁해 보였다. '구두거리'라고 쓰는 것이 좀 그럴듯해 보인다 싶었다. 결정을 못 하겠어서 현장 취재를 한 뒤에 결정할 요량으로 모처럼 해님이 고개를 내민 날 득달같이 카메라 가방을 들고 달려갔다. 반갑고 놀라운 일이 눈앞에 펼쳐졌다. "우리나라 최초 수제화 염천교 구두거리입니다."라는 플래카드가 건물로 진입하는 도로 입구에 떡하니 걸려 있는 것이었다(도판 13-1). 내가 생각하고 고민하던 것과 똑같은 것을 당사자들이 함께하고 있었던 것이다. 이것으로 이 챕터의 제목은 자연스럽게 '구두거리'로 결론 났다.

자신들을 선전하는 플래카드였지만 그걸 타고 사람들의 발길을 기다리는 가게 주인들의 마음이 전해오는 것 같았다. 노란색과 붉은색 계열의 따뜻한 색을 써서 더 그랬다. 길손을 반갑게 맞는다. 무언가 절실함도 느껴졌다. 헐리지 않고 살아남으려고 노력하고 있음을 단번에 짐작할 수 있었다. 이렇게 보았을 때 이 건물은 일단 한국 사회에서 나이 먹은 건물이 겪는 비애를 한 몸에 짊어지고 있는 건물이다. 하지만 쉽게 헐려나갈 것 같지는 않다. 시간이 멈춰버린 것 같은 옛날 기록을 건물 한 채에 고스란히 담고 있다. 플래카드에 걸린 '수제화'라는 단어부터 그렇다. 딸이 있었으면 당장 무슨 말이냐고 물어왔을 것 같다. '수제 피자'는 알아도 '수제화'는 더 이상 쓰지 않는 시대가 되어버렸다. 요약하면 이 건물에서 나이는 '비애', '멈춘 시간', '옛날 기록'의 세 가지 의미를 갖는다.

이 건물은 나랑 직접적인 인연은 없다. 하지만 참으로 오랫동안 이 건물 옆을 스쳐 지나다니며 늘 신기한 눈길을 주어왔다. 그것도 수십 년째이다. 나는 이상하게 이곳을 오갈 기회가 많았다. 아마도 내 동선이 교차하는 길목에 자리하고 있기 때문일 게다. 건물 자체만큼 내가 이 건물을 보며 다닌 시간 또한 꽤나 지났다. 그래서 이 건물의 나이 특성에 대해서 얘기하기 전에 이 건물을 보고 다닌 나의 개인적 역사부터 간단히 얘기해보고자 한다.

내 기억에 이 건물을 처음 본 것은 고등학교 때였다. 나는 예나 지금이나 버스나 지하철을 타고 특별한 목적지 없이 그냥 돌아다니는 것을 좋아하는 성격인데 고등학교 때부터 이런 놀이를 즐겼다. 이곳

13-1. 염천교 구두거리를 알리는 플래카드.

은 시내에 위치한 데다 '염천교'라는 이름이 특이하게 느껴져서 한 번 가보게 되었는데 이런 신기한 구두 가게 군집 터(?)를 발견하게 된 것이었다. 그때가 1970년대였으니까 사실 당시로서는 이 동네가 그렇게 오래된 건 아니었다. 당시엔 좀 됐다 싶은 걸로 명함이라도 내밀려면 최소한 1950년대 동네, 보통은 일제강점기 때 동네 정도는 되어야 했다.

당시 내가 신기했던 건 구두 가게가 이렇게 여러 채 죽 줄지어 서 있는 장면이었다. 구두 가게가 모여 있는 동네라면 명동 내 구두거리를 으뜸으로 칠 수 있지만 이 동네는 '국내 최초의 수제화'라고 플래카드에 내걸 만큼 명동에 뒤지지 않는 그 나름대로의 뼈대 있는 전통과 자존심을 자랑한다. 그 이후부터 이상하게도 버스를 타고 그 앞을 자주 지나가게 되었는데 그때마다 구두 가게들이 줄지어 몰려 있는 이 건물을 보면서 신기하다는 생각이 조금씩 커졌다.

대학교 1학년 때에는 친한 친구들이 종로학원에서 재수를 하는 바람에 이 녀석들을 뒷바라지(?)하러 드나드는 통에 이 구두 가게들을 계속 접하게 되었다. 당시에는 종로학원이 이 가게들 바로 건너 모퉁이에 있었다. 이렇게 이 건물과 맺은 인연은 대학과 대학원 다니는 내내 이어졌다. 감수성이 무척 예민했던 나는 관악 캠퍼스의 황량함에 치를 떨었고 예쁜 여학생들이 넘쳐나는 신촌을 호시탐탐 드나들었는데 염천교는 신림동에서 신촌 가는 버스가 거쳐 가는 중간에 있었다. 기억을 더듬어보건대, 신림동에서 버스를 타고 상도동 쯤에서 잠들었다가 서울역을 지나 염천교로 접어들면서 잠에서 깨어 신촌을 맞을 준비에 가슴 졸이곤 했는데 그때마다 가장 먼저 눈에 들어오는 곳이 이곳 구두 가게들이었다.

    그러곤 유학을 떠나 외국에서 5년을 머물렀다. 나는 유학 중에도 여름방학 넉 달을 모아 한국에 들어왔는데 그때마다 이 동네 저 동네 돌아다니는 습관은 여전해서 이곳 구두 가게도 잘 있나 궁금해서 차를 타고 지날 때마다 눈여겨 살펴보았던 기억이 난다. 귀국해서 이곳에서 멀지 않은 이화여대에 적을 두게 되면서 이곳은 낯설지 않은 동네로 완전히 자리 잡게 되었다. 2000년경까지 집이 강남이어서 출퇴근길이나 낮에 시내에 볼일이 있어서 나가는 중간에 이런저런 이유로 루트를 이곳으로 잡으면 종종 눈도장을 찍을 수 있었다. 그 뒤 아예 북아현동으로 이사 오면서는 옆 동네가 되었다. 그러다가 경기도로 이사를 가게 되었는데 이 건물과의 질긴(?) 인연은 끊이지 않고 계속되었다. 경기도 광역버스는 대부분 서울 시내를 한 바퀴 돌면서 이 건물을 거쳐 가기 때문이다.

### 수제화, '까레', '덤삥' – 시간이 멈춘 건물
이 건물 하면 떠오르는 것은 단연 구두와 간판이다(도판 13-2). 명동 구두거리처럼 유명 브랜드의 기성화가 아닌 수제화임은 한눈에

13-2. 수제화 구두거리의 전경.

　　봐도 알 수 있었다. 더 특이한 것은 간판에 적힌 단어들이었다. 고등학교 때 처음 봤을 적에는 크게 낯설지 않았다. 1970년대 후반이니 아직 우리 생활 속에서 쓰던 단어도 있었기 때문이다. 시간이 흐르면서 이제는 수제화가 쌓여 있는 것에 더해서 간판 이름마저 외국어처럼 신기하게 느껴지게 되었다. 그만큼 시간이 흘렀다는 뜻이다. 지금은 쓰지 않는 옛날 단어가 아직도 남아서 이 건물의 나이를 말해준다.

　　이렇게 오랜 기간 동안 이 가게들 앞을 오갔고, 헐리지 않을까 마음을 썼지만 정작 이 가게들에서 구두를 사거나 맞춰 신은 적은 한 번도 없었다. 아니, 구두를 사기는커녕 이 가게 앞을 한 번도 걸어서 지난 적이 없었던 것 같다. 주로 버스나 차 속에 앉아서 진열된 구두와 간판 글씨 몇 개를 경치로 보면서 신기해하는 정도였다. 이번에

13-3. 오래된 수제화 구두거리의 전경.

는 걸어서 가게에도 들어가 보고 이곳 사람들과 얘기도 나누고 여차하면 구두도 맞춰서 신어보리라 마음먹고 취재를 나갔다.

　도로 입구에서 플래카드가 환영을 하더니 이내 가게 주인들이 친절하게 맞는다. 카메라를 들고 첫 번째 가게 앞을 기웃거리자마자 사장님이 나와서 웃으면서 안심하고 사진을 찍으란다. 건물 사진을 찍다 보면 욕도 먹고 험한 꼴을 당하는 경우가 많아서 늘 조심스러운데 이번에는 오히려 찍어달라는 분위기라서 일단 안심이 되었다.

　환영 분위기는 차례대로 가게를 거쳐 가면서 계속되었다. 건물 나이 얘기가 나오자 한 사장님이 가장 오래되었다는 가게로 나를 데리고 들어갔고 다른 사장님들이 몇 분 몰려왔다. 완공 연도를 정확히 아는 사람이 없었고 여러 추측이 제기되었다. 한 사장님은 6·25동란 이후라고 했다. 옆에서 그렇게 오래되지는 않았지만 1960년대 초는

13-4~6. 수제화 구두거리의 근경.

넘지 않을 거라 했다. 그냥 "수십 년"이라고 외치는 사장님도 있었다. 이 건물을 지은 건물주는 돌아가셨는데 그 부인이 살아 있으니 그 부인만이 정확한 연도를 알 유일한 분이라며 연결해주겠다고 전화를 연신 돌려댄다. 전화 연결은 끝내 되지 않았다.

애기를 모아보면 1950년대 말에서 1960년대 초 정도에 짓지 않았나 싶다. 나와 거의 동갑이다. 50년은 족히 넘었다는 뜻이다. 사장님들도 대부분 내 나이 또래들인데 젊었을 때 점원이나 기능공으로 들어와서 30년 이상씩 버틴 뒤에 작은 가게 하나씩을 갖게 되었단다. 40년 가까이 이곳에서 일해온, 60세를 넘은 사장님조차도 자기가 처음 들어왔을 때부터 건물이 있었다고 했다.

이 건물은 몹시 낡았다(도판 13-3). 지은 이래 한 번도 수리나 리노베이션을 하지 않았다. 당시에 공간을 효율적으로 지은 박스형 콘크리트 건물의 전형이다. 1층은 구두를 전시하고 파는 가게이고 2, 3층은 구두를 직접 만드는 공장이다. 4층은 사무실이나 살림집 등이 들어와 있다. 위층으로 올라가는 계단은 1층 가게마다 따로 나 있는데, 꼭 필요한 면적만 할당을 했고 복도나 홀 없이 바로 공장으로 이어진다(도판 13-4). 공간을 매우 효율적으로 쓰고 있다. 이런 구성 자체가 옛날 나이 먹은 건물의 방식이다. 하지만 절대 열등한 방식은 아니다. 오직 유행이 변한 것뿐이다. 그렇기 때문에 공간의 이런 구성 방식 자체가 1960년대를 기록한 시간의 의미와 역사의 가치를 갖는다. 이처럼 이 건물에 담긴 첫 번째 '나이'의 의미는 '세월의 무게 + 낡은 모습 + 1960년대를 기록한 공간 구성 방식'이다.

'나이'의 의미는 계속된다. 가게마다 길가에 구두를 한가득 전시해놓았는데 댄스화나 무도화가 많은 편이다(도판 13-5, 13-6). 울긋불긋 반짝반짝 꽃단장한 구두들이 눈길을 끈다. 유명 디자이너들의 구두 작품을 모아놓은 책을 보는 느낌이다. 모던, 라틴, 살사, 탱고, 스윙 등으로 구분해놓은 것으로 봐서 댄스 종류에 따라 신는 구두도 다른 모양이다(도판 13-7). 댄스화니까 화려한 것은 당연할 터인데 일부는 일반화로 신어도 될 만해 보인다. 젊은 여성들은 개성

13-7, 8. 다양한 댄스화를 전시하는 염천교 구두거리의 간판.

13-9. 염천교 구두거리의 가게 실내(굳이어제화).

있는 구두에 신경을 많이 쓰는 편인데 이곳에 오면 원하는 특이한 구두를 맘껏 고를 수 있을 것 같다. 이곳 사장님들도 같은 생각을 했는지 복사지에 '웨딩슈즈', '여학생화'라는 글을 출력해서 붙여놓은 곳도 있다(도판 13-8).

　유명 브랜드 기성화 구두가 대세인 요즘 가게 유지가 되는지 궁금했다. 사장님들 말로는 자신들 구두가 전국으로 나간다고 했다. 전국의 양화점이 가장 큰 고객이고 지방의 작은 브랜드 회사에 대량 납품도 한다고 했다. 가게 운영에 큰 무리는 없어 보인다. 개인 주문도 받는다고 했다. 가격을 물어보았더니 6~7만 원 선이라고 한다. 이곳의 장점은 수제화이기 때문에 발에 맞게 편하게 맞춰 신을 수 있고 무엇보다 디자인을 마음대로 정할 수 있다는 점이다(도판 13-9). 이미 만들어진 기성화 가운데에서 고르는 것과는 확실히 다른 스펙이다. 게다가 6~7만 원이면 요즘 웬만한 기성화의 반값도 안 되는 저렴한 가격이다.

13-10~12. 낯선 외국어가 보이는 염천교 구두거리의 간판.

클라이맥스는 간판 이름이다. 낯선 외국어 같은 단어들이 눈에 들어온다(도판 13-10, 13-11, 13-12). '까레'는 구두 안쪽 바닥에 붙이는 라벨이고 '해라'는 구둣주걱이란다. 일제강점기 때 쓰던 일본식 단어가 아닐까 싶다. '빠우 아리안스'처럼 무슨 뜻인지 도통 모르겠는 단어들도 있다. 요즘 쓰는 단어들도 있는데 외래어 표기가 옛날식이다. '굳이어', '박킹용 가죽', '덤뻥 전문' 등이다. '굳이어'는 'good year'이고, '박킹'은 '패킹'이고 '덤뻥'은 '덤핑'이다.

굳이 맞춤법 표기 문제를 떠나서 간판 자체가 시간의 기억을 담고 있다. '가르방, 탱고화, 댄스화, 살사화, 라틴화, 모던화', '왕관 댄스화 전문', '세븐 웰, 건강 기능성 구두, 단체화, 캐주얼화, 주문 환영' 등등 간판만 보고 다녀도 미소가 절로 나온다. 영화 세트장 같기도 하고 시간을 멈추는 마법을 보는 것 같기도 하다. 뭐랄까, 졸업한 지 30~40년 만에 만난 고등학교 동창들과 1970년대를 추억하는 분위기와 비슷하다. 묘하게 학창 시절 교복이나 모자와 오버랩 되는 것은 시간이 멈춰버린 이런 마법의 힘 때문이리라.

**멈춘 시간과 재개발 문제**

이 건물은 한눈에 봐도 시간이 멈춰버린 것 같은 모습이다. 오래전이긴 하지만 이대 건축과 학생들과 미술반 동아리를 운영했던 적이 있다. 그때 학생들에게 과제로 서울에서 1950~1960년대가 남아 있는 곳을 찾아서 그려 오라고 했다. 학생들이 아무리 찾아도 못 찾겠다고 알려달라고 했다. 그 당시에는 삼각지 액자 가게 일대를 추천했다. 학생들에게 가보라고 하면서 '시간이 멈췄나 확인하고 오라.'고 했다. 학생들이 보고 오더니, '정말로 시간이 멈춰 있더라.'라고 했다.

이에 못지않게 시간이 멈춰 있는 곳이 있으니 바로 이곳 염천교이다. 더욱이 삼각지 액자 가게 일대는 지금 거의 재개발되어 사라지고 없다. 염천교는 참으로 신기하게 꿋꿋이 버텨내고 있다. 시간을 붙들고 안 놔주는 것 같다. 위치를 보면 더욱 놀랍다. 바로 시내 한복판이기 때문이다. 이른바 금싸라기 땅이다. 재개발을 해서 고층 건물을 올리면 큰돈을 벌 법하고 그래서 유혹도 많았을 터인데 말이다. 하지만 시간을 가로막고 올 스톱 시켜버렸다.

대학교를 졸업한 1980년대 중반부터 서울 여러 곳의 재개발이 본격화되면서 사실 나는 이곳도 언젠가는 헐리지 않을까 늘 조마조마했다. 시내 한복판의 요지라서 눈독 들이는 곳이 한둘이 아닐 것이기 때문이다. 실제로 주변에는 번듯하게 새로 지은 고층 건물이 제법 들어섰다. 하지만 신기하게도 지금까지 잘 버티고 있다. 지형 덕도 있는 것 같다. 바로 옆으로 철도와 지하차도가 지나가고 길 건너는 천주교 성지인 서소문공원이 있어서 지역 단위의 대규모 개발을 피해갈 수 있었다. 주변에 새로 지은 고층 건물들은 모두 개별 필지를 단독으로 개발한 경우이다.

사실 걱정이 이만저만 되는 게 아니다. '헐리려니, 헐리려니' 한 지 어느덧 30여 년이 흘렀다. 농담 좀 섞자면, '여기가 없어지면 구두는 누가 지키나… 서울 사람들 구두는 어디서 만들어주나… 전부 맨발로 다녀야 되는 거 아닌가….' 뭐 이런 식의 걱정을 한 적도 있었다. 수도 없이 지나치며 보기만 하면서 언젠가 한번 취재를 해야겠다고 생각하면서도 마음 한편으로는 곧 헐리지나 않을까 조마조마했던 건물이다. 그러던 차에 이 책을 쓰게 되면서 마침내 취재를 할 좋은 기회가 생겼다.

하지만 자신들의 가치와 의미를 한 줄로 압축한 플래카드를 건물 양 끝에 내건 것을 보고 이내 안심이 되었다. 상인들이 똘똘 뭉쳐서 살아남으려고 노력하고 있다는 뜻이기 때문이었다. 플래카드의 문구도 극렬한 투쟁의 내용이 아니고 건물의 장점을 부각시키는 것이어서 한결 안심이 되었다. 건물이 재개발되면 돈을 버는 것은 주인이지 세 들어 있는 영세 사업주들은 수십 년 일하던 이곳을 떠나야 한다. 대개 투쟁적 플래카드가 붙을 때에는 이미 철거가 결정된 뒤이다. 그래서 이런 경우는 비록 중간에 충돌이 일어나고 철거가 지연되기는 하더라도 결국은 철거가 된다. 법적으로 문제가 없는 재산권 행사이기 때문이다.

가게 주인들이 사진 찍으러 온 외지인인 나에게 친절하게 대해준

데에는 순수한 뜻 이외에 무언가 절실함도 느껴진다. 플래카드에 내건 문구와 함께 생각하면 짐작이 간다. 바로 철거되지 않을까 하는 두려움이다. 철거 문제로 얘기가 넘어가자 사장님들이 한마디씩 거든다. 서울시에서 활성화 계획을 가지고 있다며 기대감과 자신감을 내보이는 사람, 이 건물이 재개발되면 자신들처럼 영세한 상인들은 여기를 떠야 된다며 시무룩해하는 사람, 선진국에서는 이 정도 오랜 기간 한 가지 업종으로 버틴 건물은 함부로 헐지 않는다고 강변하는 사람 등등 여러 의견이다.

한국 사회에서 건물이 20년만 넘으면 일단 재개발 대상에 들어가는 현실의 무게가 그대로 이 건물에 내려앉고 있었다. 하지만 이곳은 좀 나아 보였다. 아직 그런 내용이 안 붙고 "우리나라 최초 수제화 염천교 구두거리입니다."라는 말이 붙은 것은 이런 장점을 살려 새롭게 변신할 계획을 하고 있다는 것으로 받아들여졌다. 재개발 얘기가 본격적으로 나오는 분위기는 아닌 것 같다. 그 변신에 시간이 멈춘 나이의 힘이 밑에서 받쳐주면 금상첨화일 것이다.

그보다는 건물 자체의 자연 수명이 먼저 다할 수도 있을 것 같다. 구조 안전진단을 받아봐야 알겠지만 2, 3층의 공장은 환경이 너무 열악했다. 가장 이상적인 방향은 구조적으로 안전성이 확인되고, 건물주와 가게 주인들과 서울시 등에서 십시일반으로 돈을 모아 공장 환경을 개선하고, 시민들은 저렴한 가격에 수제화 한 켤레씩 애용해주는 것일 게다.

이곳은 문화적으로 피어날 잠재력이 커 보인다. 사진을 찍는 동안 외국인들도 심심찮게 지나갔다. 수제화 맞추러 오는 관광 명소로 개발하는 것도 좋을 것 같다. 단, 구두가 다 되었을 때 택배 서비스를 확실하게 보장한다는 전제가 있어야 될 것이다. 구두 제작을 직접 체험하는 교육·제작 공방을 운영해도 좋을 것 같다. 가족이나 연인

등 사랑하는 사람들이 같이 와서 서로 구두를 만들어주는 식이다. 모두 나이 먹은 건물이 사회에 줄 수 있는 작은 선물들이다. 이 책은 재개발 문제를 얘기하고자 하는 것은 아니었으므로 이 얘기는 이쯤에서 멈추고자 한다.

# 14.
# 간이역 앞 시골 읍내
## 누나 같은 편안함

**누나 – '약식 어머니', 한국적 보살핌의 대명사**

사실 형제는 남이다. 피를 나누었다지만 어렸을 때에나 같이 뒹굴며 놀지 청소년기만 되어도 각자 고민이 생겨서 옆을 돌아볼 겨를이 없다. 성인이 되면 더 심해서 자기 인생 사느라고 1년에 연락 몇 번 하기가 쉽지 않다. '소 닭 보듯' 하면 괜찮은 정도이고 싸우지나 않으면 다행이다. 자매 사이는 늙어가면서 서로 말동무도 되어주고 힘든 일이 생기면 서로 도와주기도 하는 등 그나마 좀 나은 편인데 남자 형제 사이에는 묘한 경쟁 심리 같은 것이 흐른다. 한국의 역사 속에서만 해도 이른바 크고 작은 '형제의 난'이 수없이 반복되었다. 요즘은 장소를 옮겨 재벌가의 상속 문제를 놓고 형제 사이에 재산 싸움이 끊이지 않는다. 비단 재벌가뿐이랴, 유산 싸움은 우리 주변에서도 심심치 않게 일어난다. 형제 사이의 관계가 그만큼 취약하다는 증거일 수도 있다. 오죽하면 성경에서도 인류 최초의 살인자가 동생을 죽인 형이었으랴.

이런 가운데 누나는 다소 묘한 구석이 있다. 여러 가지의 조합이 나오는 형제 관계에서 아마도 가장 편안하고 친숙한 존재일 것이다. 그래서 그런지 대부분 누나에 대한 기억은 좋은 편이다. 주변이나 뉴스에서 형제나 자매가 싸웠다는 얘기는 가끔 들려도 누나와 남동생이 싸웠다는 얘기는 상대적으로 적은 편이다. 실제로 성장 과정에서 누나에게 이런저런 도움을 받았다는 사람도 많다. 한국적 감성에서 누나의 이미지는 좋은 편이다. 구체적으로 두 가지 면에서 그렇다. 하나는 보살핌과 희생이고 다른 하나는 완숙과 원숙미이다.

물론 이것은 어디까지나 '이미지'이다. 실제 누나는 이와 많이 다르다. 실제 누나들 역시 이 세상을 힘들게 살아가는 그저 한 사람의 인간일 뿐이다. 하지만 실제 누나들에게도 이런 이미지의 단편은 조금씩 있지 않을까 싶다. 특히 대가족제도와 남아 선호 사상이 강하던 과거의 누나들이 상대적으로 여기에 좀 더 가까웠다고 할 수 있을 것이다. 나이 좀 먹은 아저씨 이상 세대는 누나에 대해 한두 가지 정도의 감사한 기억을 가지고 있는 경우가 많다. 그것들을 모으면 좋은 '누나의 이미지'가 되는 것이다.

먼저 누나의 보살핌과 희생에 대해 살펴보면, 여러 가지 얘기가 오가는 것을 알 수 있다. 옛날에 자녀를 여럿 낳았을 때에는 큰 누나가 막내 동생을 업어 키우는 일이 매우 흔했고 심지어 젖까지 먹여 키우기도 했다. 큰 희생일 수 있는데, 이런 일을 하는 누나는 대개 맏이였다. 이런 점에서 누나의 보살핌과 희생은 경제가 어렵던 시기에 '맏이'라는 단어 속에 담긴 한국적 정서와 잘 겹친다. 오래전에 방영했던 〈맏이〉라는 드라마 역시 이런 내용을 소재로 했던 기억이 난다.

동생들 뒷바라지하느라고 대학 진학을 포기하고 직업전선에 뛰어드는 경우도 많았다. 압축 근대화 때 이른바 '무작정 상경'을 해서 공장을 가득 채우며 힘든 노동일을 참아내던 것도 누나들이었다. 심한 경우 유흥업소에서 번 돈으로 남동생 대학 등록금을 대는 일도 드물지 않았다. 나의 대학 시절 친구들과의 술자리에서 빠지지 않는 토론 거리 가운데 하나도 이런 것이었다. 만약 누나가 번 돈으로 대학 등록금을 내준 것을 나중에 알았을 때 어떻게 하겠느냐는 것이었다. 더 고맙다는 친구부터 그런 돈은 받으면 안 된다는 친구까지 의견이 분분했던 기억이 난다.

누나가 결혼하고 나면 매형이 생기는데 매형은 손아래 처남을 보살펴줘야 한다는 의무감 같은 것이 있어서 용돈도 주고 사회생활에서도 도움을 주는 등 끝까지 나를 챙겨주는 든든한 우군으로 남는다. 나는 손위 매형이 둘이고 손아래 처남 역시 둘이다. 친가에서는 막내이고 처가에서는 맏사위인 것이다. 두 매형은 때로는 눈에 드러나게 때로는 티 나지 않게 조용히 나에게 정말 잘해주신다. 상대적으로 나는 처남들한테 잘 못하는 것 같아 미안한 마음을 갖고 산다.

나이 차이가 많이 나면 누나는 실제로 어머니 역할을 상당 부분 대신했다. 압권은 누나 젖을 먹고 자라는 것이다. 아이를 많이 낳던 옛날에는 나이 차이가 많이 나는 큰누나 젖을 먹고 컸다는 사람이 제법 되었다. 나도 군대 시절 선임 가운데 어렸을 때 누나 젖을 먹고 자랐다는 사람이 한 명 있었다. 이 얘기를 처음 들었던 당시에는 충격을 좀 받았다. 나도 누나가 있는데, 내가 큰누나 젖을 먹고 자란다는 것은 상상이 안 가는 정도가 아니라 『기네스북』에 오르거나 〈몬도가네〉에나 나올 만한 일처럼 여겨졌다.

그런데 사회생활을 몇십 년 하면서 여러 사람을 만나다 보니 이런 경우가 생각보다 많다는 것을 알게 되었다. 옛날에는 결혼을 일찍들 했기 때문에 큰누나와 어머니가 함께 애를 낳는 일이 흔했다. 막내로 내려가면 조카가 먼저 태어나 있어서 날 때부터 삼촌이 되어 있는 경우도 있었다. 어머니가 나이가 많아 젖이 잘 나오지 않거나 논

일로 바쁘거나 다른 자식들을 먹이느라 나에게까지 차례가 돌아오지 않으면 조카와 나란히 누워서 큰누나 젖을 먹고 자란 것이다. 조카랑 젖을 더 먹겠다고 싸웠다는 우스갯소리도 있다.

　이 정도까지는 아니더라도 한국의 전통적 감성에서 누나가 갖는 가장 큰 이미지는 '약식 어머니'나 '어머니의 아바타'쯤 된다. 동생들을 여러모로 챙겨준다는 뜻이다. 어머니를 대신해서 식구들 밥 챙겨주는 일은 매우 흔한 것이다. 동생들에게 책을 읽어주거나 손을 잡고 시장에 가서 고무신이나 운동화를 사준다거나 하는 식이다. 공부도 가르쳐준다. 군대에 갔을 때 부지런히 편지를 보내주고 먹을 것을 싸서 면회를 오거나 하는 일도 누나들 몫인 경우가 많았다.

　적어도 한국 정서에서 누나는 어머니의 작은 분신이었으며, 요즘 말로 하면 '압축 버전'쯤 될 것이다. 모성애를 동생들에게도 조금 나눠준 것으로 볼 수 있다. 이런 정서는 세상이 변한 요즘도 많이 남아 있는 것 같다. 학생들에게 질문을 했다. "누나인 사람 손들어볼래?" 몇 명이 손을 들었다. "남동생한테 잘해주니?" 다수가 그렇다고 했다. 자기 돈으로 옷도 사주고 공부도 가르쳐주고 옷도 빌려준다고 했다. 어떤 아이는 손만 들고 쑥스러워하는데 옆 친구가 "얘는 남동생이 외국 여행 가는데 자기 돈으로 비행기 표도 사주었대요." 한다. 시대가 바뀌어서 자기 젖 먹이던 것을 비행기 표 사주는 것으로 내용만 바뀌었을 뿐, 동생들을 사랑하고 보살펴주고 싶은 누나의 마음은 그대로인 것이다.

**'누나 같은 건물', 간이역 앞 시골 읍내에서 찾는 친숙하고 잔잔한 즐거움**
이상은 사실 실제 '누나'와는 거리가 있다. 요즘은 특히 더 그렇다. 실제 누나가 이렇다면 그건 좀 더 옛날 일일 것이다. 그보다는 '누나의 이미지'에 가깝다. 실제 누나들은 내 인생이 힘든 것과 똑같이 힘들게 살고 있다. 앞에 설명한 이런저런 누나의 이미지들은 비현실적일 수 있다. 환상일 수도 있고 이상일 수도 있다. 하지만 누구나 공감할 수 있는 내용이기도 하다. 사람들 마음속에는 모두 '누나의 이미지'를 한 조각씩은 간직하고 있다는 뜻일 게다. 그것을 다 모으면 앞에서 얘기한 것들이 된다. 문학, 특히 한국 문학에서 '누나'가 주요 소재로 등장하는 것도 이 때문일 것이다.

건물도 이런 '누나의 이미지'를 줄 수 있다. 단, 나이를 먹어야 한다. 국화처럼 완숙과 원숙미를 갖추어야 한다. 이제는 환상이나 이상이 되어버린 아름답고 감사한 '누나의 이미지'를 찾고 싶다면 '나이 먹은 건물'을 보라. '누나 같은 건물'이라고 할까, 누나가 생각날 때 누나를 떠오르게 해준다. 아예 누나가 없다면 누나란 존재를 간접적으로나마 느낄 수 있게 해준다. 이 땅의 누나들에게는 미안한 얘기지만 '누나 같은 건물'은 왠지 세월의 흔적이 물씬 풍길 것 같다. 특히 중년인 나에게 누나의 이미지는 더욱 그렇다. 나에게 누나는 초로기에 접어든 세대이기 때문이다.

다소 낡았더라도 세월에 흠뻑 젖어 있는 건물이 제격일 것 같다. 우리 주변에서 흔히 볼 수 있는 평범한 건물이 좋을 것 같다. 그래야 누나 같은 친숙함을 느낄 것 같다. 왜냐하면 누나는 내 주변에서 으레 볼 수 있는 친숙한 존재이기 때문이다. 그 친숙함은 잔잔한 즐거움이 된다. 새로 지어 번쩍번쩍하는 유리 건물이나 때깔 고운 비싼 건물은 왠지 누나 같은 친숙함을 줄 수 없을 것 같다. 요즘 유행하는 이런 새 건물들은 순간적으로 눈길을 끌고 자극적인 감탄을 자아낼 수는 있어도 두고두고 찾는 친숙함을 주지는 못한다.

시골 읍내를 떠올려본다. 건물 답사를 다니다가 시골 읍내에 들어서면 아직도 근대화 이전의 모습이 남아 있는 경우를 본다. 대도시에 가까운 곳은 이런 모습이 조금씩 사라지기 시작해서 지금은 대도시를 거의 닮아버렸지만 대도시에서 멀리 떨어진 깊은 읍내에는 아직도 이런 모습이 남아 있다. 이 땅의 누나들에게는 정말로 미안하지만 나는 이상하게도 이런 근대화 이전의 읍내 풍경이 '누나의 이미지'와 겹친다.

어느 읍내에나 있는 미용실도 좋다. 어릴 적 보았던 누나의 '뽀글빠마'가 떠오른다. 간이역 앞의 다방도 좋다. 아직도 '역전다방'이라는 곳이 남아 있다. 농가면 더 좋다. 초가나 옛날 민가면 아예 할머니로 넘어간다. 해방 이후 1950~1960년대에 지어진 농가가 '누나의 이미지'에 합당하다. 모두 고향의 추억, 시대극의 추억을 불러일으키는 이미지들이다. 소박한 소품들과 함께하는 친숙한 모습이다. 누나의 이미지는 이런 것들과 자연스럽게 겹친다. 모두 나이와 세월의 미학이다.

나는 전국으로 건축 답사를 다니기 때문에 시골 읍내를 자주 접하는 편이다. 대부분 군청 소재지 내 면 단위 지역의 중심지이다. 보통 면사무소를 중심으로 일정한 시골 번화가가 형성이 되는데 이상하게 '면내'라고 안 부르고 보통 '읍내'라고 부른다. 이런 읍내에는 일정한 패턴이 있다. 면사무소, 우체국, 파출소, 농협, 소방서, 등기소 등의 관공서가 중심을 잡아준다. 초등학교는 필수는 아니어서 함께 붙어 있기도 하고 아니기도 하다. 그 외에 미용실, 다방, 식당들, 신발 가게, 농약 가게, 구멍가게 등등 여러 가게가 군집을 이룬다.

이런 표준화된 읍내에서도 아직은 시간의 흔적을 즐길 수 있다. 하지만 대도시에 가까운 곳일수록 빠르게 현대화되어가고 있다. 편의점, 아이스크림 가게, 베이커리, 커피 전문점 등 현대화된 프랜차이즈 가게가 옛날 가게들 사이를 비집고 빠른 속도로 뿌리내리고 있다. 이런 현대식 가게가 늘어난 지역의 읍내 가로 풍경은 어느새 대도시 변두리와 같아져 간다. 따라서 이런 표준화된 읍내는 오롯이 시간의 흔적을 찾기보다는 시간의 충돌을 느끼기에 좋은 곳이다.

시간이 느리게 가는 곳은 간이역 앞 읍내가 좋다. 몇 해 전에 간이역 답사를 다니던 때 접했던 곳들이 있다. 이곳으로 다시 여행을 떠나보자. 첫 번째 목적지는 우리나라 최고의 곡창 지대인 김제평야를 담당하던 춘포역 일대가 좋겠다. 춘포역 자체는 아픈 역사가 스며 있으니 피하자. 일제가 김제평야에서 추수한 곡식을 일본으로 빼돌리기 위해 지은 역이기 때문이다. 해방 이후에 춘포역 일대에 형성된 풍경은 상대적으로 이런 아픈 역사에서 훨씬 자유롭다. 그 속에서 누나의 이미지를 찾아본다.

### 나이 먹은 누나가 그리울 때 – 꽃다방, 청파다방, 꿈다방

춘포역 앞의 역전식당과 꽃다방이다(도판 14-1, 14-2). 시골 간이역 앞을 대표하는 두 주자가 간판을 나란히 하고 한곳에 모여 있다. 시골 읍내 풍경에 간이역 앞 풍경을 더한 모습이다. 벽에 금이 간 것으로 보아 철근을 넣지 않은 이른바 옛날식 '세멘 집'으로 보인다. 화분 여럿이 해바라기를 하며 친구 대형으로 줄지어 서 있다. 오래된 집에 빠지지 않는 소품이다. 벽을 뚫고 나온 난로 굴뚝이 옛 추억을

14-1, 2. 춘포역 앞의 역전식당과 꽃다방.

14-3. 가은역 앞 꿈다방의 간판(위 왼쪽).
14-4. 가은역 앞 청파다방(위 오른쪽).
14-5. 가은역 앞 꿈다방(아래).

떠오르게 한다. 시대의 변화는 피하지 못하는 것일까, 에어컨 실외기가 눈에 크게 들어온다.

어디 '꽃다방'뿐이랴. 문경 가은역 앞에는 '청파다방'과 '꿈다방'이 있다(도판 14-3, 14-4, 14-5). '청파'는 '파'의 한자를 무엇으로 쓰느냐에 따라 '푸른 파도靑波'일 수도 있고 '푸른 언덕靑坡'일 수도 있다. 모두 좋은 뜻이다. 낡은 옛날식 간판인데 정이 간다. 색 조합이 좋다. '청파'라는 단어를 파란색으로 썼고 나머지는 모두 온색을 써서 그 나름대로 대비 효과를 노렸다. '꿈다방'은 도로변에 간판을 내걸었는데 먼 산과 겹치며 시골의 정취를 더해준다. 정작 다방 본인은 빨간색 벽으로 강렬하게 치장했다. 자기 나름대로 멋을 내 손님을 끈다. 하지만 두 다방은 모두 문을 닫았고 간판만 남아서 시간을 붙들고 놔주지를 않는다.

시골 읍내 다방 이름의 최고봉은 역시 '별다방'이 아닐까. 멀리 갈 것도 없었다. 마침 내가 사는 곳 근처의 화전 읍내에서 '별다방'을 찾았다. 항공대학교 앞이니 비록 행정구역은 경기도이나 서울의 끝자락으로 볼 만한 곳이다. 하지만 안타깝게 문을 닫았고 다음 주인을 찾지 못해서 간판만 남아 있다. 이제 '별다방'은 사람들이 우스갯소리로 '스타벅스'에 견주는 이름으로만 남게 되었다.

이런 이름들이 아직도 사람들의 입에 오르내린다. 그런 농담을 들었을 때 기발한 대응이라며 즐겁게 웃는다. 다방은 가고 이름만 남아 잠시라도 즐거움과 웃음을 선사한다. 간이역 앞이나 시골 읍내의 다방 이름은 하나같이 순수하다. 물론 이런 다방들만 일부러 이런 이름을 쓴 것은 아니다. 모두 옛날에 유행했던 이름이니 당시에는 습관적으로 붙였을 것이다. 이제 시간이 흘러 독화살처럼 낯선 서양 말이 감성을 베며 판을 치는 요즘, 다방 앞에 붙은 '꽃-청파-꿈-별' 등의 단어는 소박하기만 하다.

낭만은 피하자. 그동안 쌓인 세월의 켜만은 피할 수 없어 보인다. 수십 년의 세월 동안 저 식당에서 밥을 먹고 저 다방에서 차를 마시고 간 사람이 몇 명일까. 주인은 몇 번 바뀌었을까. 주인은 어떻게 생겼으며 지금 몇 살이나 되었을까. 혹시 우리 누나 나이 정도 아닐까. 여러 가지 생각이 꼬리를 문다. 식당 밥 팔고 옛날식 다방 커피 팔아 몇 명의 자식을 도회로 내보내 뒷바라지를 했을까. 이런 스토리를 모으면 이상하게 누나의 이미지와 겹쳐진다. 그리고 마음은 이내 푸근해지고 친숙함이 위로로 밀려온다.

낭만은 피해지지 않는다. 최백호의 노래가 자꾸 떠올라서이다. 〈낭만에 대하여〉라는 노래이다. 1절 가사의 배경이 바로 '옛날식 다방'이다. 가사를 보자.

굳은비 내리는 날
그야말로 옛날식 다방에 앉아
도라지 위스키 한 잔에다
짙은 색소폰 소리 들어보렴

새빨간 립스틱에
나름대로 멋을 부린 마담에게
실없이 던지는 농담 사이로
짙은 색소폰 소리 들어보렴

이제 와 새삼 이 나이에
시련의 달콤함이야 있겠냐마는
왠지 한 곳이 비어 있는 내 가슴이
잃어버린 것에 대하여

 가수의 감성과 통했나 보다. 읍내 다방을 보고 있노라면 그야말로 낭만이 스멀스멀 피어오르는 것을 금하기 어렵다. 이 가사에 나오는 도라지 위스키는 사실 나에게는 낯설다. 하지만 나도 나름대로 시골 읍내의 '별다방'에 자그마한 추억거리가 있긴 하다. 바로 동그랗고 작은 하얀 찻잔에 설탕과 프림을 듬뿍 넣어 거의 크림스프처럼 걸쭉하게 만든 '옛날식 커피'이다. 요즘 봉지 커피니 자판기 커피니 하는 것들이 설탕이 많이 들어간다, 프림이 많이 들어간다 하지만 읍내 별다방의 옛날식 커피만 하랴.
 내 전공은 사진을 함께 찍어야 하기 때문에 내 글쓰기 작업의 절반은 사진 찍으러 다니는 답사이다. 전국을 참으로 많이도 누볐다. 시골에 갈 때면 이런 읍내 별다방에 들러 걸쭉한 커피를 마시곤 했다. 몇 시간씩 앉아 책 쓸 내용을 이리저리 정리하며 공부한 적도 많았다. 다방 마담도 어느 정도 친숙한 단어이다. 다방 여주인(아마도 최백호가 마담이라고 불렀던)이 주문을 받으러 와서 호기심 어린 눈으로 나에게 이런저런 말도 붙여보곤 했던 기억이 난다. 이런 다방의 필수 인테리어 가운데 하나가 어항이었다. 가급적 어항 옆에 앉아서 공기방울을 쳐다보며 책 쓸 아이디어를 정리했던 기억이 새롭다. 이런 기억을 떠올릴 때면 아주 담백하고 중립적인 미소가 스쳐 간다.

**누나 같은 시골 농가 – 화장기 없는 중년 여인의 이미지**

다시 춘포역으로 돌아왔다. 조금만 들어가면 농가도 나온다(도판 14-6). 화장기 없는 수수함이 정말 좋다. 서정주가 노래한 '내 누님 같이 생긴 꽃', 국화와 닮았다. 그래서 '누나 같은 집'이다. 흙과 슬레이트와 '세멘'만으로 지은 집이다. 네오 다다에서 반反문명의 상징으로 사용하는 허드레 재료들이다. 그만큼 문명의 때에서 자유롭다는

14-6. 춘포역 앞 농가의 허드레 재료(왼쪽).
14-7. 춘포역 앞 농가의 화장기 없는 수수한 중년의 이미지(오른쪽).

뜻이다. 하지만 다다와는 기본 감성이 다르다. 다다에서 사용하는 허드레 재료는 지극히 반反문명적이고 따라서 부정과 반항을 상징한다.

이곳 농가는 다르다. 일상의 평범함과 리얼리즘의 친숙함을 상징한다(도판 14-7). 그래서 '화장기 없는 수수함'과 통한다. '화장기'란 것도 알고 보면 문명의 때가 아닐까. 특히 요즘처럼 중년 아줌마들까지 성형외과와 피부과에 의존하는 사람들이 늘어만 가는 때에는 더욱 그렇다. 하지만 그것은 부질없는 자신의 욕심일 뿐, 누가 중년 아줌마에게서 이목구비의 아름다움과 탄력 있는 몸매를 바랄까. 오히려 나이에 어울리지 않는다고 생각할 것이다. 나잇값도 자연의 섭리다. 아니, 가장 엄중한 자연의 섭리다. 그런 자연의 섭리를 의사의 칼질과 기계 시술로 바꿀 수는 없지 않은가.

중년 여인의 나잇값은 인생의 지혜나 온화함처럼 값진 것으로 채운 딴딴한 내공이어야 한다. 내실이 옅으면 외모를 찾는다고 했다. 이렇게 딴딴하게 내공을 채우면 외모는 자연스럽게 '화장기 없는 수수함'이 된다. 그리고 손에는 시집이나 스님의 마음공부 책이나 성경 같은 것이 들려 있으면 더 좋다. 이제 자식들도 장성해서 떠나가고 한가해진 오후 시간, 적당히 희끗해진 머리를 가지런히 모아 땋고 도서관 창가에서 따뜻한 햇볕 받으며 책을 읽고 있는 중년 여인을 떠올려본다. 의사의 칼질이 남긴 야비한 금속 냄새 대신, 기계 시술의 간교한 흔적 대신, 무당집 같은 요란한 화장 대신, 그리고 무엇보다도 세파에 찌든 짜증과 무기력 대신, 자신의 내면과 깊은 대화를 하며 책장을 넘기고 있는 중년의 여인을 떠올려본다. 이 정도면 비로소 '고상함'에 합당하며 눈길을 받을 자격이 된다. 이 정도 되면 눈길을 받고 안 받고는 초월했으리라.

시골 농가가 초라한 것만은 아니다. 경주시 구정동 불국사역 앞의

14-8, 9. 불국사역 앞 농가. 규모가 크고 맞배지붕까지 얹었는데 세월의 흔적에서 여전히 누나의 이미지가 느껴진다. 나무 미닫이문은 예스러운 분위기를 풍긴다.

한 농가는 언뜻 보면 평범한 낡은 집이지만 어딘가 모르게 귀티가 난다(도판 14-8, 14-9). 일단 규모가 크고 무엇보다 기와를 얹었기 때문이다. 그것도 맞배지붕이 아닌 팔작지붕인 것으로 보아 한때는 상당한 부잣집이었을 것이다. 어쨌든 상관없다. 이번에도 화장기 없는 수수한 모습이다. 나무로 창틀을 짠 유리문이 소박하기만 하다. 게다가 요즘은 점점 사라져가는 미닫이문이다. 마루의 큰 출입문과 방의 창문까지 모두 미닫이문이다.

그렇다. 나무로 짠 창문에는 이상하게 미닫이문이 제격이다. 옅은 옥색인 데다가 칠이 적당히 벗겨져서 정말로 예스럽다. 이 집 역시 서정주가 노래한 '내 누님같이 생긴 꽃', 국화의 이미지와 무척 닮았다. 그래서 '누나 같은 집'이다. 이 집을 보면 나는 지금은 고인이 된 여류 문인이 생각난다. 안경을 쓰고 아무것도 꾸미지 않은 모습으로 햇살을 받으며 책을 읽고 있는 사진이다. 고상한 중년 여인의 표상이다.

나무문은 아직 시골 읍내에 많이 남아 있다. 대세는 알루미늄에게 내주었겠지만 여러 곳에서 마주친다. 오래된 가게가 많다. 춘포역 앞에 있는 가게도 나무문을 갖추었다(도판 14-10). 파란색을 강하게 칠했지만 나뭇결 속살은 감출 수 없다. 울산 남창역 앞 가게도 마찬가지이다(도판 14-11). 이번에는 나무의 원색에 가깝게 칠했다. 두 가게 모두 칠이 벗겨지고 세월의 무게가 버거워 보인다. 지친 중년의 모습이다. 그러나 나무문이 주는 특유의 따뜻함과 자연스러움은 여전하다.

'누나' 속에 담긴 화장기 없는 중년의 이미지는 농가에서 계속된다. 단순한 기하학적인 윤곽 위를 흰 회벽만으로 처리한 경우이다. 삼척 도경리 앞 농가가 최고이다(도판 14-12). 안채는 제법 나이를 먹은 한옥인데 앞쪽 행랑채에 해당되는 부분을 '세멘'으로 새로 지

14-10. 춘포역 앞 가게(위).
14-11. 남창역 앞 가게(아래).

었다. 전체 윤곽이 투박하면서 소박한 한국다운 형태이다. 사각형 몸통에 삼각 박공을 얹은 형태인데 선이 반듯하지가 않다. 하지만 불량스럽거나 불안해 보이지 않는다. 여기 한 번 툭, 저기 한 번 툭 쳐낸 형국이다. 벽은 흰색으로 온통 비웠다. 요즘 유행하는 그 흔한 벽화 한 장 없이 흰 회벽으로 만족했다.

  무심한 듯 무뚝뚝하지만 속은 한없이 정으로 가득 찬 한국 아낙네의 모습이다. 이런 모습에 마음이 끌린다면 그것은 분명 한국적 역설이다. 한국적 반어법이다. 모두 깊은 속정을 표현하는 한국적 표현 방식이다. 그래서 투박함은 문제가 되지 않는다. 서툴지언정 소박할 수 있기 때문이다. 숫제 수줍음 쪽에 가깝다. 하루 종일 세련된 교언의 쳇바퀴에 지친 사람이라면 시골 농가의 소박한 수줍음에서 누나 같은 휴식을 느껴봄 직하다.

그래서 나는 서투른 기하학적 마무리에 흰 회벽에서 멈춘 이런 소박한 농가가 좋다. 조형적 긴장감을 느끼지 않아도 되기 때문이다. 명품 앞에 서면 숙제처럼 날카로운 비평과 해석을 쏟아내야 한다는 의무감이 따라붙는다. 시골 농가는 그런 것이 없어서 편하다. 정서가 흐르게 놔두기만 하면 된다. 그 끝에 누나의 이미지에 닿는다. 정서적 긴장감 없이 만날 수 있는 관계이다. 그래서 조형적 긴장감이 생기지 않는 농가의 이미지와 오버랩 된다.

나도 나이를 먹어서일까, 언제부터인지 사람들을 만날 때마다 긴장하고 있다는 것을 깨닫게 되었다. 아침에 눈 떠서 머릿속으로 하루 일과를 확인하면서 오늘 만날 사람들, 오늘 맺을 인간관계들을 떠올려본다. 정도의 차이는 있지만 대부분 긴장감이 앞선다. 하루는 긴장감 없이 얘기할 수 있는 관계가 얼마나 될까 따져보았다. 딸들과 딱 한 명의 친구와 누나 정도였다. 긴장감이 전혀 없다고 할 수는 없겠지만 마음 편하게 얘기할 수 있는 관계들이다. 농가의 이미지는 이 가운데 누나의 편안함을 닮았다.

시골 농가에서 찾는 편안함의 절정은 생활소품이다. 도경리역 앞 농가를 계속 보자(도판 14-13). 흰 회벽 오른쪽 아래 모퉁이에 이런저런 잡동사니가 소복하게 쌓여 있다. 수도를 끼고 빨래터를 만들었다. '다라이'라고 부르는 붉은색 고무 대야와 빨래판이 주인공이다. 대야 위에는 벽돌을 얹어 눌러놓았다. 오랜만에 보는 물건들이다. 나도 어렸을 때에는 우물에서 물을 길어 저런 '다라이'에 받아놓고 '고추'를 내놓고 마당에서 목욕을 하곤 했다. 1960~1970년대 정

14-12. 흰 회벽이 두드러져 보이는 도경리역 앞 농가(위).
14-13. 도경리역 앞 농가의 생활소품(아래).

서이다. 이쯤 되면 리얼리즘은 마음을 덥혀주는 치유 기능까지 갖게 된다.

춘포역에도 서투른 기하학적 마무리와 흰 회벽의 농가가 있다(도판 14-14). 곡창지대라 그런지 몸집이 제법 된다. 추수한 곡식을 저장하는 창고를 겸해서 그런가 보다. 지붕도 팔작지붕으로 멋을 낸 걸 보니 부농인가 보다. 요즘 새로 나온 플라스틱 기와로 덮었다. 하

14-14. 춘포역 앞의 농가.

지만 원래의 소박함은 감추기 어렵다. 지붕 선이 날카롭게 뻗지를 못하고 편하게 수평으로 늘어진다. 그래서 그런지 큰 덩치에서 위압이 아닌 넉넉함을 느낀다. 벽에는 얼룩이 앉아 나이를 말해준다. 한쪽 끝에 수북하게 쌓은 땔감도 편안함을 한몫 거든다.

**간이역과 시골 읍내에 남은 나이의 힘**

이름만 들어도 마음이 푸근해지는 역전식당과 꽃다방, 그리고 농가들. 모두 1950~1960년대 풍경이다. 비단 간이역 앞이나 시골 읍내만 이랬던 것은 아니다. 당시는 서울이나 대도시에도 이런 장면이 넘쳐났었다. 소박한 외관과 흰 회벽의 농가 같은 집이 1960~1970년대에 형성된 대도시 골목길 속을 가득 채웠다. 시골에서는 1950~1960년대에 많이 지어졌는데 10년 정도의 시차를 두고 대도시, 특히 서울의 골목길로 이어져 등장했다. 시골 살던 사람들이 일자리를 찾아 도시로 이주한 뒤 고향에 두고 온 집을 흉내 내서 지은 것이다.

우리가 그토록 창피해하고 지우고 싶어 했던 장면일 수도 있다. 그래서 우리는 누구보다도 열심히 지웠고 그 자리에 번쩍이는 높은 새 건물을 지었다. 우리가 이룬 물질 풍요의 업적을 부정하고 싶지 않다. 자랑할 만한 기적이고, 많은 사람이 실제로 물질 풍요의 혜택을 입었다. 하지만 우리가 행복해졌다고 말하기는 어려울 것 같은 것 또한 부정할 수 없는 사실이다. 우리는 이런 곳에서 났고 이런 곳에서 자랐다. 지금의 우리를 키워준 가장 가까운 과거의 토양이다. 그런데 그것들을 너무도 열심히 지웠다. 무엇이 그리도 창피했고 자신이 없었을까. 그리고 병이 든 우리는 이제 이런 옛 건물을 그리워한다.

시계 초침 돌듯 빡빡한 일상을 잠시 떠나 간이역 나들이를 왔다가 친숙한 풍경을 마주하고 위로받은 시간이었다. 내가 도시의 강제적 산업 미학에 지쳐서일까. 읍내 간이역 일대의 풍경은 따뜻하기 그지없다. 그 근원은 나이의 힘이다. 나이 먹은 건물들이 자연스럽게 어울려 하나의 동네를 이루고 있다. 빌딩 사이에 파편처럼 박혀서 개별적 의외성을 주는 도시 속 나이 먹은 건물과는 또 다른 느낌이다. 읍내 전체를 나이가 지배한다. 새 건물이라도 한 채 들어서면 그것이 개별적 의외성을 갖는 외계 생명체 같은 것이 된다. 나이 먹은 건물이 당연한 일상이고 자연스러운 현실인 곳이 읍내 마을이다. 그래서 누나의 이미지와 아주 닮았다.

배부른 낭만인 것은 물론 잘 안다. 농촌의 실제 현실은 이렇게 낭만적이지도 한가하지도 않다. 장사가 안 되는지, 필요한 사람에게만 개별적으로 물건을 파는지 가게들은 자물쇠로 채워져 있다. 굳게 다문 입은 말이 없다. 농가의 실제 삶도 마찬가지일 것이다. 힘든 농사일에 지쳐서 호시탐탐 시골을 떠나 서울로 편입할 기회만 노리고 살

14-15. 가은역 앞 버스 정류소 팻말.

아갈 수도 있다. 서울 사는 배부른 도시인이 있지도 않은 농촌의 낭만을 괜히 상상으로 만들어낸 것일 수도 있다.

현재 한국은 인구의 91퍼센트가 도시에 산다. 사람이 떠난 시골은 붕괴되었고 읍내는 적막하기만 하다. 요즘 특히 더 심해진 것 같다. 10년 전까지만 해도 답사를 다니다 읍내에 들르라치면 서울처럼 화려하지는 않아도 그 나름대로 사람 사는 동네 같았다. 읍내를 구성하는 시골 특유의 가게들에 사람들이 드나들었고 장도 섰다. 이제는 사람 자체가 눈에 띄게 줄었고 점차 문 닫는 가게가 늘어나고 있다.

지방으로 강연을 가봐도 마찬가지이다. 시골을 건강한 곳으로 묘사하며 지친 도시 생활에 대한 대안으로 얘기를 끌고 가면 금세 불편한 반응이 감지된다. 처음에는 의외였다. 하지만 이내 그 이유를 알게 되었다. 바로 농촌이 붕괴되어서 실제로는 건강하지 않은 곳이 되어버렸기 때문이다. 서울에 대한 환상이 상당히 큰 편이며 서울에서 강연을 하러 왔다 하면 무언가 화려한 얘기를 기대하는 것 같다. 농촌을 벗어나 서울로 편입하면 최고이고 그러지 못한 사람들만 남아서 농촌을 지키고 있다는 패배감 같은 것이 팽배해 있다. 그만큼 현대 한국에서 농촌은 점차 소외되고 버려진 곳이 되어간다.

하지만 농촌 현실이 이렇다고 해도 농촌 자체가 갖는 탈도시의 가치까지 부정되어서는 안 된다는 생각이다. 붕괴되어가는 농촌의 현실과 농촌에 담긴 나이의 기록은 별개가 아닐까. 더욱이 도시인의 귀촌이 꾸준히 늘고 있으며 젊은 층의 증가세가 두드러진다. 어차피 문명 전체가 탈도시의 방향으로 흐르는 것이 아니라면 귀촌 인구의 숫자가 많을 수는 없는 법이다. 그러나 그 숫자가 꾸준히 유지되면서 완만하나마 증가하고 있다는 것은 아직 농촌의 생명력이 살아 있다는 증거가 아닐까.

사람들이 농촌에서 찾는 생명력의 종류는 각기 다를 것이다. 자연이 으뜸일 것이고, 느림의 미학, 경쟁 없는 생활, 과밀하지 않은 환경 등등 여러 가지일 것이다. 나는 지금까지 소개한 시간의 기록과 나이의 힘을 들고 싶다. 그 속에서 급박한 도시 생활과는 완전히 다른 편안한 시간의 세계를 경험할 수 있다. 그 편안함은 초 단위로까지 잘라 쓰며 헐떡대고 살아가는 도시 생활에서 문득문득 그리워지는 누나의 친숙함과 오버랩 된다. 간이역 앞 버스 정류소 팻말에서 느끼는 편안함 같은 것이다(도판 14-15). 시골길에 서 있는 버스 정류장 팻말 하나만으로도 천천히 흐르는 시간의 고마움을 느낄 수 있다.

신경 줄이 끊어질 것처럼 팽팽한 도시의 긴장을 탈출해서 시리도록 맑은 겨울 공기를 마시며 간이역 앞 버스 정류장에 섰다. 팻말을 물끄러미 바라본다. 낡기는 했지만 성실하게 생긴 팻말이다. 동갑내기 친구를 보는 느낌이다. 아니, 나 자신을 보는 느낌이다. 낡기는 했지만 나는 아직 성실하다. 팻말은 하루에 버스가 몇 번 안 온다고 말하는 것 같다. 그래도 안심이다. 그래서 안심이다. 하루에 버스가 몇 번밖에 오지 않는다는 사실이 이렇게 고마울 때도 있는 것이다. 주머니 노리는 네온사인의 거짓 속셈과 뒤얽혀 수십 년을 살아왔다. 지치고 힘들 때 나를 위로해준 것은 나이 먹은 시골 읍내의 작은 버스 정류장 팻말 하나였다. 그래서 나의 감성 세계에서 간이역이 있는 시골 읍내는 여전히 유효하다.

# 15.
# 대림미술관, 성곡미술관
# 누나 같은 평범함

**도심 속 '누나 같은 건물' – 낡아서 위로를 받다**

'누나 같은 건물'이 시골 읍내에만 있는 것은 아니다. 서울 시내에서도 찾을 수 있다. 미술관 두 곳을 떠올려본다. 대림미술관과 성곡미술관이다. 몇 가지 공통점이 있다. '나이 먹은 건물'을 손질해서 사용하고 있는 점, 옛날 건물의 모습이 상당 부분 남아 있는 점, 그 옛날 모습이 미술관의 특징과 이미지에서 중요한 부분을 차지한다는 점 등이다. 가장 크고 중요한 공통점은 두 미술관 모두 매우 평범한 모습이며 이것이 누나의 분위기를 떠오르게 한다는 점이다. 차이점도 있다. 대림미술관이 상대적으로 더 많이 고친 반면 성곡미술관은 고치지는 않고 도색만 새로 해서 원래 건물을 그대로 사용하고 있다.

대림미술관은 1967년에 지어진 건물을 프랑스 건축가 뱅상 코르뉘Vincent Cornu의 리노베이션 설계로 2002년에 새롭게 개관했다. 원래 건물은 동네에서 흔히 볼 수 있는 매우 평범한 3층짜리 연립주택이다(도판 15-1). 지금도 오른쪽 3분의 2는 그 모습을 그대로 간직하고 있다. 새로 손질한 부분은 골목길에서 진입하면서 정면에 보이

15-1. 대림미술관. 진입하면서 보는 전경.

는 왼쪽의 3분의 1 부분이다. 이 부분에 피트 몬드리안Piet Mondrian의 구성 작품을 응용한 유리 벽면을 전면에 넣었다(도판 15-2). 오른쪽의 3분의 2는 다시 여기에 맞춰 추상적 분위기로 조금 손질했다.

건물은 아주 묘해졌다. 왼쪽의 유리 벽면은 건물에 정갈하고 세련된 분위기를 준다. 몬드리안의 추상화를 볼 때 갖는 느낌 같은 것이다. 그러나 그 면적은 건물 전면의 3분의 1이다. 오른쪽의 3분의 2까지 넣어서 건물 전체를 보면 1960년대 연립주택 모습이 더 강하다. 정말 묘하다. 유리 벽면은 손님을 맞는 이 건물의 얼굴이다. 오른쪽의 3분의 2는 이 건물의 원래 모습, 진짜 자기이다. 어쨌건 중요한 것은, 유리 벽면이건 오른쪽의 3분의 2건 모두 화장기 없는 무채색의 수수한 모습을 하기는 마찬가지라는 점이다(도판 15-3). 그래서 '누나 같은 건물'이다. 합해보자. 평범하기 그지없는 누나가 집에 오는 손님을 맞아 옷매무시를 다듬고 아주 옅은 화장을 조금 한 모습이랄까.

이 건물에는 묘한 양면성이 공존한다. 분명히 오래되었는데 현대적이다. 아방가르드의 느낌이 들지만 호흡은 느리다. 둘을 합하면 안정적 세련미와 역사화된 아방가르드 느낌이라 부를 수 있다. 1960년대 모습을 2000년대에 맞게 현대화한 모습이다. 모두 나이 먹은 건물이 줄 수 있는 절제된 미학이다. 그래서 이번에도 '화장기 없는 수수함'과 겹친다. 앞에서 본 역전식당과 꽃다방과 농가의 도회풍 버전이다. 서로 아무 연관이 없어 보이는 이런 여러 건물을 하나로 묶어주는 것은 '화장기 없는 누나'의 이미지이다. 이 땅의 누나들에게 미안한 얘기지만, 이상하게도 '누나의 이미지'에는 화장이 들어가면 안 될 것 같다. 화장이 들어가면 그것은 아무 데서나 볼 수 있는 중년 아줌마이지 누나는 아닐 것 같다.

성곡미술관 역시 1960~1970년대 양식이다. 원래 쌍용의 직원 숙소였는데 1995년에 성곡미술관으로 바뀌었다. 성곡미술관을 설립하면서 새 건물을 짓지 않고 오래된 숙소를 손질해서 그대로 사용한

15-2, 3. 대림미술관의 새로 고친 부분. 몬드리안의 구성 작품을 유리로 표현했다.

것이다. 1995년이면 아주 옛날도 아닌데 의외이다. 새 건물을 지을 수도 있었는데 오래된 건물, 그것도 숙소로 지어서 방갈로 같은 모습을 하고 있는 곳에 들어오다니 말이다. 그래서 그런지 숙소의 모습이 아직도 강하게 남아 있다(도판 15-4).

이런 의외의 선택은 나이를 먹어가면서 빛을 발하기 시작했다. 미술관으로 재탄생한 지 어느덧 20년 세월이 흐르자 이 옛날 건물은 성곡미술관을 대표하는 이미지로 꽉 자리 잡았다(도판 15-5). 그리고 그 이미지는 꽤나 강력하다. 오래된 숙소를 활용한 건물이라는 내막을 알고 나면 나이의 힘에 대한 기대가 더해지면서 이미지는 더욱 강력해진다. 첨단이니 유행이니 하는 것을 뛰어넘은 모습이다. 지은 지 얼마 되지 않아서부터 우리 건물이 철지난 것이 되지나 않을지 전전긍긍하는 안타까움에서 깨끗하게 자유로워졌다.

이른바 '첨단 유행의 역설'이라는 것이다. 이 대목은 중요한 부분이다. 미술관은 건축가들이 가장 설계하고 싶어 하는 건물이다. 일단 예술성을 실어내기에 좋은 유형이다. 예술품을 전시하는 곳이니 사용하는 과정에서 건물의 작품성을 더욱 빛낼 것이라 기대한다. 하지만 한국 현대건축에서는 이상하게 미술관에서 중요한 작품이 나오지 않고 있다. 모두 '첨단 유행의 역설'을 이겨내지 못한 것이다.

'첨단 유행의 역설'이란 무엇일까. 너무 첨단 유행에 치중하다가 그 유행이 바뀌면 곧 철지난 것이 되어버리는 것이다. 건물의 작품성은 물론 완공 당시에 얼마나 새로운 창작성을 보여줬는가도 중요하지만 궁극적으로는 세월이 한참 흐른 뒤에도 자신만의 이미지를 뚝심 있게 지키고 있어야 한다. 세월의 도전을 이겨내는 꿋꿋한 저력이 있어야 한다. 이것이 없는 상태에서 너무 얄팍한 첨단 유행에만 치중하면 완공 당시 최첨단 유행인 건물이 단 2~3년 만에 낡은 건물이 된다.

15-4. 성곡미술관 전경. 1960~1970년대 양식을 그대로 미술관으로 사용했다(위).
15-5. 성곡미술관 전경. 시간을 잘 버틴 결과 오래된 이미지는 그대로 성곡미술관의 상징이 되었다(아래).

미술관은 이런 위험이 많은 건물 종류이다. 이름 있는 건축가들이 이렇게 저렇게 멋을 내서 멋진 미술관을 설계하지만 시계의 초침이 움직이는 매 순간 첨단 경쟁의 사이클 속에 끼어 얼마 안 가 '낡은 건물'의 딱지를 붙이게 된다. 유행과 무관한 보편성이 필요해 보인다. 의외로 건축가가 설계하지 않은 주변의 평범한 건물이 해답일 수 있다. 모든 평범한 건물이 이런 역할을 하지는 못할 것이다. 최소한 몇십 년의 시간이 쌓여야 하고, 이것을 살려 활용할 수 있는 어느 정도의 이름 있고 큰 미술관이 건물의 주인이 되어야 할 것이다. 성곡미술관이 이 경우에 해당한다.

'나이 먹은 건물'의 힘이라는 것이다. 그 힘은 '누나의 이미지'에서 나온다. 이 건물도 한눈에 '누나 같음'을 알 수 있다. 누가 봐도 누나의 풍모를 풍긴다. 누나이되, 나이 차이가 많이 나면서 어머니를 대신해서 집안을 굳건하게 챙겨온 강한 이미지이다. 대림미술관보다는 좀 더 둔탁하다. 소박할 수도 있고 투박할 수도 있는데 어쨌든 유리 면적을 최소화하고 벽면과 덩어리만으로 건물이 이루어졌다. 무덤덤하지만 간결하고 그래서 믿음이 가는 모습이다.

이번에도 색과 장식을 철저히 절제했다. 그래서 '화장기 없는 수수함'의 조건을 잘 지켰다. 흰색 같기도 하고 회색 같기도 한 무채색 한 가지로 칠했다. 잘 지킨 정도가 아니라 그 스스로 모범이 되었다. 그러나 무작정 평범하기만 한 것은 아니다. 창 처리가 수가 높다. 꼭 필요한 곳에 단순한 사각형으로 냈지만 기하학적 구성미가 뛰어나다. 베란다를 작은 입체 덩어리로 처리한 뒤 간결한 몸통에 적절히 붙였다. 덩어리의 들고 남이 만들어내는 추상 미학이 좋다(도판 15-6).

그 대신 조각상, 전시 포스터, 소나무 등을 적절히 섞어서 품격 높은 멋을 냈다(도판 15-7, 15-8). 건물 배경이 무덤덤하고 간결하기 때문에 이런 예술 소품이 빛날 수 있다. 화려한 미색도 차가운 금속도 아닌

15-6. 성곡미술관. 창과 육면체를 조합한 추상 미학이 뛰어나다(위 왼쪽).
15-7. 성곡미술관. 흰 회벽을 배경으로 조각 작품으로 멋을 냈다(위 오른쪽).
15-8. 성곡미술관. 전시 포스터가 간결한 건물 배경과 잘 어울린다(아래).

무채색의 회벽이 갖는 근원적 힘이라는 것이 있다. 배경이 이러면 멍석을 잘 깐 것이 된다. 그 앞에서 예술 소품들이 자기의 가치와 의미를 발휘한다. 이런 품격은 세월이니 유행이니 하는 것들에서 옆으로 비켜서서 그 몸부림을 담담하게 지켜보는 여유 같은 것이다.

## 1960~1970년대 양옥 – 평범함 속에 담긴 생활의 내공

나는 가끔 성곡미술관에 들르는데 이곳에 오면 광화문 일대를 산책할 수 있어서 좋다. 광화문 대로변은 거의 다 재개발되어서 고층 건물이 늘어섰지만 한 켜만 속으로 들어가면 달라진다. 두 지역으로 나눠볼 수 있다. 한 곳은 광화문 사거리 안쪽 동네이다. 이 일대는 유명한 '대포 골목'이었다. 대폿집이 즐비해서 이 일대 언론사 기자들로 북적거렸다. 재개발 이전의 건물은 다 사라지고 한 곳도 남아 있지 않다.

다른 한 곳은 서울역사박물관에서 성곡미술관 사이로 이곳은 1960~1980년대의 양옥 동네이다(도판 15-9). 아직 조금 남아 있다. 처음 그대로인 개인주택으로 남아 있기도 하고 사무실로 개조되기도 했다. 1960~1970년 즈음의 기록이다. 개조한 경우는 외부 마감을 새로 했기 때문에 표면 모습에서 당시 분위기는 거의 사라졌다. 그러나 전체 구성이나 나지막한 2층 높이 등에서 그 흔적을 간파해낼 수 있다. 개조를 하지 않았다면 서울 시내에서 1960~1970년대를 대표하는 이미지 가운데 하나가 되었을 것이다.

서울 시내에 1960~1970년대의 흔적은 이제 얼마 남아 있지 않다. 명륜동, 청파동 등 옛날 부자 동네에 아주 조금 남아 있을 뿐이다(도판 15-10). 앞에서 둘러보았던 정릉천 동네 속에도 이에 근접하는 옛날 부잣집이 한두 채 있다(도판 15-11). 한 동네 전체가 남아 있는 경우는 참 드물고, 급하게 변해가는 동네 속에서 개별 건물이 파편처럼 박혀서 시간의 기록을 덤덤히 보여준다. 숫제 도시 한옥 골목은 마디 단위로 남아 있는 곳이 몇 군데 되는데 그보다 뒤에 지은 이런 양옥 동네는 거의 사라졌다. 아쉬운 대목이다. 1960~1970년대를 대표하는 상류층 주거였다. 이 시기에는 이런 양옥집이 부자의 대표적인 주거 형태였다. 요즘으로 치면 타워 팰리스나 삼성동 아이파크

15-9. 광화문 골목길. 아직도 1960~1970년대 양옥집이 남아 있어서 오래된 동네를 느낄 수 있다(위).
15-10. 명륜동에 단편으로 남아 있는 1970년대 양옥집(아래 왼쪽).
15-11. 정릉천 동네의 좁은 골목길 속에 파편처럼 남아있는 1960~1970년대 양옥 부잣집(아래 오른쪽).

같은 집이다.

어쨌든 이런 양옥은 이상하게 누나의 이미지와 잘 맞는다. 일단 꾸미지 않았고, 그래서 경건하리만큼 평범하다. 사실 누나는 평범하다. 적어도 내 눈에는 진부할 정도로 평범하다. 그래서 편하고 좋고 위로를 받는다. 아주 오래전, 누나가 결혼한다며 매형을 집에 인사시키러 데리고 왔던 어릴 때를 떠올려본다. 매형들은 누나들이 예쁘다면서 푹 빠져 있었다. 나는 도통 이해가 가지 않았던 기억이 난다. 저렇게 평범하고 진부한 여자가 뭐가 예쁘다는 것인지.

하지만 누나의 평범함 속에는 내공이 쌓여 있다. 무술 하는 사람도 아닌데 무슨 내공일까. 생활의 내공이다. 언제 봐도 늘 나보다 몇 년 나이를 더 먹어 있다. 그런 대오를 유지한 채 수십 년을 함께 늙어왔다. 내가 인생의 이치를 조금 깨달았다고 생각하고 누나를 보면 늘 나보다 조금 더 깨달아 있었다. 그러면서 부모와 친척 등 집안 상황에 대해서도 늘 나보다 조금씩 더 생각하고 고민하고 있었다.

동네 어귀에서, 길거리에서, 마트에서, 버스 속에서 늘 마주치는 중년 아줌마를 보자. 나보다 몇 살 정도 더 먹어 보이는 아줌마를 보면 나는 마음속으로 오마주를 보낸다. 시간의 갑옷을 두르고 만만치 않은 생활의 내공을 뿜어댄다. '뽀글 빠마'와 알록달록한 의상과 '중립적' 화장 속에 켜켜이 겹친 인생의 궤적을 나는 잘 안다. 수북이 쌓인 인생 얘기를 나 또한 마음 깊은 곳에 가지고 있다. 누나의 평범함은 나보다 몇 살 더 먹은 이런 중년 아줌마의 내공과 동의어이다.

광화문이나 명륜동 골목길에서 마주치는 1960~1970년대 양옥의 모습은 이런 누나들의, 중년 아줌마들의 평범한 내공과 무척 닮아 있다. 전체적으로 회색풍이 주도하며 옆으로 넓게 퍼져서 안정적인 느낌을 준다. 평평한 지붕과 여유 있는 2층 베란다, 그리고 번듯하게 형식을 갖춘 출입구와 적당한 높이의 담 등이 이런 집들의 공통적인 모습이다. 넉넉하고 풍성한 분위기로 부잣집이라고 자랑하고 있다. 어렸을 때에는 이런 집을 보면 부러워했던 기억이 난다. 2층 양옥은 선망의 대상이었다. 이제 수십 년이 흘러 나는 중년이 되었고 한국에는 여러 종류의 새로운 부잣집 유형이 등장했다. 1960~1970년대의 시간의 기록을 오롯이 간직한 옛날 부잣집을 보며 나는 평범함의 내공에 대해서 얘기하고 있다.

### 한국 문학 속의 누나, <엄마야 누나야>

덤덤하면서도 속 깊은 정을 가지고 있어서일까, '누나'라는 단어나 '누나'의 이미지는 철학이나 종교보다는 문학에 잘 어울린다. 누나의 이미지를 문학 속에서 찾아보자. 한국적 감성에서 누나한테 받는 보살핌은 중요한 문학적 모티브이다. 일단 제목만 봐도 '누나'라는 단어가 들어간 문학작품은 매우 많아서 일일이 세는 것이 불가능하다. 서정주의 「국화 옆에서」는 제목이 아닌 시구 속에 '누님'이라는 단어가 들어가 있다. 제목에 들어간 것도 무척 많다. 대표적인 것 몇 가지만 들어보면, 가장 순도가 높은 경우로 아예 '누나'라는 단어 하나로만 제목이 이루어진 문학작품이나 드라마도 여럿 된다.

다음에는 '누나'에 다른 단어를 하나만 더한 경우이다.『누나의 방』,『누나의 시』,『누나의 오월』,『박꽃 누나』같은 작품들이 대표적이다. 누나에 서술어를 더하면 조금 더 길어진다.『누나는 봄이면 이사를 간다』,『누나는 벽난로에 산다』,『누나가 사과를 따먹었대요』등 누나를 주어로 삼아 누나와 얽힌 사건을 서술한 것까지 다양하다. 만약에 친누나가 아니라 옆집 사는 동네 누나라면 의외로 첫사랑의 대상이 되는 경우가 많다.『내 첫사랑 주희 누나』라는 장편소설은 이런 내용을 다룬 것이다. 요즘은 여자가 나이가 더 많은 이른바 연상연하 부부도 많은데 이것은 이를테면 짝사랑하던 동네 누나와 결혼한 셈이 된다.

누나의 보살핌과 챙김은 남자들의 성격 형성에 중요한 요소이다. 아마도 김소월이 「엄마야 누나야」를 쓰면서 엄마와 누나를 함께 묶어 부른 것도 이런 한국적 정서를 반영한 것으로 보인다. 말 나온 김에 이 시를 한번 읊어보자.

엄마야 누나야 강변 살자.
뜰에는 반짝이는 금모래 빛.
뒷문 밖에는 갈잎의 노래.
엄마야 누나야 강변 살자.

매우 짧은 이 시는 동요로도 많이 불렀다. 전 국민이 따라 부를 수 있는 대표적인 동요이다. 아마도 '동요' 하면 가장 먼저 떠오르는 곡 가운데 하나일 것이다. 누나들 틈에서 자랐던 나는 누나들과 직접적 교류는 없는 편이었지만 그 보상심리인지 이상하게 이 노래를 열심히 불렀던 기억이 난다. 중간에 '갈잎의 노래'에서 박자가 느려지면서 단조로 넘어가는데 그 부분이 유독 구슬프게 느껴졌던 기억도 난다.

이 시에 대해 김춘수는 다음과 같이 평한다. "시 작품으로서의 「엄마야 누나야」는 설명하기가 매우 어렵다. 메시지가 없고 정서만 있기 때문이다(메시지가 없다는 것은 사상이 없다는 것이 된다). 정서는 막연하고(애매하고) 걷잡을 수가 없다. 정서의 순도가 높으면 높을수록 그렇다. 이 상태가 극에 달하면 언어도단의 지경에 이른다. 아! 오! 하는 감탄사만 있게 된다. 이 시는 그런 감탄사의 부연이다. 감탄사에 내용을 부여한 그런 상태다. 모차르트의 음악에 가깝다. 모차르트의 음악은 순수한 음의 조립이다. 내용이 없다. 음이 빚는 분위기만 있을 뿐이다. 모차르트 음악의 분위기에 해당되는 것이 이 시에서는 정서라고 할 수 있다. 정서란 말을 분위기라고 바꿔놔도 된다. 어느 쪽도 안타깝기는 마찬가지다. 서정시의 본질은 안타까움의 정감을 일깨워주는 데에 있다. 우리는 지금 후 불면 날아가 버릴 듯한 서정시의 정수를 보고 있다. 덧없기도 하다. 시를 공리의 눈으로 보지 말 것. 이런 따위 시가 무슨 소용일까? 그것은 사상가들이 하는 소리고 사람에게는 이런 것이 필요하다. 절실히 필요하다. 우리를 자꾸 안타깝게만 하고 뭔가를 감추고 있는 그런 것이 사람에게는 필요하다는 감각을 누군가가 일깨워줘야 한다. 세상이 너무 살벌하고 역사는 감각이 너무 무디지 않은가 말이다…."

일일이 설명하지 않아도 우리 모두가 공유하고 있는 누나의 이미지 혹은 누나에 대한 이런저런 기억의 파편을 모두 합하면 '아!'가 되는 것이며, 김소월은 이것을 조금 더 풀어서 4행의 짧은 시로 노래한 것이다. '아!'의 감성은 결국 엄마와 누나를 합한 모태이다. 한국적 정서에서 여성이 담당하는 위대한 역할이다. 누나도 엄마의 모성을 공유한다는 것이 한국 가족주의의 대표적 특징 가운데 하나이다.

여성의 모성을 합하면 고향으로서의 모태가 된다. 김소월은 그것을 강변으로 대신하고, 압축했다. 한반도에는 개천이 많다. 개천은 곧 강변이다. 산이 솟으면 개천도 흐르는 법, 한반도에 산이 많다면 그것은 곧 개천이 많다는 뜻이다. 그 개천은 곧 고향이다. 시골에 두고 온 고향 가운데 개천 없는 곳이 있을까. '나의 살던 고향'인 서울 시내 녹번동조차도 개천이 이리저리 흐르던 동네였다. 이것을 문학적으로 좀 다듬으면 '강가의 금빛 모래와 갈잎'이 된다. 이 둘은 한국적 고향을 대표하는 자연의 모습이다. 결국 우리가 '누나' 혹은 '누나의 이미지'에서 느끼는 포근함과 친숙함은 '누나'가 우리 마음의 고향과도 같기 때문이리라.

**한국 동요 속의 '시집간 누나', <과꽃>**

그래서 그럴까, 문학작품뿐 아니라 동요에도 '누나'는 주요 소재이다. 특히 동요의 황금기라 불리는 1920~1930년대에 만들어진 동요에 '누나'가 집중적으로 등장한다. 이 시기는 지금 우리가 알고 있는 많은 동요가 만들어진 때이다. 요즘은 아이돌 가수의 가요가 동요를 밀어내서 그런지 아이들이 동요를 잘 부르지 않지만 나이 좀 먹은 세대는 크면서 동요를 많이 불렀다. 지금 돌이켜 보면 한국의 동요들은 상당히 서정적이고 약간은 감상적이기도 한데 이는 아마도 동요가 만들어진 시대적 배경 때문일 것이다. 당시는 일제강점기 중기로서 일제에 의한 왜곡된 근대화가 한반도에 자리를 잡기 시작하던 때였다. 그만큼 우리의 전통 정서를 붙잡아보려는 움직임이 일던 때였다. 이런 정서를 짧고 쉽고 간결하게 표현하기 좋은 것이 동요이다.

몇 가지 대표적인 예를 들어보면, 우선 앞에 나왔던 김소월의 〈엄마야 누나야〉도 1922년에 쓴 시에다 곡을 붙인 것이다. 이 시기에 등장한 동요 속의 '누나'는 이상하게 '시집'과 짝으로 나오는 경우가 많다. 홍난파 작사·작곡의 〈시집간 누나〉가 대표적이다. 이 노래는 그다지 널리 알려지지는 않았다. 우리가 다 아는 동요 가운데에는 〈과꽃〉이 시집간 누나 이야기를 담고 있다. 가사를 보자.

올해도 과꽃이 피었습니다.
꽃밭 가득 예쁘게 피었습니다.
누나는 과꽃을 좋아했지요.
꽃이 피면 꽃밭에서 아주 살았죠.

과꽃 예쁜 꽃을 들여다보면
꽃 속에 누나 얼굴 떠오릅니다.
시집간 지 온 삼 년 소식이 없는
누나가 가을이면 더 생각나요.

서정주가 「국화 옆에서」에서 누나를 국화에 비유했다면 이 동요는 과꽃에 비유하고 있다. 과꽃도 이미지가 대체적으로 국화와 비슷하다. 발표 연도는 〈과꽃〉이 빠르다. 서정주의 「국화 옆에서」가 1947년에 발표되었고 〈과꽃〉은 연도 미상이지만 보통 1920~1930년대 동요로 분류된다. 그렇다면 서정주는 누나를 국화에 비유할 창작 아이디어를 이 동요에서 가져온 것이 아닐까 추측해봄 직하다. '누나'에 '가을'을 대응시킨 것도 또 다른 공통점이다. 〈과꽃〉에서도 가을이 되면 누나가 생각난다고 노래하고 있다. 가을에 '누나 같은 국화꽃'을 만나는 것과 같은 구도이다.

　차이도 있다. 「국화 옆에서」는 '시집'이 등장하지 않지만 〈과꽃〉에서는 등장한다. 이 차이는 두 시에서 노래하는 누나의 최종 이미지의 차이로 귀결된다. 「국화 옆에서」의 누나는 담담하고 차분하고 안정된 이미지이다. 이 시에서 누나는 시집을 갔을 수도 있고 가지 않았을 수도 있지만 서정주는 이것을 밝히지 않고 있다. 그보다는 중년이 무르익었을 정도의 누나가 주는 이미지를 인생의 깨달음에 대응시킨다. 반면 〈과꽃〉의 누나는 시집을 간 누나이다. 그래서 작사자는 그런 누나를 그리워하고 보고 싶어 하는 마음을 분명하고 직설적으로 노래하고 있다. 〈과꽃〉의 누나의 이미지는 '시집을 가버려서 보고 싶은 사람'이다.

　누나가 시집가는 것을 서글퍼하는 남동생 이야기는 현대 가요에도 등장하곤 한다. 노래에서는 뒷동산에 올라 먼발치서 시집가는 누나 가마를 보며 슬퍼하는 어린 동생 이야기를 한다. 철들기 전 아이에게 누나가 얼마나 잘해줬는지 노래 속 아이는 무척 슬퍼한다. 얼마나 애가 탔을까. 아마도 자기를 알뜰살뜰 보살펴주던 누나가 떠나가는 것에 대한 섭섭함이리라. 엄마와는 조금 다르다. 보살핌만 따지면 엄마에는 못 미치지만 누나는 엄마한테 없는 '동기지간'이라는 편한 감정이 있다. 보통 때에는 이모저모로 자신을 돌보아주지만 이를테면 명절 같은 날에는 자기와 나란히 서서 부모에게 세배를 함께 드린다. 남동생한테 누나는 '약식 엄마 + 동기'라는 묘한 존재이다. '뒷배가 든든한 동지' 정도라고 할까. 이런 존재가 먼 곳으로 시집을 가버렸으니 동생한테는 분명 큰 충격이었을 것이다. 그러니 '누나의 시집'은 서글프면서도 묘한 감정을 느끼게 하며, 한국적 정서에서 중요한 부분을 차지한다.

아예 「우리 누나 시집가던 날」이라는 동화도 있다. 이번에도 어린 남동생이 누나가 시집가는 걸 섭섭해하는 내용이다. 첫 페이지부터 범상치 않다. "누나는 거짓말쟁이! 내 색시 되겠다고 약속해놓고…"로 시작한다. 신랑이 보낸 함을 보고서는 "흥, 누나가 좋아하는 건 하나도 없잖아."라고 빈정거린다. 어린 남동생이 생각하기에 누나가 가장 좋아하는 건 곶감이다. 그래서 곶감을 주면 누나가 시집을 안 갈 거라고 생각하곤 곶감을 훔치러 부엌으로 숨어든다. 그러다가 아주머니에게 들키지만 아주머니는 국수를 먹으라며 다른 얘기를 한다. 이후 누나의 혼례가 시작해서 진행된다. 동생은 내내 못마땅할 뿐이다. 혼례가 무르익으면서 '백년해로'라는 말이 나온다. 동생은 이 말에 흠칫 놀라며 백 년 동안 누나를 못 본다고 생각하며 다시 슬퍼한다. 혼례가 끝나자 남동생은 누나 방으로 달려간다. 누나는 눈물만 흘리고 있다. 함께 슬퍼진 동생은 어머니에게 가서 위로를 받는다. 누나도 어머니에게 와서 작별인사를 한다. 잔잔한 웃음을 자아내게 하는 내용이다. 하지만 그만큼 한국의 전통적인 정서가 물씬 배어난다. 나이 차이가 많지 않으면 어렸을 때에는 누나와 남동생이 치고받고 싸우기도 하지만 그럼에도 누나는 아직도 정이 넘쳐나는 한국의 전통 정서를 대변하는 존재임에 틀림없다.

# 16.
# 장충동 태극당 본점
## 누나 같은 위로

**「국화 옆에서」 – 화장기 없는 수수한 중년 여성**

이런저런 것들을 모두 즐거운 추억으로 삼을 수 있는 나이가 된 요즈음, '누나'라는 단어가 들어간 시가 한 편 생각난다. 바로 누나의 두 번째 이미지인 완숙과 원숙미를 노래한 서정주의 「국화 옆에서」이다. 한국의 중년에게 '누나' 하면 떠오르는 가장 대표적인 시 가운데 하나일 것이다. 비단 중년뿐 아니라 많은 사람이 한 번쯤은 들어봤을 시이다. 고등학교 때 열심히 외우던 시인데 누나의 의미나 이미지를 잘 표현했다는 생각이 든다. 고등학교 어린 시절에는 가을이 오는 것이 왜 그렇게 힘들다는 것인지 이해가 안 가기도 했었다. 하지만 인생의 이런저런 경험을 하고 난 중년에 접어들수록 이 시의 의미가 새롭다.

나는 누나만 둘이었기 때문에 '누나'라는 단어가 들어갔다는 이유만으로 이 시는 지금까지도 내 기억에 남아 있다. 고등학교 시절, 짧게 깎은 머리와 검은 교복 속에서도 나는 문학적 감성을 키우던 가벼운 문학 소년이었고 시 외우기를 즐겨 했다. 김소월도 외웠고 박목월도 외웠고 조지훈도 외웠고 이상도 외웠지만 이상하게 이 시가 가장 기억에 남는다. 여러 좋은 시가 많았기 때문에 '누나'라는 단어가 없었다면 굳이 이 시만 기억에 남지는 않았을 것이다. 길지 않은 시이니 전편을 적어보자.

> 한 송이의 국화꽃을 피우기 위해
> 봄부터 소쩍새는
> 그렇게 울었나 보다.
>
> 한 송이의 국화꽃을 피우기 위해
> 천둥은 먹구름 속에서
> 또 그렇게 울었나 보다.
>
> 그립고 아쉬움에 가슴 조이던
> 머언 먼 젊음의 뒤안길에서
> 인제는 돌아와 거울 앞에 선
> 내 누님같이 생긴 꽃이여
>
> 노오란 네 꽃잎이 피려고
> 간밤엔 무서리가 저리 내리고
> 내게는 잠도 오지 않았나 보다.

국화꽃을 누나로 의인화하고 있다. 국화에는 여러 가지 이미지가 있는데 이것을 누나에 대입시켜 의인화하고 있다. 가을이라는 계절, 차분한 색감, 꽃치고는 화려하지 않고 차분한 모습, 그러나 결코 초라하거나 빈약하지 않은 존재감, 크지도 작지도 않은 적절한 크기,

혼자 있어도 당당하고 다발로 묶어도 잘 어울리는 완숙함, 그 많은 꽃잎 하나하나에 들어간 정성과 완결성, 이런 것들이 모여서 족히 죽은 자를 위로할 수 있는 배려심 등등이다. 이런 이미지들은 신기하게도 '누나'라는 단어와 잘 어울린다. 그렇기 때문에 원숙한 나이에서만 나올 수 있는 특징들이기도 하다. 여성이 나이가 들면서 그 모성애가 주변 사람들 모두에게로 향하게 되는 완숙과 원숙미의 구체적 내용들이다.

    이는 기본적으로 덕성을 바탕에 깔고 있으며 중년 여성에게 가장 필요한 미이자 멋일 것이다. 자연의 섭리를 따르는 것이기 때문에 가장 도덕적인 미이자 멋일 수 있다. 어찌 중년 여성이 20대 같은 탱탱한 피부와 탄력 있는 몸매를 유지할 수 있단 말인가. 세상이 잠시 혼란스러워서 중년 여성에게까지 이런 탐욕을 부채질하고 그것을 돈벌이로 악용하는 것일 뿐이다. 자연은 그렇게 가르치지 않는다. 10월의 곡식은 생명을 주는 식량의 미덕을 갖는다. 어찌 모내기를 갓 끝낸 6월의 푸른 줄기와 같을 것인가. 자연은 중년 여성에게서 육체적 탄력을 앗아갔지만 그 자리에 완숙과 원숙미를 주었다. 화장기 없는 수수한 중년 여인과 가장 잘 어울리는 단어가 바로 '누나'와 '국화'이다. 중년 남성의 멋이 '중후함'이라면 중년 여성의 멋은 '누나의 이미지'일 것이다. 둘 모두 덕성을 바탕에 갖는다. 중후한 멋이 신뢰의 미덕에서 우러난다면 누나의 이미지는 베풂과 보살핌의 미덕에서 우러난다.

    하지만 이런 국화꽃은 그냥 핀 것이 아니다. '한 송이 국화꽃'은 여러 가지 불꽃 튀는 일이 일어난 다음에야 겨우 필 수 있다. 그냥 앉아서 나이만 먹는 것과는 다르다. 새가 울어대고 천둥이 치는 격정의 젊은 시기를 보낸 다음 인생의 의미를 깨닫게 되었을 때에 비로소 '누나'가 되는 것이다. 나이 먹어서도 젊음의 격정에서 벗어나지 못하면 '늙어서 주책'이 되고 '노망 든 것'이 된다. 나이를 먹어가면서 반드시 거쳐 가야 할 치열한 고민과 힘든 자기 공부 없이 그냥 나이만 먹으면 초라하고 무기력한 중년과 노인이 될 뿐이다. 젊음의 격정을 거름 삼아 인생의 의미를 깨달아 본인부터 원숙미에 들고 다시 그 편안함을 주변에 나눠줄 수 있을 때 '누나'가 되는 것이다.

봄은 생명이 피어나서 좋지만 새의 울음이나 화려한 꽃처럼 속절없고 불안하다. 여름은 생명의 절정이어서 좋지만 천둥이 치듯 아프고 그립다. 가을도 쉽게 오지 않는다. 불길이 꺼질 즈음 무서리의 차가움에 잠을 깨다 보면 문득 국화의 노오란 꽃잎을 발견하게 된다. 그리고 조심스럽게 거울 앞에 선다. 이제야 비로소 나를 볼 수 있게 되고 조금씩 내가 보이기 시작한다. 내가 누구인지, 나란 사람이 어떤 사람인지 보이기 시작한다. 이것을 몰라서 젊은 시절 그렇게 실패하고 방황하지 않았던가.

거울에 비친 나를 보듯, 나 자신이 어떤 사람인지 알게 되는 것, 그리고 그런 '나'가 국화꽃의 노오란 꽃잎과 같다는 것을 알게 되는 순간 겪는 희열과 고마움은 얼마나 크고 소중한 것인가. 주름과 흰머리와 함께 찾아온 인생 최고의 선물이다. 윤기 나는 흑발과 보드랍던 피부를 주고 그 대신 받은 축복의 선물이다. 나를 볼 수 없었고 그렇기에 내 마음이 짓는 헛것으로만 살았던, 그렇기에 그렇게 힘들었던 젊은 시절을 되돌아보게 된다. 지금의 나를 볼 수 있기에 가능한 반추이다. 이런 반추는 모두 '누나', 더 정확히 말하면 '누나의 이미지'와 닮았다.

누나의 이미지는 '잘 늙어야' 얻을 수 있는 것이다. 그래서 '나이 먹는 것의 좋은 점'에서 앞줄을 차지한다. 그냥 '누나'는 남동생만 생기면 어린 나이에도 될 수 있고 아무나 될 수 있다. '누나의 이미지'는 다르다. 단연 나이에서 우러나오는 '나이의 미학'이 따라주어야 한다. 서정주는 나이의 미학을 직접 언급하지 않고 나이의 미학에 도달하기 위해 겪어야 하고 통과해야 하는 인생의 격정을 노래했다. 이런 점에서 서정주가 얘기하는 누나의 미학은 당연히 중년의 미학이다. 젊었을 때의 뜨거움이 중년이 되어 한풀 식으면서 느껴지는 잔잔한 안정감 같은 것이다. 키케로와 세네카Lucius Seneca 같은 로마의 철학자들이 공통적으로 나이 먹는 것의 좋은 점으로 들었던 '쾌락으로부터의 자유' 같은 것이다.

젊었을 때에는 꿈과 욕망에 달떠 정열을 내뿜으며 살았다. 작은 성공도 이루며 이 나이까지 달려왔지만 지금 생각하면 얼굴이 화끈거리는 치기稚氣도 부렸고 실수와 실패도 많았다. 만추의 어느 날 이 계절과 내 생이 많이 닮았다고 느끼는 그 순간, 성공의 쾌감과 치기의 창피함과 실패의 아픔 모두를 담담한 미소로 희석시킬 수 있는 나를 발견했다. 그때의 느낌을 서정주는 아마도 '내 누님같이 생긴 꽃'이라고 노래했을 것이다.

남동생이 없는 여자도 많기 때문에 모든 사람이 '누나'가 될 수는 없다. 하지만 '누나 같은 국화'는 될 수 있는 것이다. '누나의 이미지'는 '나이 먹은 값을 제대로 하는 잘 늙은 중년'으로 일반화할 수 있다. 내가 늙어가고 싶은 방향이기도 하다.

거울 앞에 서보았다. 관자놀이에 검버섯이 꽤 피었다. 왼쪽 머리 앞부분은 반백에 가까워졌다. 아내는 검버섯은 쉽게 뺄 수 있으니 빼란다. 머리도 염색을 하란다. 그러면 10년은 젊어 보일 것이란다. 나는 자연주의를 고수하겠다며 가벼운 미소로 답했다. 한번은 이런 일도 있었다. 대학 강의를 인터넷 동영상 강의로 올리는 'K-MOOC 사업'에 선발되어 촬영을 하게 되었다. 촬영업체 직원이 얼굴을 젊게 보이게 해준다며 화장품을 가지고 왔다. 나는 "나이 먹은 대로 보이겠다."며 점잖게 고사했다. 나의 관심사는 젊어 보이는 것이 아니고 나이에 걸맞게 잘 늙는 것이다. 앞에 얘기한 '누나의 이미지'가 그 방향이다.

잠시 현실을 비추어보자. 진짜 '누나'는 아닐 것이다. 모든 누나가 이렇지는 않을 것이다. 이런 누나는 극소수일 것이다. 대부분의 누나는 이렇게 우아하지 않다. '누나 같은', '누나의 이미지'일 것이다. 그렇기에 윤색을 해볼 수 있고, 윤색을 해보고 싶은 것이다. 지금 이 땅에서 살아가는 중·노년의 여성 중 상당수는 누군가에게 '누나'일 것이다. 그들 개개인의 삶은 우리가 주변에서 보듯 대부분 힘들고 병들어 있다. 사회적 조롱거리가 되는 한국의 중년 아줌마들도 모두 '누나'이다. 하지만 '누나의 이미지'만은 좀 다르길 바라는 환상이 있다. 누나들 역시 나와 똑같이 삶에 찌들어 힘들게 살아가지만 한국의 중년 남성들은 그들에게서 아주 작은 환상의 실마리를 찾아 '누나의 이미지'라 이름 붙인다. 그리고 힘들 때 그것을 가끔 꺼내보곤 한다.

**장충동 태극당 본점 – '누나의 이미지'를 닮은 건물**

성곡미술관과 비슷한 이미지를 갖는 건물이 장충동의 태극당 본점이다. '태극당'이라는 상호부터 친근하다. 물론 나이 좀 먹은 세대에게 한해서다. '태극당'을 알면 아저씨고 모르면 청년일 수 있을 게다. '고려당-태극당-크라운제과'의 삼두마차가 1990년대까지 한국의 빵가게를 3등분하고 있었다. 세 회사 모두 파리바게트와 뚜레쥬르가 등장하면서 유행에 밀려 사라졌다. 그러나 흔적은 남아 있는데 그 흔적 사이에도 차이가 있다. 고려당은 내 기억에 부산 남포동에 몇 년 전까지 있었는데 지금은 사라진 걸로 알고 있다. 완전히 사라진 것은 아니어서 서면 롯데백화점 지하 입구에 매장이 하나 남아 있었는데 최근에 이름이 바뀌었다. 강남에도 매장을 하나 냈단다.

16-1. 장충동 태극당 본점. 태극당이 아직도 존재감을 가질 수 있는 것은 이 오래된 건물 덕분이다.

크라운제과는 크라운베이커리로 변신해서 버텨보았지만 지금은 매장조차 찾을 수 없다. 셋 가운데에는 태극당이 아직 가장 당당하게 버티고 있다. 장충동의 이 오래된 본점 건물이 주인공이다(도판 16-1).

  물론 태극당의 매출이 의미 있는 수치를 보이지는 못할 것이다. 최근에 이곳에서 빵을 사 먹어보았다는 사람 말로는 빵 맛이 그리 좋지는 않다고 했다. 프랑스 제빵 학교에서 유학하고 온 사람들이 개점한 최신 빵집이 즐비하고 사람들의 입맛도 세월 따라 바뀌었는데, 이곳 빵 맛이 입에 맞기는 어려울 것이다. 그럼에도 장충동의 이 본점 건물이 아직도 태극당의 존재감을 붙들어 매주고 있다. 근처 남산 국립극장에서 행사가 있으면 이곳에서 빵을 대량으로 사 가는

16-2. 장충동 태극당 본점 전경(위).
16-3. 장충동 태극당 본점 벽체, 장식, 상호 디테일(아래).

경우가 종종 있다고 한다. 태극당 바로 옆에 파리바게트가 있는데도 이곳을 이용하는 것은 빵 맛보다는 세월의 관록 때문이 아닐까 생각해본다.

    판매 전략도 오래된 나이를 지키는 방향으로 잡은 것 같다. 1층 정문 옆에 작은 팻말이 붙어 있다. "창업 이래 줄곧 같은 맛과 모양으로 판매하고 있습니다."라고 썼다. 실내도 마찬가지이다. 가급적 옛날 인테리어를 고수하려는 분위기이다. 어항이 있고 갈색 톤으로 색조를 맞춘 '옛날식' 인테리어이다. 그러나 결국 세월의 압박이 부담스러웠는지 인테리어 리노베이션을 하고 있다. 이 책이 나올 때쯤이면 리노베이션을 마쳤을 것이다.

  태극당은 1946년에 설립되었으며 장충동의 이 건물은 1973년에 지은 것이다. 이 숫자들은 무엇을 말해주는가. 유행을 좇기보다는 관록과 전통을 발휘해야 한다고 말하고 있다. 오래되었고 그래서 낡아 보이는 이 건물은 그런 이미지와 아주 잘 맞는다. 고려당과 크라운제과는 이런 오래되고 낡은 건물을 갖지 못해서 존재감도 없이 사라진 것이 아닐까 조심스럽게 추측해본다. 태극당은 아주 오래되고 낡은 건물 덕분에 '오래된 빵집'이라는 이미지를 굳히는 데 성공했다.

  그래서 그럴까, 태극당 장충동 본점의 이미지는 성곡미술관과 비슷하다. 유리 대신 벽면과 덩어리로 건물을 구성했고 색감까지 비슷하다. 나이도 비슷하며 그 나이 덕에 세월과 유행을 비켜나 여유를 즐길 수 있는 것까지 닮았다. 성곡미술관과 함께 정말로 '누나 같은 건물'의 표본이라 할 만하다. 하지만 그 나름대로 멋도 냈다. 창과 벽체를 명확히 분리했고 벽체 부분을 주간柱間 거리 단위로 볼록하게 부풀렸다. 다시 그 위에 띠 장식을 더했다(도판 16-2, 16-3). 당시로서는 열심히 꾸민 것에 해당된다. '태극당'이라는 글씨체도 이런 분위기에 맞췄다. 그리고 태극당 주인의 고집과 함께 40년을 넘는 세월을 버틴 결과 그 촌스러움 속에 '나이의 힘'이 쌓이게 되었다.

  이 건물은 1960~1970년대에 중소 규모 건물에 유행하던 양식이다. 콘크리트 구조에 추가 마감을 하지 않고 회색 페인트로 도색을 하는 처리이다. 마감을 하지 않은 데에는 각자 사정이 있을 것이다. 아직 경제적으로 어렵던 시절, 비용을 절감하려는 목적이 가장 컸을 것이다. 그렇기 때문에 모두가 어렵던 시절 함께 고생하며 동생을 보살펴준 중년 누나의 이미지와 잘 어울리는 것일 게다. 좀 더 순수한 조형적 목적도 있을 수 있다. 이른바 노출 콘크리트의 미학이라는 것이다. 콘크리트가 삭막한 것만은 아니고 아름다울 수도 있는데 마감을 하지 않고 노출을 했을 경우이다.

노출 콘크리트는 세계적으로 제2차세계대전 이후에 사용 빈도가 점차 늘다가 최근에는 가장 보편적인 재료로 자리 잡았다. 한국 현대건축도 대체적으로 이런 흐름과 보조를 같이해오고 있다. 물론 태극당의 노출 콘크리트가 건축가들이 구사하는 예술 재료로서의 그것과 같은 급은 아니다. 그저 돈이 없어서 페인트칠로 대신하던 1960~1970년대 사회 상황의 산물에 가까울 것이다. 하지만 그렇기 때문에 40년 이상을 버틴 지금 소중한 가치를 가질 수 있다.

주의해서 보면 서울 시내에 이런 양식의 건물이 조금 남아 있다. 내가 주로 다니는 강북 시내 동선에서만 세 채를 발견했다. 서대문 영천시장에 한 채, 광화문에 두 채가 나란히 서 있다. 영천시장 건물은 그냥 시장 건물이고 광화문에는 피어선빌딩과 구 문화방송 사옥(현 경향신문 사옥)이다.

피어선빌딩은 장충동 태극당 본점보다 높은 11층 건물인데 처리 기법과 전체적인 이미지가 매우 비슷하다(도판 16-4). 굳이 양식 사조라는 말을 붙일 수 있다면 같은 사조에 속한다. 태극당 본점만큼이나 참으로 평범하기 짝이 없는 건물이다. 외부 마감할 돈을 아끼기 위해서 그랬는지, 아니면 돈이 없어서 그랬는지, 아니면 그 당시에는 다들 그렇게 지었는지 모르겠지만 콘크리트를 그대로 드러낸 위에 회색 도색만으로 끝냈다(도판 16-5).

구 문화방송 사옥은 김수근의 작품으로 한국 현대건축에서 중요한 작품이다. 고층 건물답지 않게 전면에 복잡한 장식을 둘렀다. 이런 특징은 앞에 나왔던 구성미에 해당된다. 양식 사조로 보면

16-4. 앞의 큰 건물이 피어선 빌딩이고 뒤쪽이 구 문화방송 사옥 측면이다(위).
16-5. 구 문화방송 사옥 모습. 태극당과 같은 모습이다(아래 왼쪽).
16-6. 구 문화방송 사옥 중간 아랫부분(아래 오른쪽).

1970~1980년대에 전 세계적으로 유행했던 구조주의라는 사조를 약식으로 처리한 뒤 구성미를 더한 것으로 볼 수 있다. 그런데 이 건물의 측면과 정면에 태극당 본점과 같은 장면이 관찰된다(도판 16-5, 16-6). 측면은 거의 전체가 노출 콘크리트 위에 도색을 했고 정면은 중간층 이하 아랫부분에 이런 처리가 두드러진다. 그만큼 당시에는 많이 짓던 방식이라는 뜻이다.

관리 상태에 따라 세 채의 건물 사이에 차이도 있다. 구 문화방송 사옥은 상대적으로 관리가 잘된 편이고 나머지 둘은 많이 낡은 모습이다. 태극당 본점도 관리를 잘한 편에 속한다. 이렇게 관리를 잘한 두 건물은 마치 오래되었지만 관리를 잘한 자동차를 보는 것 같다. 길을 가다 보면 가끔씩 '포니'라든가 '소나타 I'이라든가 하는 수십 년 된 차들을 마주친다. 디자인이 옛날 것이고 차체 자체에서도 시간의 흐름이 역력하지만 노익장을 과시하며 매끄럽게 굴러가는 걸 보고 신기해한 경험을 한두 번쯤 가지고 있을 것이다. 태극당 본점과 구 문화방송 사옥은 이런 차를 보는 것과 같은 느낌이 든다.

두 건물은 이 동네의 터줏대감처럼 오래된 광화문로의 분위기를 결정한다. 두 건물이 서 있는 이곳은 정동으로 갈라져 들어가는 지점인데 점잖은 세월의 동네 정동으로 들어가는 수문장 역할을 하기에 거뜬하다(도판 16-7). 너무 방정맞은 새 유리 건물보다는 무채색의 근대 초기의 건물이 정동의 분위기에 더 어울린다. 이 일대는 광화문 사거리와 비교해서 상대적으로 오래된 건물이 많이 남아 있다. 가수 이문세가 〈광화문 연가〉에서 노래했듯이 광화문은 강북의 오래된 도심의 대명사였다. 지금은 대부분 재개발되어 고층 유리 건물로 거리 모습이 바뀌었다. 그 가운데에서 1960~1970년대 분위기를 간직하고 있는 지점이 이 부근이다.

광화문도 세분화할 필요가 있다는 생각이다. 사거리 쪽은 새 동네 모습으로 바뀌었다. 정동 입구 쪽은 시간의 기록을 지켜야 하지 않을까. 그래야 광화문의 명성과 어울리지 않을까. 신호등이 바뀔 때마다 차량의 물결이 밀물, 썰물처럼 밀려왔다 밀려가는 모습을 수십 년째 묵묵히 지켜보며 서 있어온 두 건물이다(도판 16-8).

그래서인지, 피어선빌딩의 1층 양 끝에 있는 두 가게가 자꾸 눈길을 끈다. 한쪽 끝에는 학창 시절 드나들던 당구장 간판이 그대로 남아 있다. 빨간 공 두 개, 파란 공 두 개이다(도판 16-9). 학창 시절 당구장에서 자장면 시켜 먹으며 반나절을 보내던 기억이 없는 중년은

16-7. 정동 입구에 서 있는 구 문화방송 사옥(위).
16-8. 피어선빌딩과 그 주변의 정동 입구 일대(아래).

16. 장충동 태극당 본점  305

16-9. 피어선빌딩 한쪽 끝의 당구장 간판.   16-10. 피어선빌딩 다른 쪽 끝의 꽃가게.

거의 없을 것이다. 나는 당구에는 소질이 없어서인지 당구를 그다지 잘 치지는 못했지만 그 시절 기억이 새록새록 솟아난다. 반대편 끝에는 작은 꽃가게가 들어 있다(도판 16-10). 꽉꽉한 도심 거리에 작은 생명을 불어넣어주는 고마운 소품 가게이다.

**태극당 본점, 장충동의 역사적 의미에 작은 보탬이 되다**

태극당 본점을 닮은 이 세 채는 급하게 변해가는 주변 환경 속에서 1960~1970년대의 모습을 담담한 회색 톤으로 기록하며 묵묵히 서 있다. 이 시기는 잠자던 한국이 막 깨어나면서 온 국민이 맨몸을 던져 근대화를 일구던 시기이다. 그만큼 보람도 있었고, 반면 지금의 사회규범과 가치를 기준으로 보면 무리도 많던 시기이다. 이 시기의 한가운데를 관통하며 살아온 지금의 중년은 어쨌거나 이 시기에 대한 아련한 향수 같은 것이 있다. 그 색은 붉지도 파랗지도 검지도 희지도 않고 아마도 이 건물들 같은 담담한 회색이 아닐까. 그리고 그

담담함은 바로 '누나의 이미지'인 것이며 궁극적으로 중년인 나 자신의 모습일 것이다.

장충동 태극당 본점도 마찬가지이다. 계속 변해가는 주변 환경 속에서 혼자 버티면서 오히려 사람들의 눈길을 끌게 된 부분이 크다. 나는 고등학교 때부터 이 지역을 종종 드나들곤 했기 때문에 그 변천사를 잘 안다. 태극당 주변은 만만치 않은 지역이다. 무엇보다도 역사적으로 유서가 있는 곳이며 한국 현대사에서도 건축적으로 중요한 지역이다. 태극당 본점이 갖는 나이의 의미를 더 깊게 이해하기 위해서는 장충동이라는 지역 전체와 함께 볼 필요가 있다.

장충동의 역사를 먼저 보자. 서울 시내 전체로 보면 종남산終南山에 해당되어 조선 시대부터 지리적으로 중요한 지역이었다. 말 그대로 남산의 종점에 해당된다는 뜻이며 그래서 한양 성곽이 지나는 주요 길목이었다. 지금도 약수동 쪽으로 조금만 올라가면 한양 성곽이 아직 남아 있다. 더 중요한 것은 '장충동'이라는 이름이다. '장충단'이라는 데에서 유래한다. 동국대학교 아래에 있는 지금의 장충단 공원에 해당되는데 이 지역에는 장충단이라는 제단이 있었다. 사직단, 선농단 등과 함께 서울 시내에 남아 있는 중요한 조선 시대 제단이다. 사람들은 잘 모르지만 장충단은 구한말의 한이 서려 있는 매우 중요한 곳이다. 을미사변 때 일본 자객들과 끝까지 싸우다 전사한 장병들을 제사하기 위하여 광무 4년(1900) 설치했던 제단이기 때문이다. '장충奬忠'이라는 이름도 '충절을 권하다'라는 뜻이다. 더 이상 무슨 말이 필요하랴.

해방 이후 현대사에서도 중요한 지역이다. 태극당과 마주하는 바로 맞은편에는 장충체육관이 있으며 종남산 끝 쪽으로 올라가면 국립극장과 자유센터가 나온다. 세 건물 모두 한국 현대사와 함께하며 역사의 기록을 담고 있어서 사회적 의미가 강한 건물들이다. 태극당 건너편의 동국대학교와 신라호텔 등 큰 시설들도 주변에 포진한다. 또 다른 건너편 주택가 골목은 1960~1970년대 우리나라에서 성북동, 동빙고동, 한남동 등과 함께 손꼽히는 최고의 부촌 가운데 하나였다. 이병철 회장 집도 이 속에 있었다. 차 다니는 큰길에는 유명한 장충동 족발집들이 몰려 있어서 이른바 족발거리를 형성하고 있다.

이런 장충동 일대 역시 세월의 흐름에 따라 많이 변해가고 있다. 일단 장충체육관부터 리노베이션을 했다. 체육관의 원형 윤곽을 지켜야 했기 때문에 전체 모습이 크게 변하지는 않았다. 주택가 입구에는 장충교회라는 새 교회가 들어섰다. 태극당보다 조금 아래쪽에는 라이벌이라 할 수 있는 파리바게트가 들어왔다. 위쪽으로는 파라다이스빌딩과 웰라빌딩 같은 새 사옥들이 들어섰다. 주택가 안쪽도 많이 변했다. 대부분 고급 빌라로 증축했으며 일부는 사무실 건물로 바뀌었다.

넓게 보면 시간이 충돌하고 있는 지역이다. 원래의 역사적 의미와 현대적으로 변해가는 변화의 힘이 충돌하고 있다. 건물이 그런 시간의 충돌을 고스란히 담아내며 보여준다. 나는 이 가운데 원래의 역사적 의미에 한 표를 던지고자 한다. 누나 같은 태극당 본점의 활약을 기대할 수 있는 대목도 이 지점이다. 모두 '시간의 힘'이라는 공통의 미덕을 공유하고 있기 때문이다.

장충동은 확실히 서울에서 의외의 역사와 얘깃거리를 가지고 있는 지역이다. 태극당 본점은 여기에 작은 보탬이 될 수 있다. 태극당의 나이는 단순히 개별 건물의 나이가 아니라는 뜻이다. 주변 지역의 역사적 의미를 빛나게 해주는 사회적·역사적 나이가 될 수 있는 가능성을 갖는다. 언젠가 우리는 장충동의 역사성에 대해서 묻는 날이 올 것이다. 그때에 건물에 기록된 나이는 매우 중요한 증거 자료가 될 것이다. 태극당은 중요한 한 토막을 더할 것이다. 건물의 힘이

16-11. 장충동 태극당 본점과 그 앞에 늘어선 도시 소품들.

란, 건물이 갖는 나이의 힘이란 이런 것이다. 시간이 더 흐른 뒤에 사람들이 장충동의 의미를 건축으로 모아서 봉헌하고 싶을 때 태극당 본점도 조그마한 힘을 더해줄 수 있을 것이라 생각해본다. 그리고 그때까지 헐리지 않고 살아남아 있기를 간절히 빈다.

너무 거시적인 얘기라서 추상적으로 들린다면, 반대로 미시적으로 들여다보자. 태극당 앞에는 질박한 도시 소품들이 서 있다. 빨간 우체통과 태극기와 자전거와 스쿠터 등이다. 시간을 초월한 일상 요소들이다. 태극당 건물은 이런 것들과 너끈하게 잘 어울리며 가로의 한 토막에 시간 얘기를 쌓아가고 있다(도판 16-11). 역사성이라는 거시적 주제는 거창한 것이 아니다. 이런 미시적 소품이 쌓이면 그것이 역사성이 된다.

### 내 기억 속의 누나

'누나의 이미지'를 '나이 먹은 건물'과 엮어서 얘기를 끌어왔다. 내

개인적 얘기로 누나의 얘기, 나아가 이 책의 얘기를 마치고자 한다. 나는 누나만 둘이다. 이른바 '부잣집 막내아들'이었다. 내 나이 때에는 형제가 네다섯 명은 되었기 때문에 누나만 둘 있는 막내아들은 그다지 흔한 상황은 아니었다. 남아 선호 사상도 강하던 때여서 남자 형제 없는 외아들은 더욱 드물었다.

이런 나에게 '누나'라는 단어는 좀 특별한 의미를 갖는다. 하지만 이건 다분히 심정적인 것이고 실제로 어릴 적 누나에 대한 기억은 별로 없다. 특별히 사이가 나쁠 것은 없었지만 그렇다고 같이 잘 논 것도 아니었다. 누나들과 나는 나이 차이가 많이 나는 데 반해 둘은 연년생이어서 절친하게 지냈다. 나이 차이도 나고 성별도 다른 나와의 관계는 상대적으로 뜸했다. 부모님들이 특별히 누나들에게 막내 외아들을 챙겨주라는 압박도 넣지 않았던 것으로 기억한다. 나이를 먹어가면서 한때는 섭섭했던 적도 있었다. 내 나이 세대면 집안의 여자들이 외동아들을 챙겨주는 전통이 남아 있었는데 나는 그런 보살핌을 전혀 받지 못했다는 섭섭함이었다.

우선 어머니부터 나를 무척 엄하게 키우셨다. 이유는 단 한 가지, "막내 외아들이라고 오냐오냐해서 키우면 버릇 나빠져서 망가진다."는 것이었다. 여기에다 신식 교육까지 받으셔서 조선 시대 유교 문화를 무척 싫어하셨다. 남아 선호 사상을 유교적 가부장제의 부산물이라며 혁명적 타파의 대상으로 보셨기 때문에 아들을 편애하지 않고 엄하게 키우는 것이 어머니에게는 선각 운동 같은 것이었다. 이런 모자지간의 틈바구니에서 집안 여성들의 보살핌을 기대할 유일한 곳은 누나들뿐이었다. 하지만 누나들이 이런 보살핌을 나에게 베풀었던 기억은 별로 없는 것 같다. 어머니의 교육 기조가 누나들에게도 고스란히 전수되어서 나는 들판에 버려진 것처럼 모든 일을 나 혼자 해결하며 컸다. 이런 생각은 꽤 오랫동안 내 마음속에 작은 구멍 같은 것을 만들어놓고 있었다.

하지만 이제 누나들은 중년의 터널을 지나 노년으로 향하고 있다. 같이 늙어가면서 누나들은 편안한 친구처럼 느껴진다. 나이를 먹다 보니 거꾸로 내가 누나들의 삶을 되돌아볼 수 있는 정신적 여유도 생겼다. 누나들은 그들대로 편한 삶만 살았던 것은 아니라는 사실이 보이기 시작했다. 나를 잘 보살펴주지 않았다는 생각 때문에 섭섭함이 남아 있었던 성장 과정 때부터 누나들은 그들대로 엄한 어머니와 살아가기 힘들었겠다는 것이 헤아려지기 시작했다.

모녀지간은 모자지간과는 또 다르다. 정서적 교감이 아주 큰 관계인데 우리 집은 어머니가 무척 엄하셔서 누나들 역시 그들대로 어머니와 이런 정서적 교감을 가지지 못한 데 대한 마음의 구멍이 컸다. 남동생까지 돌볼 여력이 없었을 것이며, 더 근본적으로 보자면 내 삶이 자신들의 삶보다 나아서 딱히 보살펴줄 것이 없다고 생각했을 것도 같다. 어머니는 외아들일수록 더 엄하게 키우셨지만 적어도 아버지만은 남아 선호 사상을 조금은 드러내셨기 때문이다. 물론 이것마저도 어머니의 강한 견제와 경고 때문에 실제로 드러난 적은 없었던 것 같다. 그러나 지금 누나들과 둘러앉아서 얘기하다 보면 누나들은 적어도 아버지만은 아들을 더 편애하셨다고 생각하는 것 같다. 이런 상황에서 자신들이 나서서 남동생까지 챙길 여력은 없었을 것이다.

누나가 둘이나 있었어도 이런 챙김을 받지 못하고 자란 나는 꽤 늦게까지 마음 한구석에 빈자리가 남아 있었다. 무척 엄한 어머니 밑에서 자라면서 생긴 애정 결핍을 악화시키는 일일 수 있었다. 나이가 지긋해진 어느 날, 누나들 역시 그들대로 삶에 힘든 구석이 있는 것을 보고 나서야 이 빈자리는 사라지게 되었다.

나는 누나들과 친밀하게 지내며 크지 않았기 때문에 좋은 기억이 건 나쁜 기억이건 기억 자체가 없는 편인데, 한 가지 재미있는 기억이 있긴 하다. 어머니가 자식들을 검소하게 키우셔서 나는 누나 옷을 물려 입었다. 형 옷도 아니고 누나 옷을 물려 입는 경우는 과거에도 흔치 않았다. 더욱이 자칭 '부잣집 막내아들'이었던 나에게 이 기억은 상처라면 상처일 수 있다. 어머니의 엄한 교육 방식 가운데 검소함은 매우 큰 부분을 차지했던 것인데, 그래서 그런지 지금까지도 나는 시장에서 값싼 옷을 사 입는다. 교수라고 별나란 법은 없지만, 누가 봐도 나는 교수로 보이지 않는다. 입는 옷부터 시장 상인들과 같기 때문이다.

어쨌든 내 덩치가 누나들보다 더 커져서 옷을 물려 입을 수 없게 되기 전까지 나는 주로 여자 옷을 입고 컸다. 그렇다고 치마를 입었던 것은 아니었다. 주로 바지였고 남녀 공용으로 입을 수 있는 윗도리도 있었다. 그런데 과거에는 남자 옷과 여자 옷의 지퍼나 단추 방향이 반대였기 때문에 나는 늘 여자 옷과 같은 방향으로 지퍼가 나고 단추가 달린 옷을 입어야 했다. 이런 가운데에서도 누나의 피아노 반주에 맞춰서 동요를 부르던 기억이 어슴푸레 남아 있다.

누나들은 부잣집에 시집가서 부를 누리고 곱게 늙어가고 있지만 다른 한편으로는 힘든 중년을 보내고 있기도 하다. 우리 삼 남매는 얼마 전 어머니를 잃었다. 누나들은 나를 여전히 어린 동생으로 본다. 하지만 나는 여러 가지 애틋한 감정으로 누나들을 바라본다. 힘든 생활에서 벗어날 수 있는 답은 뻔히 나와 있지만 실천까지 생각하면 어림없을 게다. 누나 나이의 한국 아줌마들은 운신의 폭이 좁다는 것을 너무도 잘 알기 때문이다. 그래서 이 동생의 마음은 더 애틋해진다. 그럴 때마다 나는 누나의 반주에 부르던 동요들을 떠올려 본다. 나는 우리의 동요야말로 이 세상에서 가장 아름다운 음악이라고 확신한다. 내가 그렇게 좋아하는 바로크 음악이나 빠른 거문고

산조보다도 더 좋다. 그런 동요가 사라진 요즘 세태도 안타까우려니와, 옛날에 그렇게 좋아했던 동요를 되돌려보면서 거기에 누나와의 추억을 얹어보는 것도 코끝이 찡해오는 감성을 자아낸다.

누나를 매일 보는 것은 아니다. 어쩌다 명절이나 돌아와야 1년에 한두 번 보는 해도 있다. 그나마 어머니가 돌아가신 뒤에는 단결심이 강해져서 보는 횟수가 많아졌다. 하지만 그 횟수라는 게 충분치는 않을 터, 그 대신 누나의 이미지를 꺼내 보고 싶을 때에는 '누나 같은 건물'로 나들이를 나가본다. 나이를 먹을 만큼 먹었고 오래된 건물들이다. 그래서 친숙하고 편하고, 그래서 위안을 받는다. 음악에 비유해보자. 책을 쓸 때 음반을 건다. 무심코 손에 잡히는 음반을 걸었는데 학생 때 매일 듣던 매우 친숙한 음악이 연달아 나왔다. '온 가족이 함께 듣는 클래식'이나 '추억의 명곡' 같은 것들이다. 친숙함이 밀려왔고 잔잔한 즐거움이 차올라왔다. 차분한 행복의 비밀이다. 이런 것들은 모두 '누나의 이미지'와 잘 어울린다.

누나는 늘 나보다 몇 년 정도 앞서서 나이를 먹어간다. 나도 나이를 먹었구나 싶을 때 즈음 누나를 보면 늘 나보다 반 발 앞서 늙어 있다. 그러나 결국은 나와 함께 늙어간다. 누나를 통해 인생이 무르익어가는 것을 느낄 수 있다. 내 인생에 누나 인생을 더하면 인생의 무르익음이 정말로 풍성하게 느껴진다. 중년의 누나는 이런 무르익음이 더해져 아주 원숙해진 느낌이다. 누나가 중년이 되었다는 것은 나도 어느새 중년이 되었다는 뜻이고 이제 인생을 어느 정도 관조할 수 있게 되었다는 뜻이다. 누나의 의미를 충분히 이해하고 누나에게 감사할 줄도 알게 된 나이이다. 서로 인생이 무르익어서 편하게 얘기할 수 있게 된 경지이다. 누나를 만나면 더 좋고 그렇지 않다면 '누나 같은 건물'을 찾아 길을 떠나본다. 가방 가득 추억을 담고서.

# 17.
# 에필로그
## '나이 먹은 건물'의 좋은 점은 누가 만드는가

**'나이 먹은 건물'의 가치를 쌓는 것은 우리 자신이다**

시간과 역사의 힘이 축적된 나이 먹은 건물은 이처럼 사람의 정서 순화와 평온, 나아가 사회의 정신적 안정에 중요한 역할을 한다. 사회와 도시와 공간 환경에서 오래된 건물은 필수이다. 음악에 비유하면 빠르고 경쾌한 댄스곡과 편하고 안정적인 음악이 모두 필요한 것과 같은 이치이다. 둘을 조화시켜 적절하게 듣는 것이 가장 좋다. 교향곡을 보자. 반드시 빠른 템포와 느린 템포가 교대로 나온다. 여기서 재미있는 점은 빠른 템포는 대체적으로 알레그로 하나지만 느린 템포는 라르고, 렌토, 아다지오, 안단테 등으로 자세하게 나뉘어 있다는 점이다. 그만큼 느린 템포가 중요하다는 뜻일 수 있다. 좋은 음악은 이런 두 템포가 교대로 나오면서 조화와 균형을 이룰 때 나온다.

건물도 마찬가지이다. 최신 건물과 첨단 양식도 필요하지만 그것이 필요한 만큼 똑같이 오래된 건물의 안정감도 필요하다. 서양 건축에서는 음악에서처럼 오래된 건물을 더 섬세하게 분류하고 평가

한다. 새 건물은 일단 눈길을 끌고 새로운 아이디어를 보여주는 것으로 한 번 평가받는다. 그다음에는 일정한 시간 동안 세상의 판정에 맡기고 여러 가지 관찰과 평가를 한다. 그 건물이 사회에 끼치는 영향, 도시 속에서 공간적으로 작동하는 방식, 주변 건물이나 광장 등과 어울리는 방식, 사람들이 받아들이고 사용하는 내용, 세월이 흐르면서 변해가는 모습, 다른 예술 분야와 어울리면서 내는 시너지 효과 등등 우리가 모르는 여러 가지 기준이 있다.

누구나 건물에 대해 자유롭게 의견을 개진한다. 전문 건축학자나 비평가는 물론이고 예술 분야에 종사하는 사람이라면 자신들의 몸을 담고 일상생활의 공간을 제공해주는 주변의 건물에 대해서 자신만의 시각으로 평가할 줄 알아야 진정한 지식인으로 대접받는다. 일반인의 수준도 생각보다 높다. 특히 일반인들은 다수를 형성하며 실제로 매일매일 건물을 사용하는 계층이기 때문에 이들의 평가와 판단은 그만큼 생생하고 솔직하다. 이런 일반인들은 우리처럼 계단이 많아서 불편하다거나 여름에 냉방이 약해서 불편하다 따위의 기준을 가지고 말하지 않는다. 상당히 수준 높은 미학적·문화적 기준을 가지고 있다. 전체적으로 책도 많이 읽고 교양 수준이 높은 이유도 있지만 오랜 기간 건물의 문화적·역사적·예술적 가치에 대해서 생각하고 판단하고 평가하는 일이 관습처럼 전해져 내려오기 때문이다. 이런 다양한 의견이 상당한 기간에 걸쳐서 쌓이면서 건물은 점차 시간의 힘과 역사의 힘을 갖추어간다. 그리고 사회의 중심 역할을 하는 등 선한 영향을 끼치며 '나이 먹은 값'을 제대로 한다.

우리는 어떤가. 한국 사회는 지금 빠른 댄스곡 한 가지만 듣고 있는 형국이다. 24시간 내내 나이트클럽에 들어 있는 것에 비유할 수 있다. 교향곡의 4악장이 알레그로 한 가지로만 이루어진 것에 비유할 수 있다. 일상생활은 물론이고 건물에 대한 인식과 시각은 더욱 그렇다. 그러니 사람들은 늘 시간에 쫓기며 흥분한 채로 살아간다. 나이 먹은 사람과 나이 먹은 건물을 싸잡아 '앞길 가로막는 똥차'로 취급한다. 그러면서도 나이 먹은 사람만이 아니라 젊은이조차 이러한 속도에 맞춰 살아가는 것을 힘들어한다. 자살률이나 우울증 증가율 등 정신적 불안정을 나타내는 각종 지표가 세계 일등을 다툰다.

정말로 이상하지 않은가. 외세가 밖에서 물리력으로 우리를 억박질러서 이렇게 된 것도 아니고 오로지 우리 스스로가 지은 우리의 모습과 생활상이 아니던가. 그만큼 힘들었으면 이제 차분히 그 원인에 대한 진단과 처방을 찾을 때도 되었건만, 여전히 덜 가져서 그런 것이라 생각하며 조금만 더 가지면 좋아질 수 있다고 분주히 뛰어다닌다. 그리고 '새 건물'은 더 갖게 해주는 데에서 중요한 부분을 차지한다. 올바른 해결책과 정반대로 가고 있다. 해결책은 우리 안에 있다. 정신적 안정과 정서적 평온을 되찾는 것만이 유일한 해결책이다. 나머지는 기능적이고 물질적인 것이기 때문에 정신만 바로 서고 정서만 안정되면 어렵지 않게 해낼 수 있다. 이를 위해서는 '나이의 힘'과 '역사의 힘'에서 도움을 받는 것이 가장 좋은 방법이다. 어떤 면에서는 유일한 길이라고도 할 수 있다.

이제 '나이 먹은 사람'과 '나이 먹은 건물'이 협심해서 합동으로 사회의 모범이 되어야 한다. 구체적으로 좋은 점을 제시해서 구체적으로 도움이 되어야 한다. 그러기 위해서는 '나이 먹는 것'의 '품질 관리'가 선행되어야 한다. 모범이 될 자격을 갖추어야 한다. 단순히 낡은 것과 '나이를 잘 먹은 것'의 차이를 구별할 수 있어야 하며 뒤쪽을 모범으로 삼아 키우고 지켜서 쌓아가야 한다. 오래되었다고 무조건 다 좋다는 것이 아니다. 잘 늙어야지만 나이를 먹는 것의 긍정적 가치와 좋은 점을 충분히 갖추어 세상에 작은 도움을 줄 수 있다.

사람이나 건물이나 같다. 한 사회에서 어른이라고 불릴 자격이 있는 '잘 늙은 사람'과 '잘 늙은 건물'이 어느 때보다 절실히 소중한 때이다. 조선 시대의 장유유서처럼 나이 먹은 것 자체가 벼슬이요, 권력이 되어서는 절대 안 된다. 그러나 이와 똑같은 이치로 나이를 먹었다는 사실 하나만으로 눈 흘김을 당하고 내몰려서도 안 된다. 잘 늙어야 하고 잘 늙은 사람과 건물을 존경하고 지혜를 배워야 한다.

이것을 할 수 있는 유일한 주체는 우리 자신이다. 현재 한국 사회의 문제는 오롯이 우리 스스로가 만든 것이다. 일제 때처럼 외세의 식민지가 되어서 생긴 문제가 아니다. 오히려 외세의 식민지에서 해방되어 온전히 우리 손으로만 문명을 일구는 과정에서 우리 스스로가 저질러 쌓인 폐해이다. 따라서 이것을 해결할 수 있는 것도 우리 자신들뿐이다. 우리 스스로 우리의 가치를 찾고 쌓아가야 한다. 우리는 자기 비하가 심하다. 우리는 스스로에 대해, 그리고 서로에 대해 생각하는 것보다 훌륭하고 위대하다. 우리가 외면하고 자기 비하를 하며 처박아뒀던 우리 스스로의 가치를 찾아 복원하고 조금씩 쌓아가야 한다. 나이의 가치와 역사의 힘이 그 한가운데에 있다.

**건물은 생각보다 강력한 매체이다**

한국인들이 정신적 한계에 다다르고 있다. 그 대안으로 스님들의 훈수가 큰 도움이 되고 있다. 책으로도 나와서 여러 권이 베스트셀러 목록에 오랫동안 올라 있다. 실제로 많은 사람이 도움을 받았을 것으로 생각하지만 사회적으로 보았을 때 실질적 효과는 보이지 않는다. 스님들의 훈수가 있었기에 더 나빠지지 않고 이 정도라도 유지된다고 할 수도 있겠지만 어쨌든 지금의 한국 사회는 여전히 더 나빠지고 있는 것 또한 부정할 수 없다. 일상생활과 사회는 점점 사나워지고 정신적 불안 증세는 더욱 심해진다.

스님들 훈수의 내용이 너무나 훌륭함에도 사회에 구체적 효과를 주지 못하는 이유는 무엇일까. 크게 두 가지로 추측할 수 있다. 하나는 스님들의 교훈이 개인 차원에 머무르는 한계가 있기 때문이다. 국민 다수가 스님들의 책을 읽고 변화한다면 그것이 모여서 사회도 변화하겠지만 이러한 가르침을 찾는 사람들은 개인적으로 힘들고 마음을 다쳐서 그러는 경우가 많다. 그렇기 때문에 사회를 변화시키는 단계까지 생각하기 힘들다.

다른 하나는 스님들의 책을 읽은 일반인들이 그 내용대로 실제 수양 실천을 하지 않기 때문이다. 책을 읽으면서 마음으로는 크게 깨닫지만 불교의 가르침이란 것이 오랜 기간 참고 견디면서 실제로 수양을 하지 않으면 소용이 없다. 일반인은 스님처럼 자신이 직접 수도의 길을 걸을 수 없기 때문에 한계가 있는 것이다. 그래서인지 스님들 책이 팔린 숫자에 비해서 주변에서 실제로 크게 변했거나 마음의 모범을 갖춘 사람을 보기가 힘들다. 개개인이 거의 그대로 머무르다 보니 사회에 변화가 나타날 리 없다.

건물에 눈을 돌려보면 어떨까 싶다. 건물은 앞의 두 가지 한계에 대해 조금이나마 대안이 될 수 있다. 여섯 가지 점에서 그렇다. 이 여섯 가지는 그대로 건물이 갖는 매체의 특징이자 장점이기도 하다.

첫째, 건물이 갖는 심리적 기능이다. 건물은 사람의 몸을 담는 공간을 제공한다. 공간은 하루 종일 우리를 감싸면서 큰 영향을 끼친다. 무당집에 들어가면 흥분하게 된다. 프로방스풍의 카페에 들어가면 마음이 차분해진다. 성당이나 교회, 절에 들어가면 마음이 경건해진다. 미니멀리즘풍의 오피스에 들어가면 냉정한 비즈니스맨처럼 된다. 밀폐되고 좁은 공간에서는 집중력이 높아지고 뻥 뚫린 큰 공간에서는 창의력이 커진다.

둘째, 이것이 집단화되면 사회적 영향으로 발전한다. 건물은 사회적 영향이 매우 큰 공공재이다. 왕조시대에는 건물이 사회의 안녕을 유지하는 핵심적 매체였다. 파라오는 피라미드를 지었고 페리클레스Pericles는 파르테논신전을 세웠다. 트라야누스Marcus Trajanus는 포럼을 닦았고 루이 14세는 베르사유궁전을 지었다. 정도전은 경복궁을 창건했다. 당시를 살던 사람들은 이런 건물들에서 요즘의 우리가 상상할 수 없을 정도로 많은 정치적 메시지와 정신적 상징 가치를 읽었다. 요즘으로 치면 언론 기능에 비유할 만했다. 현대에는 권력이 민주화되고 매체도 다원화되어서 건물의 정치적 기능이 약화되긴 했다. 하지만 사회적 공공재의 기능은 여전히 남아 있다. 특히 사회를 하나로 결집시켜주는 좋은 가치를 실어내고 보여주는 데에는 아직도 건물만 한 것이 없다.

셋째, 건물이 갖는 크기의 미학과 물리적 고형성이다. 이는 원시 매체의 특징이다. 요즘같이 가상현실이 세상을 지배하는 시대에 건물은 가장 원시적인 매체일 수 있다. 아마도 미술과 함께 지구에서 가장 오래된 매체일 것이다. 손톱 크기의 반도체 안에 미국 컬럼비아 대학교의 책이 전부 저장되는 시대이다. 손바닥 크기의 스마트폰 하나면 지구 전역에 흩어져 있는 열 명이 한 테이블에 앉은 것처럼 수다를 떨 수 있는 시대이다. 이런 시대에 건물의 크기와 물리적 고형성은 양면적 성격을 갖는다. 촌스러운 원시성일 수도 있지만 반대일 수도 있다. 요즘 같은 가상현실의 세계에서는 이것 자체가 초월성일 수 있다.

가상현실이 깊어갈수록 사람들은 거대 크기와 물리적 고형성을 그리워한다. 단순히 크기와 물리적 고형성만 그리워하는 것은 아닐 것이다. 사실은 그 속에 담긴 정신적 가치와 무한한 문화의 힘, 단단한 상징성과 집단적 도덕률, 몇천 년을 가는 불멸의 영속성 같은 것을 그리워하는 것이다. 모든 것이 얼음 위를 미끄러지듯 스쳐 가는 허무한 시대, 정신과 도덕이 송두리째 소멸한 시대에 이런 정신적·

도덕적 가치를 물리적 실체로 뿜어내고 있는 건물은 그 중요성이 오히려 점점 더 커진다.

넷째, 건물이라는 구체적 실체가 있기 때문에 추상적이고 관념적인 논의를 물리적으로 구체화할 수 있다. 이것은 앞의 세 번째에서 파생한 특징이다. 내 강연을 가장 좋아하는 계층은 의외로 인문학과 교수들이다. 숫자는 많지 않지만 일부 인문학과 교수들이 내 강의를 듣고 머릿속 모호했던 개념들이 건물이라는 실체를 통해 명확해진다며 좋아한다. 우리가 유럽에 가서 오래된 고전 걸작을 보고 좋아하는 것도 사실은 비슷한 이유이다. 단순히 물리적 덩어리를 보고 열광하는 것이 아니다. 그 뒤에 유럽의 역사와 문명을 이끌어온 정신적 가치가 있기 때문에 그러는 것이다.

다섯째, 앞의 세 번째와 네 번째에서 파생한 것으로 '원본의 힘'이라는 것이 있다. 건물은 한 번 지어놓으면 중간에 리모델링을 하기 전에는 오랜 세월 처음 모습 그대로 남아 있다. 중간에 교언巧言이나 교색驕色으로 속이지 않는다. 어느 날 갑자기 성형을 하고 복사본으로 기문둔갑奇門遁甲을 하고 나타나지도 않는다. 원본의 힘이라는 것이다. 복사본이 난무하는 시대에 이는 위대한 힘이다. 주변을 둘러보라. 누구 한 명 원본의 모습으로 나를 대해주는 사람이 있는가. 나역시 내 자신을 남에게 또 하나의 복사본으로 내보일 뿐이다. 사회를 보라. 어느 누가 평생을, 수백 수천 년을 원본의 모습으로 묵묵히 버티는가. 건물만이 그렇다.

여섯째, 한 번 세우면 우리 주변에 물리적 실체로 늘 존재하는 현장성과 항시성이다. 우리는 건물 앞을 오고 가며 원하지 않아도 자동적으로 건물을 접하게 된다. 도시는 건물을 중심으로 미시 차원의 공간 켜와 공간 위계가 형성된다. 큰 건물이나 공공건물이 한 채 들어서면 그 주변의 도시 공간은 이 건물을 중심으로 재편된다. 건물 주변은 수 미터에서 수 킬로미터까지 그 건물이 뿜어내는 가치와 색깔로 물든다. 붉은 가치를 심은 데에 붉은 가치가 나고 파란 가치를 심은 데에 파란 가치가 난다. 만약 건물이 자신부터 정신적 가치에서 탄생했다면 그 순기능과 긍정적 영향을 주변에 뿜어낸다. 반대로 한탕을 노린 투기꾼의 가치에서 탄생했다면 그 주변에 사는 사람들은 투기와 탐욕에 물들어 늘 돈을 좇아 헐떡거리며 살게 된다. 이것이 건물의 사회적 영향력이라는 것이다. 건물이 가장 강력한 공공 매개가 될 수 있는 이유이다.

## '잘 늙은 건물'은 사람보다 건강하다

이상의 여섯 가지를 합하면 굉장한 힘이 될 수 있다. 건물의 힘, 건물이 사람에게 미치는 영향력은 이처럼 우리가 아는 것보다 훨씬 크다. 이것의 총합이 바로 시간의 힘, 나이의 힘, 세월의 힘, 역사의 힘이다. 건물은 시간을 둘러싼 이런 네 가지 힘을 가장 집약적으로 한 곳에 모아 구체적으로 보여줄 수 있는 유일한 매체이다. 이것을 다 합하면 '나이 먹은 건물'의 좋은 점이 된다. 단순히 좋은 점을 넘어서서 강력한 힘이 된다. 나는 건물의 힘을 믿는다. 우리 사회가 힘든 것은 건물이 나쁜 힘을 발휘하기 때문이다. 순서는 어쨌든 좋다. 우리가 병들어서 건물을 병들게 지은 것일 수도 있다. 중요한 것은 사람과 건물은 함께 간다는 것이다. 사람이 건강한데 건물만 병들 리 없고 반대로 건물이 건강한데 사람만 병들 리 없다.

건물과 사람은 같이 간다. 건물이 건강해야 사람이 건강하고 사람이 건강해야 건물이 건강하다. 하지만 건물은 사람보다 더 강인하다. '잘 늙은 건물'은 건강하다. 사람보다 자연 노화가 더디다. 오히려 반대이다. 시간이 쌓이면서 더 건강해진다. 단 '잘 늙어야' 한다. '잘 늙어서' 건강한 건물은 비바람을 견뎌낸 성적표를 차곡차곡 쌓아 그대로 보여준다. 자신이 보고 들었던 도시 공간 속의 수많은 추억과 기억, 사람과 사건을 간직한다. 바람 불어 좋은 날, 일기장이 펄럭이듯 이 얘기 저 얘기 바람 닿는 대로 한 페이지씩 들려준다. 마음씨 좋은 아저씨, 할머니와 같다. 교훈의 웅변으로 국민을 올바른 길로 이끄는 어른과 같다. 힘들 때 터벅터벅 걸어가 한 식경 품에 안겨 쉴 수 있는 어머니와 같다.

나는 건물의 힘을 믿는다. 사람과 건물 가운데 하나를 고르라면 나는 건물을 고르겠다. '사람이 꽃보다 아름다워.'라고 노래했지만 나는 '건물이 사람보다 건강하다.'라고 노래하겠다. 기도처, 휴식처, 안식처 모두 결국은 건물이다. 반도체 칩도 스마트폰도 성형도 교언도 교색도 우리에게 해줄 수 있는 것은 아무것도 없다. 모두 순간적이고 덧없는 것들만 준다. 그것을 좇다 보면 사람은 더 병들고 망가진다.

마지막에 남는 것은 내 한 몸 의탁하는 곳, 내 마음 한쪽 누울 수 있는 곳, 결국 건물이다. 내가 병이 들면 남도 병이 드는 법, 병든 사람은 병든 사람을 품지 못한다. 큰 '똥통' 속에서 다 같이 살아가는데 특정인만 건강할 수는 없다. 주변의 남을 보면 그 모습이 바로 내 모습이다. 병든 사람을 품을 수 있는 것은 첫째 종교이고 둘째 건물이다. 종교 다음이 건물이다. 철학은 세 번째이고 사람은 네 번째쯤 된다. 사람에게 기댔다가 실망하고 더 망가진 사람을 나는 여럿 보았다. 건물은 다르다. 단, 정신적 가치로 단단히 무장하고 '잘 늙은 건물'이어야 한다. 건물 하나 잘 지어놓으면 수백 수천 년 사람을 품는다. 사람에게 힘을 준다.

하지만 우리는 이런 소중함에 대해서 과소평가하거나 아예 모른다. 아마도 그렇기 때문에 건물을 그렇게 형편없이 짓는 것일 테고, 그러니까 또 그렇게 겁 없이 헐고 새로 지어대기를 반복할 것이다.

건물 자체에 대한 인식 수준이 이 정도이니 '나이 먹은 건물'의 가치를 논하기는 완전히 불가능하다. 앞에서 한국 사회에서 나이 먹은 사람을 싫어하는 이유를 일곱 가지 나열했는데 사실 마지막에 여덟 번째를 더해야 한다. '나이 먹은 건물'의 가치를 모르기 때문이라는 점이다.

이제 우리의 마음 상태와 일상생활에서부터 가치관과 나아갈 방향에 이르기까지 모든 것을 뒤집어엎어서 재점검을 하고 새로 짤 때가 왔다. 스님들의 훈수 가운데 트레이드마크처럼 된 것이 '느림의 미학'이다. 이것은 물론 개인의 마음 수양에 관한 것인데, 사회적으로 적용하면 바로 이 책에서 말하고 있는 '시간의 미학'이 된다. '시간-나이-세월-역사'의 4종 세트의 힘이다. 건축에 적용하면 '잘 늙은 건물'이 뿜어내는 '건강한 힘'이다.

# 시간의 힘
오래된 건물을 따뜻하게 만나다

© 임석재, 2017

**초판 1쇄 발행** 2017년 1월 16일
**지은이** 임석재

**발행인** 김혜숙 **발행처** 홍문각
**등록** 제2014-000196 (2014년 10월 29일)
서울 서초구 서운로 62, 11-201 전화 02-3474-6752,
팩스 02-538-5810, E-mail hmgbp@hanmail.net

**편집** 이수경 **디자인** 공미경 **인쇄·제책** 한영문화사

ISBN 979-11-955058-6-9 03610

이 도서의 국립중앙도서관 출판시도서목록(CIP)은
서지정보유통지원시스템 홈페이지(http://seoji.nl.go.kr)와
국가자료공동목록시스템(http://www.nl.go.kr/kolisnet)에서
이용하실 수 있습니다.(CIP제어번호: CIP2017000118)